ライブラリ　例題から展開する大学物理学❸

例題から展開する
熱・統計力学

香取眞理・森山 修 共著

サイエンス社

サイエンス社のホームページのご案内
https://www.saiensu.co.jp
ご意見・ご要望は　rikei@saiensu.co.jp　まで.

まえがき

熱力学は身のまわりの熱現象をはじめ，内燃機関による動力や電力の生産，化学反応や生体反応，さらには宇宙の構造といった広範にわたる現象を理解するときに必要となる物理分野である．

熱力学と聞くと多くの読者はボイルの法則，シャルルの法則，あるいは理想気体の状態方程式などをまず思い浮かべるだろう．そして力学や電磁気学に比べると，高校卒業までに既に身につけた知識と重複するものも多いため，“熱力学は理解しやすい”と感じている読者も多いのではないだろうか．しかし熱力学をマスターするのはとても難しいと思っておいた方がよいだろう．

その理由の1つに理想気体の存在がある．熱力学の演習問題では“計算することが可能な”理想気体を対象にした問題が中心になる．そのため学習者は，熱力学というよりも“理想気体学”を学んで終わりになってしまう危険性がある．そこで読者にまずお願いしたいのが「熱力学は熱現象の“一般論”を扱う学問である」ことを念頭において学習を始めてほしいということである．本書では理想気体に関する話題を第2章に集中的に割り当てた．そこで「頻繁に登場する理想気体とはこういうものだ」ということを，まずよく理解してほしい．そして本書を読み進める際に，「いまの話題は熱力学の一般論なのか」，「理想気体だけに当てはまる話題なのか」，または「一般論を理想気体を例に検証しているのか」などについて常に注意を払ってほしい．

論理的思考を多用するのも熱力学の難しさの1つだろう．例えば，カルノーサイクルという架空のエンジンに関する思考実験が延々と続いたりする．要するに話がいささか抽象的なのである．それに加えて伝統的な熱力学の教授法では，「準静的」や「可逆過程」といった用語や「エントロピーの定義」の意味を初学者が正確に理解することはとても難しかった．そのため近年（西暦2000年付近から），用語の説明を丁寧にし，抽象性を排除するためのわかりやすい例を多く盛り込む，といった工夫を施した新しいスタイルの教科書が次々に登場してきた．我々は伝統的な教授法が語るストーリー展開に従いながら，新しい方法のわかりやすさを取り入れることが，初学者が熱力学を深く理解するためには最適と考えた．その目的で熱力学の新旧教授法の融合を行った結果生まれたのが本書である．

本書はタイトルの通り，熱力学と統計力学の 2 本立てになっている．統計力学は粒子のミクロな運動を，熱力学の法則と結び付ける物理学の体系である．そのためには量子力学を使うことが必須となる．逆に言うと，熱力学の法則をミクロな描写から理解するためには，離散値をとるエネルギー，ハイゼンベルクの不確定性原理，パウリの排他原理などを利用しないと，熱力学の法則と矛盾のない結果が得られない．19 世紀の半ばに出来上がった熱力学と，20 世紀に入って量子力学によって明らかにされたミクロな世界が，見事に調和していることを統計力学を学ぶことにより確認できるだろう．さらに統計力学の登場により，“揺らぎ” の定式化をはじめとして，フェルミ縮退や超流動現象など幅広い現象の話題を扱うことが可能になったのである．この統計力学を学ぶために必要な数学と量子力学の知識を丁寧かつコンパクトに最後の 3 章にまとめた．熱力学の先にある発展した話題にもぜひチャレンジしてほしい．

本ライブラリの特徴は，読者は例題を解きながら，物理学の考え方を身につけていくことができることである．学習の流れは通常，学校で習うときは「講義を受けた後に演習を行う」であり，教科書を読んで学ぶ場合は「解説を理解し，次に練習問題を解く」であるが，その逆のアプローチをとることになる．本書は熱力学・統計力学の教科書の中では入門的であり，初心者向けである．何事においても，初心者は**目から（⇔ 解説を見る）**ではなく，**体（⇔ 演習を行う）でおぼえていく**ものなのである．読者は例題の問題文を読み，考え，そしてペンをとって計算することにより，そこに埋め込まれている熱力学・統計力学の本質と考え方を “利き腕” から吸収していくことになるであろう．

本書の出版にあたり，サイエンス社の田島伸彦氏，および足立豊氏に大変お世話になった．心より感謝する．

2021 年 9 月

香取眞理　森山修

目　次

例題の構成と利用について

導入 例題

身近な話題をとり上げながらも，物理学を使いこなすために知っておかなければならない法則，概念，基本公式などを問う問題である．本書で描かれるストーリーの導入役を担う．科学の発展史の中で我々の先人が解明した物理法則を問う設問に対しては，その法則のことを全く知らない読者はうまく答えることができないかもしれない．また，物理学における概念，考え方の本質を問う問題の中には，物理未習者にはどう答えてよいのかわからないものもあることだろう．このように【導入】例題は最初に登場する問題ではあるが，単純な問題ではないこともある．答え方がわからない場合は，解答を見ながら考えてほしい．【導入】例題は本質をついた最重要練習問題である．何が問われ，何を答えるべきか，その内容をよく咀嚼（そしゃく）することが大切である．

確認 例題

【確認】例題は，【導入】例題や本文中で既に定義や考え方が提示された題材に対する，最も簡単な練習問題である．本書の内容を理解しながら読み進むことができている読者は，【確認】例題を容易に解くことができるだろう．

基本 例題

【基本】例題は，本書における応用問題にあたるが，物理学全体の中では基本的・標準的な問題である．本書でそれまでに勉強した内容を思い出し，問題文中に記述されている状況をいくつかの数式に正しく翻訳することができれば，問題は解けたも同然である．【基本】例題を解くうちに，物理の問題を解くパターンが見えてくるはずである．

演習問題

各章末には演習問題として発展的な問題を課してある．巻末に解答を与えてあるが，まずは独力でチャレンジしてみてほしい．うまく解けないときにも，すぐに解答を見てしまわずに，本文中の例題や解説を読み直して，再チャレンジしてみよう．この作業には時間がかかるが，この反復により，探究心，さらには研究心が育まれるのである．

第1章 熱力学第1法則

日常生活では暑さ寒さ，あるいは物が熱いか冷たいかという感覚は身近である．お風呂がぬるいと感じれば熱いお湯を足すか追い焚きするし，熱すぎれば水を加える．お茶を飲むときも，熱すぎれば少し置いて冷めるまで待つ．我々は熱の“定性的な”性質を日常経験から多く知っている．また自動車のエンジンに代表される内燃機関のように，熱は我々の生活を支える技術にも深く関わっている．熱力学とは熱のもつ性質を“定量的に”記述する学問体系である．本章では熱力学で用いられる物理量の導入を行い，最も重要な法則の1つである熱力学第1法則を学ぶ．

1.1 温　　度

「**温度**が20度」といえば，慣例として20°C（にじゅうどしー）のことを指す．これは**セルシウス温度**または**摂氏温度**とよばれる温度の体系であり，元来は1**気圧**♠1 の下で

水が氷になる温度を0°C，　水が沸騰し始める温度を100°C

としたものである．この間を100等分したものを1°Cの大きさと定めた．

絶対零度という言葉を聞いたことがあるかもしれない．**絶対温度**とよばれる温度体系を，**理想気体**の膨張率をもとに定義することができる．絶対零度とは，この温度体系で最も低い温度のことである．絶対温度の単位はK（**ケルビン**）である．絶対温度の1Kの大きさはセルシウス温度（摂氏温度）の1°Cの大き

♠1 国際単位系（SI）の圧力の単位はPaであり，**パスカル**と読む．圧力とは単位面積あたりにはたらく力の大きさである．すなわち，1 Paは1 m^2 あたりに1 Nの力がはたらく場合に相当する．パスカル Pa は $N \cdot m^{-2}$ と同じということである．天気予報で耳にするヘクトパスカル hPa のヘクトは，10^2 を表す接頭語（他には 10^3 を表すキロや 10^6 を表すメガなどがある）で，$1\,hPa = 100\,Pa$ である．ここで用いた「気圧（標準大気圧ともいう）」も圧力の単位であり，atm（アトム）という記号を用いる．1気圧は定義により $1\,atm = 1.01325 \times 10^5\,Pa = 1013.25\,hPa$ と定められている．もともとこの値は，国際度量衡総会（CGPM）が開催されるパリ（と同緯度の場所の平均的な海水面の高さ）で測定された平均気圧である．（章末の演習問題1.1参照.）

さと同じである．ただしセルシウス温度の t ℃と絶対温度の T K は

$$T = t + 273.15 \tag{1.1}$$

というように値がずれている．つまり 0 ℃は 273.15 K であり，100 ℃は 373.15 K ということである．そして絶対零度（0 K）は −273.15 ℃ということになる．どうして 273.15 という数字が出てくるかについては，第2章（2.2節）で学ぶことにする．以下では，温度 T と言ったときには（日常で使っているセルシウス温度などではなく）この絶対温度を意味するものとする．

1.2　熱と熱容量

水を加熱するとお湯になる．**熱**は物体の温度を変える要因であり，熱を加えると物体の温度は上昇し，取り除けば温度は下がる．温度がどの程度変化するかについては，加える熱の量（**熱量**）に依存する．熱量の単位としては**カロリー**がなじみ深いかもしれない．1カロリー（1 cal）は「1 g の水を 1 ℃（K）だけ上昇させるのに必要な熱量」のことである．

ここでコップ1杯の水を思い浮かべてみよう．コップの水に ΔQ cal だけの微小な熱量を加えたところ，温度が ΔT K という微小量だけ上昇したとする．このとき，ΔT と ΔQ の間に

$$\Delta Q = C\Delta T \tag{1.2}$$

という比例関係が成立する．比例係数 C をコップ内の水がもつ**熱容量**とよんでいる．(1.2) 式で表される熱容量の単位は $\mathrm{cal \cdot K^{-1}}$ である．

物質 1 g 当たりの熱容量は，**比熱**または**比熱容量**とよばれる．熱容量は物質の種類と量の両方に依存してしまうが，比熱は物質の種類ごとに決まる量ということになる．比熱の単位は $\mathrm{cal \cdot K^{-1} \cdot g^{-1}}$ である．よく知られているのは常温付近における以下の水の比熱である：

$$C = 1\,\mathrm{cal \cdot K^{-1} \cdot g^{-1}}.$$

導入 例題 1.1

60 °C のお湯 200 g に，10 °C の水を加えて 30 °C に冷ましたい．10 °C の水を何 g 加える必要があるかを以下の誘導に従って求めよ．

(1) 60 °C, 200 g のお湯が 30 °C になるまでに失う熱量をカロリーで求めよ．

(2) 未知の質量をもつ 10 °C の水は，小問 (1) で求めた熱量を受け取って 30 °C に上昇することになる．加えるべき 10 °C の水の質量を求めよ．

【解答】 (1) 60 °C のお湯が失う熱量♠[2] は

$$(60\,{}^\circ\mathrm{C} - 30\,{}^\circ\mathrm{C}) \times 200\,\mathrm{g} \times 1\,\mathrm{cal}\cdot\mathrm{K}^{-1}\cdot\mathrm{g}^{-1} = 6000\,\mathrm{cal}. \qquad (1.3)$$

(2) 加えるべき 10 °C の水の質量を x g とする．x g の水が 6000 cal の熱量を受け取り，10 °C から 30 °C に上昇するので

$$(30\,{}^\circ\mathrm{C} - 10\,{}^\circ\mathrm{C}) \times x\,\mathrm{g} \times 1\,\mathrm{cal}\cdot\mathrm{K}^{-1}\cdot\mathrm{g}^{-1} = 6000\,\mathrm{cal}$$

の関係が成り立つ．この式から $x = 300$ g と求まる． ■

水を激しく攪拌（かくはん）すると温度は上昇する．水に対して仕事をすることによって，温度を上昇させているのである．ジュールはおもりを落下させて羽根車を回す装置を用いて，水の温度上昇に必要な仕事量の測定を行った．結果，約 4.2 J の仕事が 1 cal の熱量に相当することを示した（**仕事当量**あるいは**ジュールの仕事当量の実験**）．言い換えると，1 g の水の温度を 1 °C だけ上げるためには，少なくとも 4.2 J の仕事量が必要になるということである．

♠[2] 摂氏温度の単位 °C でも絶対温度の単位 K でも温度差は同じなので，(1.3) 式に °C と K が混在していても構わない．

確認 例題 1.1

1000 W（$= \mathrm{J \cdot s^{-1}}$）の電気ケトルを使って，300 g の水の温度を 20 °C から 100 °C にしたい．以下の設問に答えよ．

(1)　必要となる熱量をカロリーで答えよ．

(2)　電気ケトルから1秒当たりに供給される熱量をカロリーで答えよ．

(3)　電気ケトルから供給される仕事がすべて水の温度上昇に使われたとして，100 °C まで上昇させるのに必要となる加熱時間を求めよ．

【解答】 (1)　必要な熱量は，水の温度差（$100 - 20 = 80$ °C）と質量（300 g）の積から，$80 \times 300 = 24000$ cal と求まる．

(2)　供給される熱量は毎秒 $1000\,\mathrm{J} = \frac{1000}{4.2}\,\mathrm{cal} = 238\,\mathrm{cal}$ である．

(3)　小問 (1) と (2) の答えより，$24000 \div 238 \fallingdotseq 1$ 分 40 秒程度の時間を要することになる．■

力学の仕事の単位はジュールであったので，熱力学でも熱量の単位はカロリーでなくジュールとする．したがって熱容量の単位は $\mathrm{J \cdot K^{-1}}$，比熱の単位は $\mathrm{J \cdot K^{-1} \cdot g^{-1}}$ ということになる．

モルは**物質量**の単位である．物質を構成する粒子（原子，分子またはイオンなど）の数がアボガドロ定数

$$N_\mathrm{A} = 6.02214076 \times 10^{23} \tag{1.4}$$

に等しいときの物質量は1モルということになる．1モル（1 mol）当たりの熱容量を**モル比熱**とよぶ．モル比熱の単位は $\mathrm{J \cdot K^{-1} \cdot mol^{-1}}$ である．

以前は「12 g の ^{12}C（炭素 12）に含まれる原子の数」としてアボガドロ定数を定めていた♠3．また1モルの**理想気体**は，0 °C，1気圧で約 22 L の体積をもつ．12 g の炭素や 22 L の気体といった我々に身近な分量は，原子や分子といった**微視的**な構成粒子がアボガドロ定数という膨大な数だけ集まってできて

♠3　元素は原子核中の陽子の個数で定まり，その個数を**原子番号**という．原子番号は同じだが原子核中の中性子の個数が異なるものを**同位体**という．原子番号6の炭素のうち陽子と同数の6つの中性子をもつ同位体を炭素 12 とよび ^{12}C と記す．

いるのである．逆に言うと，12 g や 22 L といった我々に身近な分量は，原子や分子のスケールから見ると**巨視的**な量ということになる．

熱と熱容量のまとめ

- 1 cal の熱量は約 4.2 J の仕事に相当する．
- 熱容量は物質の温度を 1 ℃（1 K）上昇させるのに必要な熱量である．
- 1 モルは原子や分子がアボガドロ定数の数だけ集まった物質量を表す．
- 物質 1 g あたりの熱容量を比熱，1 モルあたりの熱容量をモル比熱という．

ちょっと寄り道　SI 第 9 版

2019 年 5 月 20 日に SI（国際単位系）の第 9 版が施行された．この版の特徴は物質定数および物理定数を定義値として定め，それをもとに基本単位を決めるという方法をすべての単位に適用したことである．これにより測定を伴う単位の定義が消滅することになり，キログラム原器も廃止されることになった．例えば時間の基本単位となる 1 s（秒）は次のように定義される：^{133}Cs（セシウム 133）がある条件下で放射する電磁波の，非常に安定した周波数の値を

$$\nu_{\mathrm{Cs}} = 9192631770\,\mathrm{Hz} = 9192631770\,\mathrm{s}^{-1}$$

のように定義する．するとこの式を逆に解いた

$$1\,\mathrm{s} = \frac{9192631770}{\nu_{\mathrm{Cs}}}$$

が 1 s（秒）の定義ということになる．長さの単位である 1 m（メートル）の場合は，$\mathrm{m}\cdot\mathrm{s}^{-1}$（メートル毎秒）の単位をもつ光速 c の値をまず定義値として決めてしまう．すると 1 s の大きさは決めてあるので，1 m の定義は「光が $\frac{1}{c}$ 秒の間に進む距離」ということになる．同様に質量の単位 1 kg（キログラム）は $\mathrm{kg}\cdot\mathrm{m}^2\cdot\mathrm{s}^{-1}$ の単位をもつプランク定数 h とよばれる物理定数の定義値から決定されることになった．

熱力学に関する単位である 1 K（ケルビン）は J（ジュール）$\times\,\mathrm{K}^{-1}$ の単位をもつボルツマン定数 k_{B} を，以下の値をもつものとして定義する：

$$k_{\mathrm{B}} = 1.380649 \times 10^{-23}\,\mathrm{J}\cdot\mathrm{K}^{-1}.$$

すると 1 K は「熱エネルギー $k_{\mathrm{B}}T$ を k_{B} ジュールだけ変化させるような温度 T の変化量」ということになる．また今回の改訂ではアボガドロ定数も $N_{\mathrm{A}} = 6.02214076 \times 10^{23}$ という固定値をもつものとして定義された．

筆者はアボガドロ定数の以前の定義「12 g の ^{12}C に含まれる原子数」を初めて習っ

たとき，「正確に数えられるはずがないのだが」というモヤモヤした思いを抱いた．今回の改訂で測定にかかわる不確定性が除去されたことで，そのモヤモヤは消えることになった．ところで，初等教育の場では単位の定義について，今後どのように教えればよいのだろうか．SI の定義だけを教えても教育的でないのは明らかであるし，そもそもなぜそのような値にしたのかを説明するのが難しい．1 s という大きさは「もともと」地球の公転周期から，1 K という大きさは「もともと」水の融点と沸点の温度差から決められた，というように教えるのだろうか．結局，以前の定義も知っておかなければならないということではないか．その上で「実は SI というものがあって，それは...というものである」という説明をすることになる．考えるほどに面倒に思えてくる．このような新たなモヤモヤ感を抱くことになったのは私だけだろうか（OM）． □

1.3 平衡状態と状態量

熱いコーヒーを飲まずに置いておくと，次第に冷めていってしまう．周りを取り囲む大気よりもコーヒーの温度の方が高いため，コーヒーのもつ熱が大気に移動することが原因である．そしてコーヒーが大気の温度と同じになると，熱の移動は止まることになる．いったん温度が同じになると，コーヒーと大気の間に正味の熱の移動は見られなくなる♠4．このように正味の熱の移動がなく，コーヒーと大気の温度が共に均一かつ同一の温度に落ち着いた状態を**熱平衡**状態という．「平衡」とは釣り合いを意味する言葉である．熱平衡状態にある物体では，そのいたる所で温度は等しい．

次にピストンを取り付けたシリンダを考えてみよう．シリンダ内部には空気が閉じ込められていて外に漏れない．シリンダ内の**圧力**と**大気圧**の大きさが等しければ，シリンダ内の空気がピストンを内から外に押す力と，外気がピストンを外から内に押す力が釣り合い，図 (a) に示すようにシリンダは静止状態を保つことができる．

ここで外から力を加えてピストンを押し込んでみたとしよう（図 (b)）．シリンダ内では，空気の**体積**減少と共に圧力の上昇が生じる．そしてある程度押し込んだ後に「パッ」と手を離すと，シリンダ内の圧力（内圧）の方が外気圧（外

♠4 コーヒーと大気は互いの接触面を通して常に熱量を交換し合っている．しかし両者の温度が等しくなると，コーヒーから大気へ移動する熱量と，逆に大気からコーヒーへ移動する熱量は等しくなる．つまり正味の熱の移動量は零になるのである．

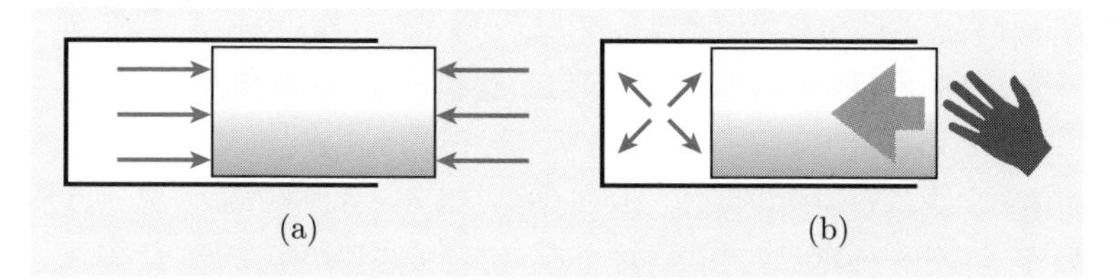

圧）よりも大きくなっているため，ピストンは外側に押し出されることになる．ピストンが動くにつれ，内部の空気は体積が増加し，内圧は減少する．そして内圧と外圧が一致するとピストンは止まる．この静止状態はシリンダ内外の圧力が一致することにより，状態が変化しなくなる**力学的平衡**状態を示す例である．

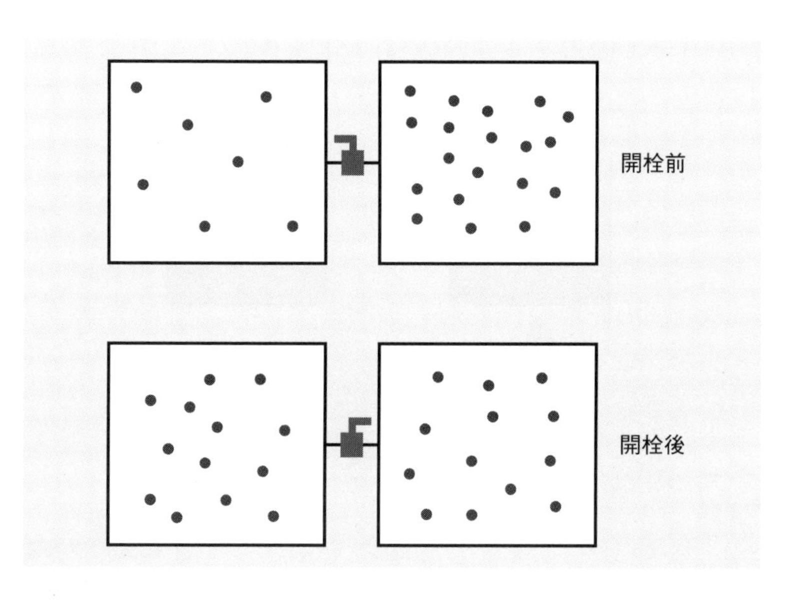

濃度に関連する平衡も存在する．ある同種の気体を充填した2つの容器を，コック付きの管でつなぐ（図）．コックが閉じられているとき，2つの容器内の濃度は異なっていたとしよう．この状態からコックを開放すると，2つの容器内の気体が管を通して混ざり合い始める．そして十分に時間が経過すると（管を介して1つにつながっている）2つの容器内のいたる所で，気体の濃度は均一になる．この終状態は，最初に偏りのあった濃度が容器内のいたる所で均一になることにより実現される平衡状態であり，**化学的平衡**状態という．

温度，圧力，濃度などが均一でない状態（**非平衡**状態）から，熱的，力学的，化学的な平衡状態に移行，収束することを**緩和**あるいは**緩和過程**という．

容器に気体を封入することを考えてみよう．我々が容器内の気体の熱的現象に注目するとき，容器内の気体（もしくは容器自身も含めて）を考える**系**，また系以外の部分を**外界**とよぶことにする．ここで容器が魔法瓶のように，内部の気体と外界との間で熱の出入りが遮断できるようにできているとしよう．熱の伝導を遮断することを**断熱**という．容器は断熱素材からできており，断熱機能をもっているわけである．さらに容器が完全に密閉されているとすると，容器と外界との間には熱の出入りがないだけでなく物質の出入りもないことになる．このような系を**孤立系**とよぶ．孤立系を放置すると，はじめはどんな状態であったとしてもしばらくすると熱平衡状態に落ち着く．

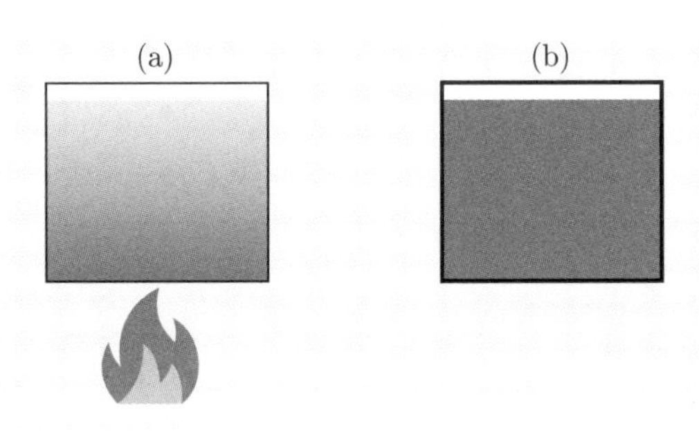

(a) 加熱中の水．火にかけている水の温度は位置によって異なり，また時間的にも変化している．(b) 熱平衡状態にある断熱容器内のお湯．お湯の温度はいたる所で一定であり，時間的にも変化しない．

熱平衡状態は単純な状態である．例えば水を火にかけると，はじめは容器の中で火に近い底の方が上部よりも温度は高い．温度が均一ではない熱的に非平衡な状態である（図 (a)）．他方，熱平衡状態にあるお湯はいたる所で同じ温度であり，またお湯の温度は時間的にも変化していない（図 (b)）．すなわち熱平衡状態にある系の温度は，単一の変数 T で特徴付けることができるのである ♠5.

♠5 他方，非平衡状態を特徴付けるためには，より多くの変数が必要となる．例えば温度が不均一なときは，場所ごとの温度を示すための**温度場**というスカラー場が必要になる．圧力が一定でない流体では，場所ごとの気体の**流速**を表すベクトル場が必要になる．

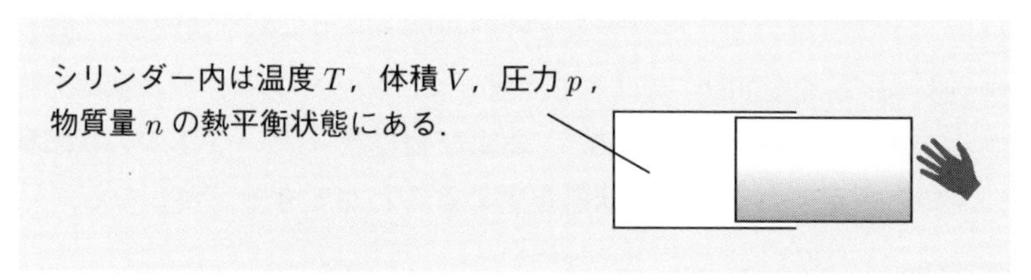

シリンダが熱を通す素材のとき，熱平衡状態ではシリンダ内の気体の温度 T は大気の温度に等しい．

熱平衡に達した物体の状態を特徴付ける変数を**状態量**とよんでいる．すべての状態量が状態を特徴付けるための**独立変数**になることはできない．すなわちいくつかの状態量を決めてしまえば，残る状態量の値は自然に決定される．例えば断熱性をもたないシリンダ内に n モルの気体を閉じ込めた状況を考えてみよう（図）．ピストンをある位置で固定したまま熱平衡に緩和させる．シリンダは熱を通すので，熱平衡状態に落ち着いたときには，系の温度は大気の温度 T と等しくなっているはずである．また気体の体積もピストンの位置によって自由に調節できる量である．いま，固定されたピストンの位置により，気体の体積を V に定めたとする．ここまででモルを単位とする物質量 n，温度 T，体積 V が決定されていることになる．すると圧力 p はそれらの値に応じて 1 つに決まってしまうのである．すなわち圧力 p は

$$p = p(T, V, n) \tag{1.5}$$

のように温度 T，体積 V，物質量 n の関数と見なされるのである．いまの場合，独立変数は T，V，n であり，p は従属変数ということになる．

別の例として，実験室内に置かれたシャーレ中の液体の化学反応を考えてみよう．ここでは熱平衡状態における温度 T は室温によって，また圧力 p は大気圧によって決定される．すると液体の体積 V は

$$V = V(T, p, n) \tag{1.6}$$

のように，室温 T，大気圧 p および物質量 n の関数として決定されることになる．このときには T，p，n が独立変数であり，V は従属変数である．

このように熱平衡状態では，状態量 T，V，n，p の間に (1.5) 式や (1.6) 式のような関係式が成り立つことになる．熱力学という理論では，逆に，このよ

うな関係式が状態量の間に成立するような状態として，熱平衡状態を定義する．したがって (1.5) 式や (1.6) 式はとても重要な関係式であり，特に**状態方程式**とよばれる．温度 T，体積 V，圧力 p，および物質量 n という 4 つの状態量の中から，3 つを指定すれば熱平衡状態を定めることができることになる．

導入 例題 1.2

温度，圧力，体積，物質量を，以下の 2 つのグループに分類した：

グループ 1：温度，圧力，　**グループ 2**：体積，物質量．

それぞれのグループに共通する性質が何であるかを説明せよ．

【解答】 平衡状態にある気体または液体を，2 つの部分に分割して考えてみる．(実際に壁を設けて分割するわけではなく，図に示す点線のような架空の仕切りを置いて，仮想的に 2 つの部分に分けて考える．) このとき，グループ 1 に属する状態量は，2 つの部分それぞれで分割前と変わらない同じ値をもつことになる．他方，グループ 2 の状態量は，属する部分の規模に依存して異なる値をもつことになる．例えば全体を 2 つの部分に等分割したとき，全体の体積を V としてそれぞれの部分の体積は半分の $\frac{V}{2}$ になる．

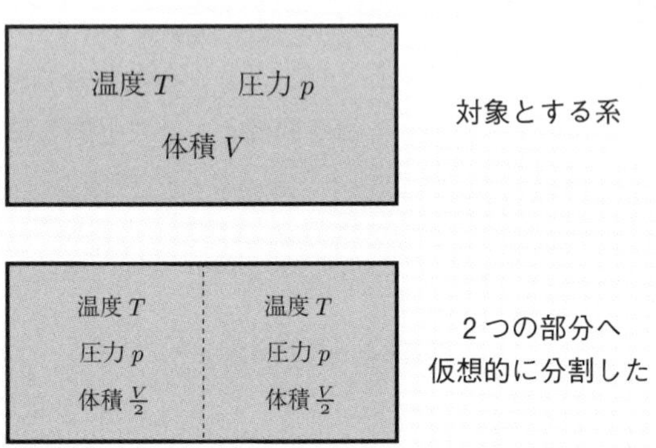

温度 T　圧力 p
体積 V
対象とする系

温度 T　温度 T
圧力 p　圧力 p
体積 $\frac{V}{2}$　体積 $\frac{V}{2}$
2 つの部分へ
仮想的に分割した

■

温度Tや圧力pのように，（部分系に含まれる）気体または液体の「分量」や「嵩(かさ)」に比例しない量を**示強性**の量とよぶ．また体積Vや物質量nのように，「分量」や「嵩」に比例する量を**示量性**の量とよんでいる．

平衡状態と状態量のまとめ

- 温度，体積，または圧力など，熱平衡状態を特徴付ける量を状態量とよぶ．
- 熱平衡状態を指定するためには3つの状態量を必要とする．
- 物質の量に依存する量を示量性，依存しないものを示強性の状態量とよぶ．

1.4 内部エネルギーと熱力学第1法則

10 °C の水と同じ量の 30 °C の水とでは，後者の方がより多くの“熱エネルギー”をもっている．熱力学では，物体（気体，液体，固体）が内部に抱えるエネルギーのことを**内部エネルギー**とよんでいる．

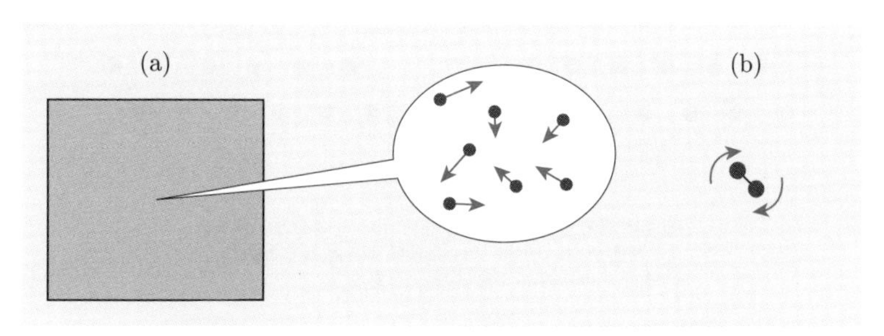

(a) 容器の中に閉じ込められた熱平衡状態にある空気．空気の流れなど巨視的な動きは存在しないが，微視的には個々の分子が激しく運動している．(b) 2 原子分子の回転運動．

内部エネルギーの実態が何であるかを具体的に想像したければ，気体や液体に関してはそれを構成する分子のもつ運動エネルギーを，固体に関しては固体内部で整列した原子が極めて小さく振動するエネルギーを思い浮かべるとよいかもしれない．例えば，熱平衡状態にある容器内の空気を考えてみよう．容器の中には空気の流れが存在するわけではなく，全体としては容器も中身である空気も静止して見える．しかしながら，気体分子の個々の動きに注目してみると，それぞれの分子はあらゆる向きに動き回っている（図 (a)）．分子は容器の壁や他の分子にぶつかりながらも，飛び回り続ける運動エネルギーをもっているのである．また2原子分子気体であるならば，気体分子の回転運動によるエネルギーも存在している（図(b)）．バラバラな向きに動き回っているので分子個々の速度の平均値は零であり，アボガドロ定数もの膨大な数の分子が集まって形成された気体は全体としては静止してみえるのである．回転運動に関しても，回転の向きはバラバラで空気が渦を巻いたりはしない．他方，**気体分子の平均的な速度の大きさや回転の平均的な振動数が増加すると，気体の温度は高くなる**．固体に関しては規則正しく並んだ原子の微小な振動エネルギーが大きくなると，固体の温度は高くなる（図）．このように我々には運動は感じられないけれども，原子または分子の力学的エネルギーとして，物体の内部に抱えられているようなエネルギーが内部エネルギーの正体である♠6．ただ熱力学では物体を構成する原子や分子の微視的な運動の詳細を知る必要は全くない．

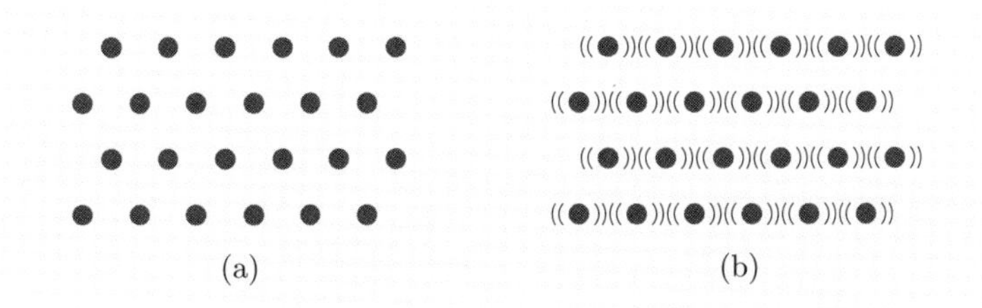

固体内部の原子配列の模式図：(a) 温度の低い状態．(b) 温度が高い状態．(a) の状態より激しく振動している分だけ，高いエネルギーをもつ．

ある系の内部エネルギーを変化させるには，どうすればよいだろうか．**物体に熱量を吸収または放出させれば，物体の内部エネルギーは増加または減少する**． 物体に熱量を吸収させるには，例えば物体を直接火にかけて加熱すればよいし，熱を放出させるには氷水に浸けたりして冷やせばよい♠7．**物体に対して仕事をしても，物体のもつ内部エネルギーを変化させることができる**． 例えば断熱素材で作られたシリンダに，同じく断熱素材で作られたピストンを取り付

♠6 一般に分子間には引力や斥力がはたらくので，各分子の運動エネルギーだけでなく，分子間の位置エネルギー（ポテンシャルエネルギー）も内部エネルギーに含まれる．

♠7 直接的に熱量を与えたり奪ったりしなくても，力学的な力によって気体の体積を膨張や収縮させると，それに伴って気体は熱量を外界から吸収したり，外界に放出したりする．

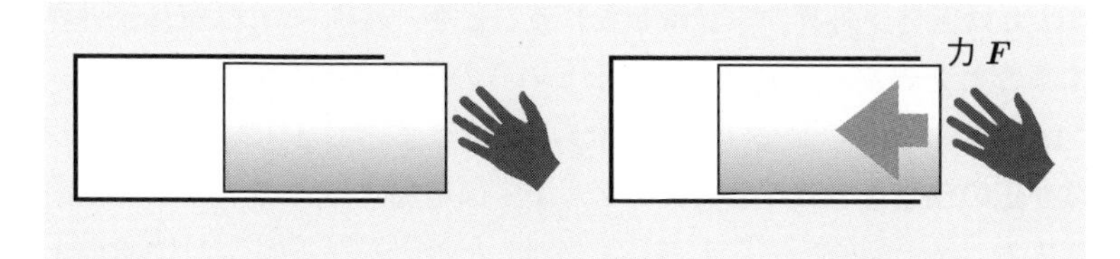

けて，その内部に気体を閉じ込める（図）．シリンダに力を加えて押し込むと，閉じ込められている気体は圧縮される．気体は断熱素材で囲まれているので，自身のもつ熱量を外界に逃がすことはできない．すなわち，ピストンを押し込むために行った仕事は，シリンダ内の気体にピストンを通じて伝わり，最終的には気体の内部エネルギーとしてすべて蓄えられることになるのである．

内部エネルギーの変化を式で表してみよう．ピストン付きの容器内に閉じ込められた気体の内部エネルギーを考えてみる．容器は断熱容器であってもそうでなくても構わない．容器内の気体は，はじめ温度 T_0，体積 V_0，および物質量 n で指定される熱平衡状態にあったとする．次に気体を何らかの方法（加熱してもよいし，ピストンを動かしてもよい）を使って，最終的に温度 T，体積 V，および物質量 n の別の熱平衡状態に変化させたとする♠[8]．そして

$$\text{初期状態}\,(T_0, V_0, n) \to \text{変化後の平衡状態}\,(T, V, n) \tag{1.7}$$

のように状態が変化する間に，系は外界から ΔQ の熱量を吸収し，ΔW の仕事をされたとする．このときの内部エネルギー U の変化 ΔU は

$$\Delta U = \Delta Q + \Delta W \tag{1.8}$$

のように表される．(1.8) 式は**熱力学第1法則**とよばれる：

法則 1.1（熱力学第1法則）　ある系の内部エネルギーの変化は，外界から加えられた熱量と外界からされた仕事の和に等しい．

内部エネルギーの変化 ΔU を熱量 ΔQ の吸収や放出に起因する部分（**$\Delta Q > 0$ が熱量の吸収，$\Delta Q < 0$ が熱量の放出を表す**）と，外界から加えられた仕事 ΔW

♠[8] 第5章5.2節までは外界と粒子のやりとりがない場合，つまり物質量 n が一定の場合に限って考えることにする．

（$\Delta W > 0$ **は気体が外界から仕事をされることを，**$\Delta W < 0$ **は気体が外界に仕事をすることを表す**）に分けて考えるというのがポイントである．内部エネルギー ΔU，仕事 ΔW，および熱量 ΔQ の単位はすべてJ（ジュール）である．

気体が正の仕事をされると内部エネルギーは増加する． 熱力学第1法則を気体に関する「熱力学的なエネルギー保存則」と考えるならば，(1.8) 式のように「**気体がされる仕事** ΔW」を考えるのが自然である．他方，気体が膨張するとピストンは外側に押し出され，外界に存在する物体を突き動かすことができる．すなわちピストンは外界に仕事をすることができるのである．このとき，気体およびそれを覆う容器とピストンは**熱機関**と見なされる．このような熱機関としての役割に興味があるときは，気体がされる仕事よりも**気体が外界にする仕事** $\Delta W'$ を考える方が便利である♠9．このとき熱力学第1法則は

$$\Delta U = \Delta Q - \Delta W' \tag{1.9}$$

と書き換えられる．この式は気体が外界に正の仕事（$\Delta W' > 0$）をすれば，気体の内部エネルギーはその分だけ減ってしまうということを表している．

内部エネルギーの性質を見てみよう．ある初期状態 (T_0, V_0, n) から何らかの変化をさせた後に，最初の状態に戻ってくるような変化を考えてみる：

$$\text{初期状態}\,(T_0, V_0, n) \to \text{最終的な平衡状態}\,(T_0, V_0, n).$$

このように1周回って最初の状態に戻る変化を**サイクル**とよんでいる．**内部エネルギーは1サイクルで初期値に戻る．** これをエネルギー保存則である熱力学第1法則の式 (1.8) の観点から解釈すると，次のようになる：「（状態は元に戻るので）1サイクルの間に，熱または外界からされる仕事という形で流入したエネルギーは，同じ1サイクルの間に（熱または外界へする仕事として）同じ量のエネルギーが流出してしまっている」．すなわち内部エネルギーの変化は，1サイクルの変化で差し引き零（$\Delta U = 0$）になるのである．

次のサイクルを考えてみる（図 (a)）：

$$\text{状態 A}\,(T_0, V_0, n) \to \text{状態 B}\,(T, V, n) \to \text{状態 A}\,(T_0, V_0, n). \tag{1.10}$$

♠9 以降，W（「$'$」記号なしの W）は系が外界からされる仕事を，W'（「$'$」記号付きの W）は系が外界にする仕事を表すものとする．

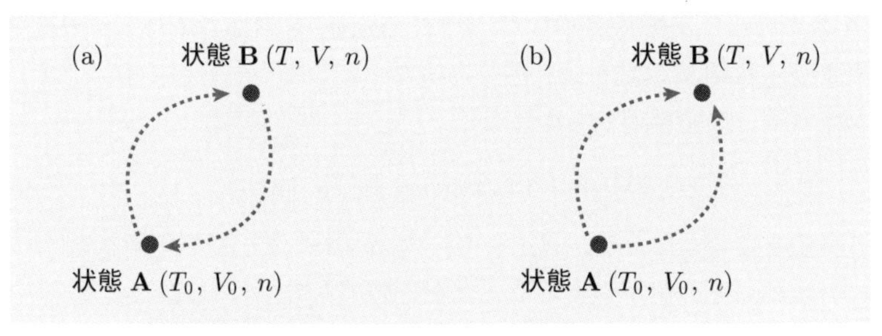

(a) 状態 A から状態 B を経由した後，状態 A に戻るサイクル．
(b) 状態 A から状態 B にいかなる方法で変化させても，内部エネルギーの変化は同じになる．

まず何らかの方法によって，状態 A から状態 B に変化させる．この間（状態 A → 状態 B）の内部エネルギー変化を $\Delta U_{\mathrm{A}\to\mathrm{B}}$ で表すことにする．次に，また何らかの手段を使って，状態 B から状態 A に戻すと内部エネルギーは $\Delta U_{\mathrm{B}\to\mathrm{A}}$ だけ変化したとする．すると，1 サイクルで内部エネルギーの変化は零なので

$$\Delta U_{\mathrm{A}\to\mathrm{B}} + \Delta U_{\mathrm{B}\to\mathrm{A}} = 0 \tag{1.11}$$

でなければならない．ところで状態 A から状態 B，または状態 B から状態 A に変化させる方法は無数に存在している．なぜならば熱力学第 1 法則（(1.8) 式）によれば，内部エネルギーをある値 ΔU だけ変化させるとき，外界から吸収する熱量 ΔQ と外界からされる仕事 ΔW は 1 組だけ存在するわけではなく，2 つの値を調節すれば，いろいろな組合せを自由に作ることができるからである．他方，いかなる方法で変化させたとしても，(1.11) 式は成立しなければならない．つまり $\Delta U_{\mathrm{A}\to\mathrm{B}}$ と $\Delta U_{\mathrm{B}\to\mathrm{A}}$ は，大きさが同じで符号が逆でなければならず，これは状態 A，B 間の内部エネルギー差の大きさ $|\Delta U_{\mathrm{A}\to\mathrm{B}}| = |\Delta U_{\mathrm{B}\to\mathrm{A}}|$ は一意に定まるということを意味している．さらに内部エネルギーの変化は，熱力学第 1 法則である (1.8) 式（または (1.9) 式）により吸収する熱量と外界からされる（外界にする）仕事として符号も含めて定められている．結局，状態 A から状態 B へ変化するときの内部エネルギーの変化 $\Delta U_{\mathrm{A}\to\mathrm{B}}$ は符号を含めて確定することになる．すなわち，いかなる変化のさせ方をしても $\Delta U_{\mathrm{A}\to\mathrm{B}}$ の値は同じということである（図 (b)）．

ここでいま仮に，力学で位置エネルギーの基準点を定めたときのように，状

態Aを基準的な熱平衡状態として，$U(T_0, V_0, n)$ を内部エネルギーの基準値としてみよう．状態Bは熱平衡状態であるならどのようなものでもよくて，その内部エネルギーの基準値からの差は

$$\Delta U = U(T, V, n) - U(T_0, V_0, n) \tag{1.12}$$

のように定まることになる．以上より，内部エネルギーは熱平衡状態 (T, V, n) ごとに一意的にその値が定まることになるのである．

ところで $U(T, V, n)$ と書くときは，熱力学的状態を定めるために必要な3つの独立変数は温度 T，体積 V および物質量 n であり，内部エネルギー U は従属変数であることを表している．T，V，n を定めると U が一意的に定まるということは，U，V，n を定めれば T が定まるということを意味する．よって，V と n に加えて U を独立変数に選べば，今度は温度が従属変数 $T(U, V, n)$ になることになる．このように**内部エネルギーも状態量の1つになる**ことができるのである．

他方，**熱量や仕事は状態量にはなり得ない**．初期状態 (T_0, V_0, n) と終状態 (T, V, n) を決めたとき，内部エネルギーの変化 ΔU は，$U(T, V, n) - U(T_0, V_0, n)$ のように一意的に決定されるのに対して，系が得る熱量 ΔQ と系が外界からされる仕事 ΔW の値は1つには決まらない．全体の変化量 ΔU を，ΔQ と ΔW の部分に分ける仕方は，状態変化のさせ方によって変わってしまうのである．つまり熱量や仕事を $Q(T, V, n)$ や $W(T, V, n)$ のように状態量 T，V，n の従属変数として表すことはできず，よって Q や W は状態量ではない♠10．

内部エネルギーは示量性をもつことを見てみよう．例えば断熱容器に入れられ平衡状態にある気体1が，温度 T，体積 V および物質量 n の熱力学的状態にあったとする．この系の内部エネルギーは T，V，n の関数として

$$U_1 = U(T, V, n)$$

のように表すことができる．さらに，これと全く同じ状態の気体2を用意する．気体2の内部エネルギーは $U_2 = U(T, V, n)$ である．すると気体1と気体2がなす全体の内部エネルギー U_{1+2} は

♠10　状態変化のさせ方を指定さえすれば，その途中の各状態での熱量 Q と仕事 W の値をそれぞれ計算することができる．

$$U_{1+2} = U_1 + U_2 = 2U(T, V, n) \tag{1.13}$$

のように 2 倍になる．系全体の内部エネルギー U_{1+2} は，部分系（気体 1 と気体 2）の内部エネルギーの和 $U_1 + U_2$ で表されることを (1.13) 式は示している．このような性質を内部エネルギーの**相加性**とよんでいる．系が N 個の部分系からなっているときには，その内部エネルギーの総量は，N 個ある部分系の内部エネルギーの和で与えられる．「分量」に比例する量ということになるので，内部エネルギー U は示量性の量であることが結論される．

内部エネルギーと熱力学第 1 法則のまとめ

- 物質の内部に抱えられた力学的エネルギーを内部エネルギーとよぶ．
- 熱の流入と外界からされる仕事で変化する内部エネルギーに関するエネルギー保存則を，熱力学第 1 法則という．

1.5　状態の準静的変化

物体に加えられる仕事の大きさ ΔW も，状態変化の仕方をきちんと指定しさえすれば一意的に定まる．ΔW を計算できる具体例を見てみよう．

ピストン付きのシリンダに気体を封入する．このシリンダを真空中に置くと，気体の圧力はピストンに強い力を与え，ピストンをシリンダの外に押し出そうとするだろう．そこでピストンが飛び出さないように，外側から押さえ付けて気体を一定体積の平衡状態に保つとする．このときシリンダ内の気体は温度 T，体積 V および物質量 n で定まる熱力学的状態にあったとする．

導入　例題 1.3

シリンダ内の気体に “極めてゆっくりと” 外力を加えながら，ピストンをわずかな（無限小の）距離 dx（> 0）だけ押し込んだ．ゆっくり変化させるので，その間，気体は常に熱平衡状態にあったと仮定する．このとき外力がする仕事，すなわち気体がされる仕事 δW は

$$\delta W = -p(T, V, n)\, dV \tag{1.14}$$

と表せることを示せ ♠11．ここで $p(T, V, n)$ は気体の圧力，dV は気体の（無限小の）体積変化を表している．

ヒント：ピストンの断面積を A とすると，気体の圧力がピストンを押す力の大きさは pA である（図）．ピストンが動かないように外から押し返すための力（外力）の大きさもこれに等しい．ピストンを dx だけ押し込むので，外力のする仕事は $pA \times dx$ である．

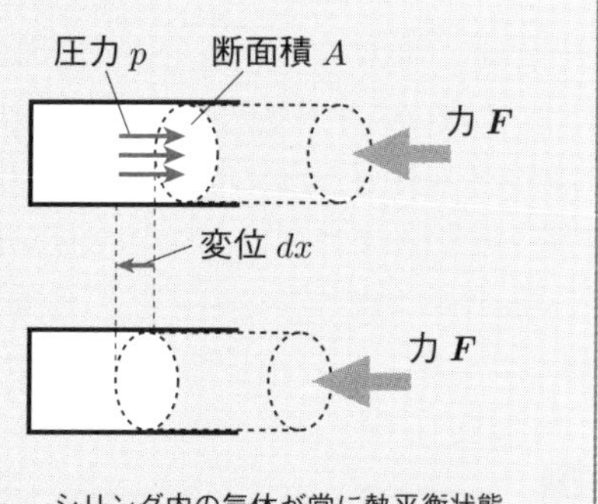

シリンダ内の気体が常に熱平衡状態にあるようにゆっくりとピストンを押し込む．

【解答】　ピストンが距離 dx だけ動く間，気体の体積は $A\,dx$ だけ減少している．すなわち気体の体積変化は $dV = -A\,dx$ である．外力はピストンを押し込んでいるので，気体が外力からされる仕事は正であり，その値は $pA \times dx$ に等しい．すなわち，気体が外力からされる仕事は，符号も考えて

$$\delta W = pA \times dx = -p(T, V, n)\,dV$$

のように表すことができる ♠12．これは (1.14) 式に他ならない．■

気体が圧縮されるときは $dV < 0$ であり，また圧力 p は正の量なので，(1.14) 式により気体がされる仕事は正（$\delta W > 0$）ということになる．他方，気体が膨張するときは $dV > 0$ であり，気体がされる仕事は負（$\delta W < 0$）である．

気体が外界にする仕事 $\delta W'$ は (1.14) 式の符号を反転した

$$\delta W' = p(T, V, n)\,dV \tag{1.15}$$

♠11　状態量の無限小変化には微分の記号である d を用いる．例えば体積の無限小変化を表す記号は dV，内部エネルギーの場合は dU のようにである．他方，状態量ではない熱量や仕事の無限小変化は δQ や δW のように δ（デルタ）記号で表して区別することにする．

♠12　ピストンを無限小距離だけ動かすと，p の値だった圧力も $p + dp$ のようにやはり無限小量 dp だけ変化するだろう．そこで p の代わりに，これに $-dV$ をかけてみる．すると $-(p + dp)\,dV = -p\,dV - dp\,dV$ となるが，$dp\,dV$ は2次の無限小量であり無視できるので，答えはやはり $-p\,dV$ となる．

によって与えられる．気体が膨張（$dV > 0$）すると，気体が外界にする仕事は正（$\delta W' > 0$）ということになる．

ピストンを動かして気体を圧縮する．その際のピストンの動きがごくわずかだったとしても，シリンダ内の気体の温度や圧力の均一性は損なわれ，もはや熱平衡状態ではなくなってしまう．そこで気体が再び熱平衡状態に緩和するのを待つことにして，熱平衡状態に落ち着いてからさらにピストンをわずかだけ押し込むようにする．そして再び熱平衡状態に緩和するまで待ち，また少しだけ押し込む．このように極めて長い時間をかけながらピストンを少しずつ動かしていけば，シリンダ内の気体は（確かに変化しているものの）常に熱平衡状態にあると見なすことができるはずである．こうして (T_0, V_0, n) で指定される初期状態から，(T, V, n) で指定される終状態まで非常にゆっくりと変化させたとしよう．このときの系の状態変化は，V–p 平面上で初期状態を表す位置 $(V_0, p(T_0, V_0, n))$ から，終状態を表す位置 $(V, p(T, V, n))$ までの 1 本の軌跡として正確に表すことが可能になる（図 (a)）．このように，V–p 平面上（もちろん V–T 平面上でもよい）で軌跡が描けるような状態変化のことを**準静的変化**とよぶ．つまりある系が準静的に変化しているならば，系はその変化の途中のいかなるときにも，ある熱平衡状態にあるものとする．図 (a) に描かれているように，**準静的に変化している状態の軌跡を，本書では矢印付きの実線で描く**ことにする．実線上の各点は準静的変化の途中で実際に実現する熱平衡状態を表しており，その V–p 平面上の座標は，そのときの系の体積と圧力を与えることになる．

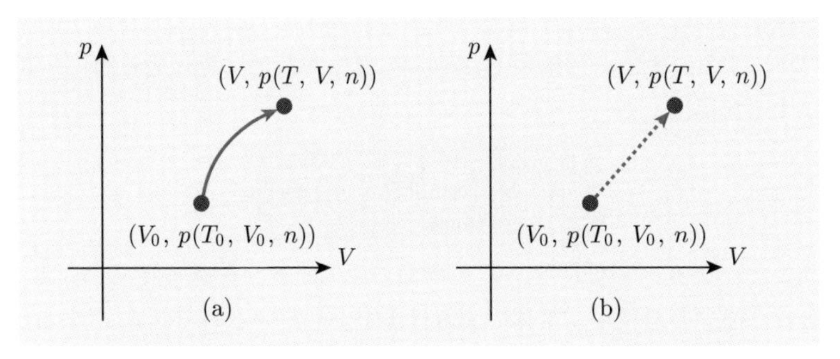

(a) 極めてゆっくりと変化させる過程．実線上の全ての位置で熱平衡状態にある．(b) 状態変化の過程が点線で表されているとき，初期状態と終状態のみが熱平衡状態を表している．

他方，初期状態と終状態は熱平衡状態であるけれども，途中では状態が時間的に激しく変動していたり，空間的に不均一になっているような場合には，系の変化の最中における状態を V–p 平面上の1点として表すことはできない．系は平衡状態にないので，系全体の温度や圧力を定めることができないからである．図 (b) に描かれているように，**準静的変化でない変化を表すときは，初期状態と終状態を矢印付きの点線でつなぐことにする**．点線で描かれているときは，矢印の向きが初期状態から終状態への向きを表しているだけで，点線の途中の点の V–p 平面上の位置は特に意味をもたない．

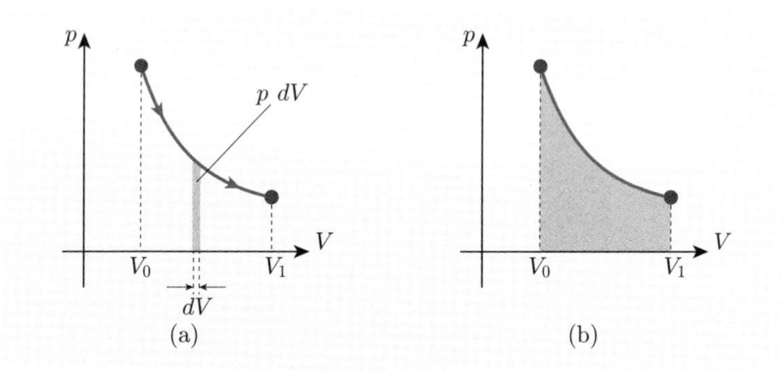

気体がする仕事は，V–p 平面において曲線 $p(T,V,n)$ と V 軸に囲まれた面積に等しい．

気体の体積を，図 (a) に示すように V_0 から V_1 まで準静的に変化させるときに，気体がする仕事を求めてみよう．気体の状態が $(V, p(T,V,n))$ のときに，体積が微小量 dV だけ変化すると，(1.15) 式に示したように気体は $p\,dV$ の仕事を外界にする．よって体積が V_0 から V_1 まで準静的に変化する間に，気体が外界にする仕事は

$$W' = \int_{V_0}^{V_1} p(T,V,n)\,dV \tag{1.16}$$

ということになる．すなわち，V–p 平面で圧力を表す曲線 $p(T,V,n)$ と V 軸に囲まれた部分の面積が，気体のする仕事を表しているのである（図 (b)）．

導入 例題 1.4

n モルの気体を，ある平衡状態から別の平衡状態に準静的に変化させた．以下の設問に答えよ．

(1)　体積を一定にしたまま，温度と圧力を

$$(T_0, p_0, n) \xrightarrow{V=\text{一定，準静的}} (T_1, p_1, n)$$

のように準静的に変化させた．気体が外界にする仕事を求めよ．

(2)　圧力を一定にしたまま，温度と体積を

$$(T_0, V_0, n) \xrightarrow{p=\text{一定，準静的}} (T_1, V_1, n)$$

のように準静的に変化させた．気体が外界にする仕事を求めよ．ただし $V_0 < V_1$ とする．

【解答】　(1)　状態が変化する間に体積は変化しないので，(1.16) 式の積分では体積 V の積分区間の上限と下限が一致することになる．すなわち圧力の変化がどうであれ，圧力 p と V 軸に囲まれる面積は零（図 (a)）ということである．よって気体が外界にする仕事は零である．

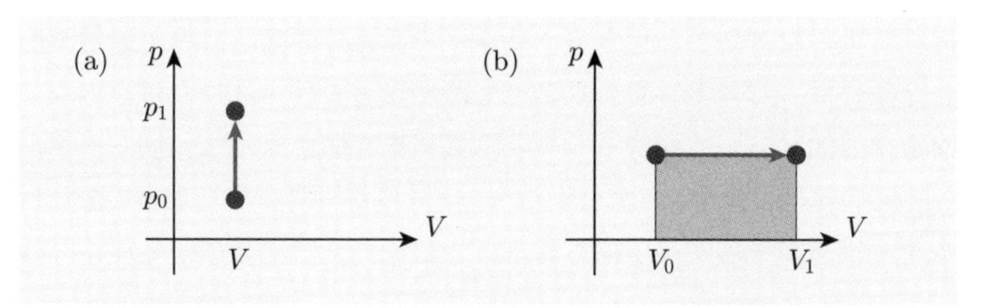

(2)　気体が外界にする仕事が問われているので，(1.15) 式を体積 V_0 から V_1 まで積分すればよい．状態が変化する間に圧力は一定に保たれているので，この間の圧力 p は定数である．よって p は積分の外に出してしまってよく，気体が外界にする仕事は

$$W' = \int_{V_0}^{V_1} p\,dV = p\int_{V_0}^{V_1} dV = p(V_1 - V_0).$$

気体がする仕事は，図 (b) に示された長方形の面積に等しい．　■

1.6　断熱準静的変化と等温準静的変化

系を断熱しながら変化させることを**断熱変化**という．さらに系を断熱的かつ準静的に変化させることを**断熱準静的変化**とよぶ．これに対して，系を一定の温度に保ったまま準静的に変化させることを**等温準静的変化**という．断熱準静的変化または等温準静的変化により，系をある状態（状態A）から別の状態（状態B）に変化させたとする．そのような場合には，**状態AからBにいたった経路の逆を，断熱準静的変化や等温準静的変化によってたどることにより，BからAに状態を戻すことが可能になる．**

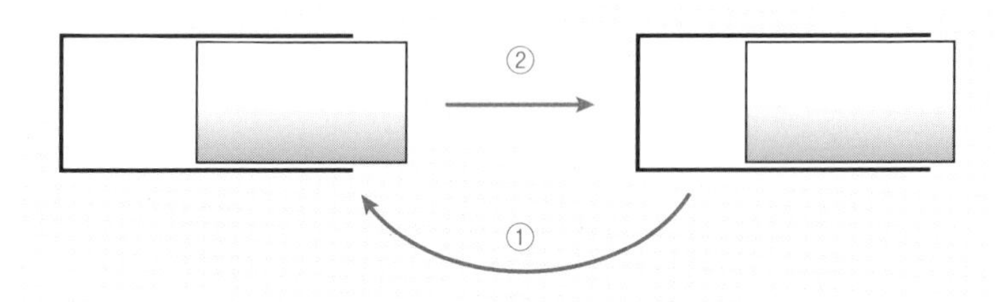

断熱容器に入れられた気体を準静的に膨張させた後，準静的に元の体積まで圧縮すると，状態は完全に元に戻る．

気体を封入したピストン付きのシリンダを考えてみよう．系を**断熱準静的**に変化させるには，ピストンもシリンダも断熱素材で作らなければならない．ピストンを準静的に（十分にゆっくりと）気体を膨張させた後，同じく準静的に圧縮して元の体積に戻す（図）．膨張時には気体が外界にする仕事の分だけ内部エネルギーは減少するが，圧縮されるときに同じだけの仕事が外界から注入されるので，同じ体積に戻った時点で内部エネルギーは最初の状態に戻る．ピストンとシリンダは断熱されているので，外界には何の変化も生じない．ただし，**ピストンを激しく動かしたり，ピストンとシリンダの間に摩擦熱が発生したりすると状態は元には戻らない．**摩擦熱が生じると，どのようなことが起こるかを試しに考えてみよう．

導入 例題 1.5

極めて滑らかに動作するように表面処理された，断熱性のピストン付きシリンダに気体を閉じ込めた．まず気体を状態 A から B まで準静的に膨張させたところ，装置は完璧に動作して摩擦熱は生じなかった．図は断熱準静的な状態変化の軌跡を V–T 平面に描いたものである．次に状態を B から A まで同じ経路をたどって準静的に収縮させようとした．しかし今回はその間にコーティングが一部剥げてしまい，シリンダとピストンの間にわずかに摩擦熱が発生してしまった．それでもそのままゆっくりと収縮を続けたとき，状態は V–T 平面上でどのような軌跡を描くだろうか．軌跡の概略を図に書き加えよ．

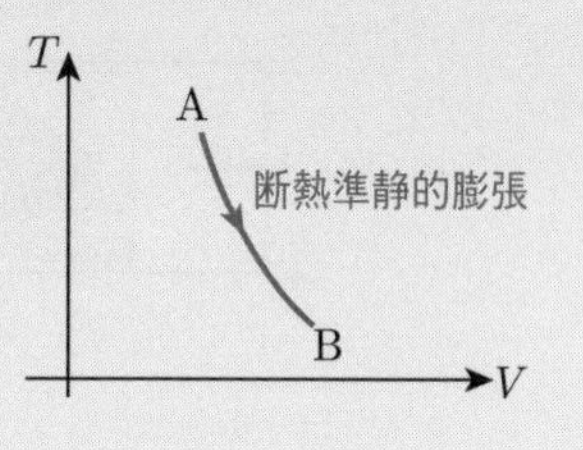

【解答】　ピストンを収縮させる間に発生した摩擦熱は，容器の外に逃げられない．（図中の矢印で指されたような）ある体積での状態に注目すると，圧縮中 (B → A) は摩擦熱が生じたので，膨張時 (A → B) よりも温度が高い状態になければならない．そのため B → A の軌跡は，V–T 平面で状態 A → B の軌跡の上側に常に位置することになる．そして状態 A の体積に戻る前に，状態 A のときの温度に到達してしまうので，最初の状態 A に戻ることはできない．■

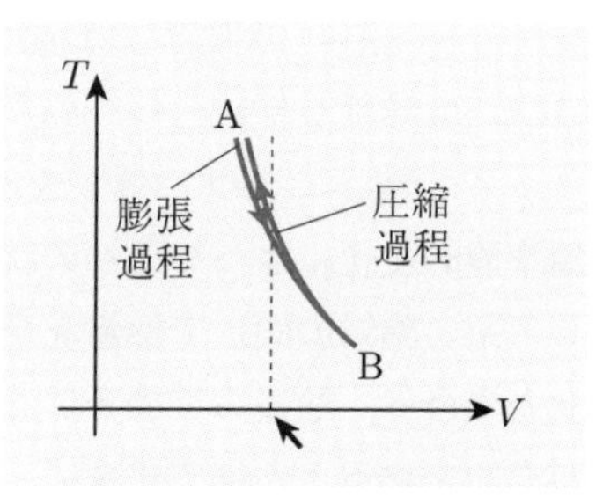

矢印で示した体積での状態に注目すると，膨張過程（A → B）よりも圧縮過程の方が温度は高い．

気体を**等温準静的**に変化させるには，ピストンとシリンダに熱を通す素材を使い，さらに一定の温度を保つ**熱浴**ですっぽりと囲んでしまえばよい．熱浴とは，ある系を一定温度に保つための（仮想的な）非常に大きな浴槽のことである．熱浴自身は温度 T の熱平衡状態に保たれている．そして系を熱浴と接触させると，系もまた温度 T の熱平衡状態に緩和すると考えるのである．系と熱浴の間には熱の移動が生じるけれども，熱浴は対象とするいかなる系よりもはるかに大きな規模のものであると仮定し，その大きな熱容量によって温度変化は

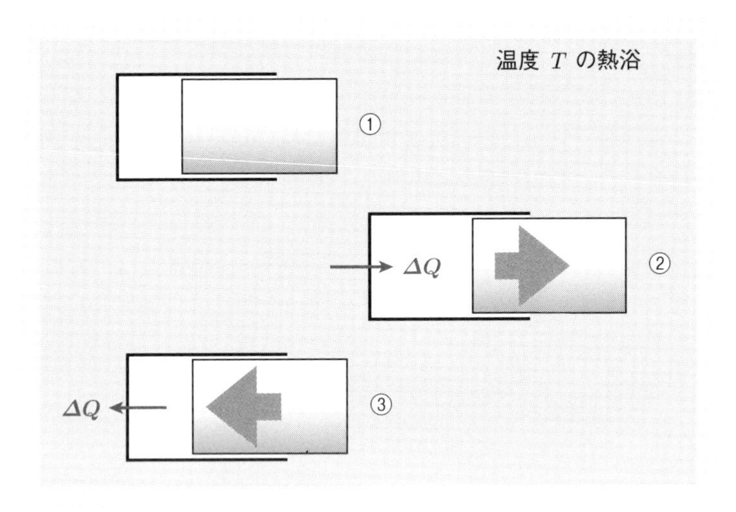

無視できると見なすのである.

はじめ，系と熱浴は既に接触していて，同じ温度の熱平衡状態にあったと仮定する（図①）．次に系を準静的に膨張させると，温度を保つため熱浴から系に ΔQ だけ熱量が流れ込む（図②）．最後に系を準静的に圧縮して元の体積に戻すと，系は熱浴に ΔQ の熱量を戻し，最初の状態に戻る（図③）．このように**等温準静的変化によって最初の状態に戻るサイクルができるのは，同じ温度どうし（系と熱浴の間）で熱量を交換するためである．異なる温度の物体を接触させた場合は，熱量の交換をいくらゆっくり行ったとしても，状態を元に戻すサイクルを作ることはできない**.

ある状態 A から別の状態 B への変化と，状態 B から状態 A への変化が共に可能なとき，「A から B への変化，または B から A への変化は**可逆**である」といい，両者を結ぶ変化を**可逆変化**とよぶ．反対に A から B への変化は可能であるが，その逆は実現不可能なとき，「A から B への変化は**不可逆**である」という ♠13．断熱準静的変化と等温準静的変化は共に，ある状態から別の状態へ全く同じ経路を逆向きにたどることができる可逆変化である．

♠13　状態変化の可逆性と不可逆性については第3章以降で詳しく論じる．

1.7　定積熱容量と定圧熱容量

熱容量と熱力学的な状態量を関係付ける表式を導いておこう．熱容量の定義は既に (1.2) 式で与えたが，ここではより正確に

$$C_\alpha = \lim_{\Delta T \to 0} \left.\frac{\Delta Q}{\Delta T}\right|_{\alpha=\text{一定}} \tag{1.17}$$

という定義を与える．(1.17) 式右辺は「状態量 α を一定値に固定したままで，系が吸収する熱量の変化率 $\frac{\Delta Q}{\Delta T}$ について，$\Delta T \to 0$ の極限をとる」ことを表している．α として体積 V を選んだときに，(1.17) 式で定義される C_V を**定積熱容量**とよび，α として圧力 p を選んだときに得られる C_p を**定圧熱容量**とよぶ．(ただし，いずれの場合も物質量 n は固定されているものとする．)

まず定積熱容量を考えてみよう．温度 T，体積 V で熱平衡状態にある n モルの物質を，体積は一定のまま温度をわずかだけ変化させる．具体的には体積が変化しない容器に充填された気体を加熱する場合や，温度が変化しても体積はほとんど変わらない固体を加熱する状況が当てはまるだろう．熱平衡状態が (T, V, n) で特徴付けられる状態から，体積 V と物質量 n は固定したままで，温度が微小量 ΔT だけ上昇した状態に変化したと仮定する：

$$(T,\, V,\, n) \xrightarrow{V,n=\text{一定}} (T + \Delta T,\, V,\, n). \tag{1.18}$$

体積は変化しないので，物質は外界に仕事をしない ($\Delta W = 0$)．よって熱力学第 1 法則 (1.8) より，内部エネルギーの変化は

$$\Delta U = \Delta Q \tag{1.19}$$

で与えられる．すなわち定積熱容量 C_V は内部エネルギーを使って

$$C_V = \lim_{\Delta T \to 0} \left.\frac{\Delta Q}{\Delta T}\right|_{V=\text{一定}} = \lim_{\Delta T \to 0} \left.\frac{\Delta U}{\Delta T}\right|_{V=\text{一定}} \tag{1.20}$$

と表すことができる．

内部エネルギーは状態量なので，系の熱平衡状態を例えば (T, V, n) で指定すると $U(T, V, n)$ のように一意的に決まる．逆に言うと，内部エネルギーの変化 ΔU は温度 T，体積 V および物質量 n の変化によってもたらされることになる．物質量 n は一定の場合を考えるので変数 n を書くのは省略して，内部エネルギーを $U(T, V)$ と書くことにする．T–V 平面上の 1 点 (T, V) を指定する

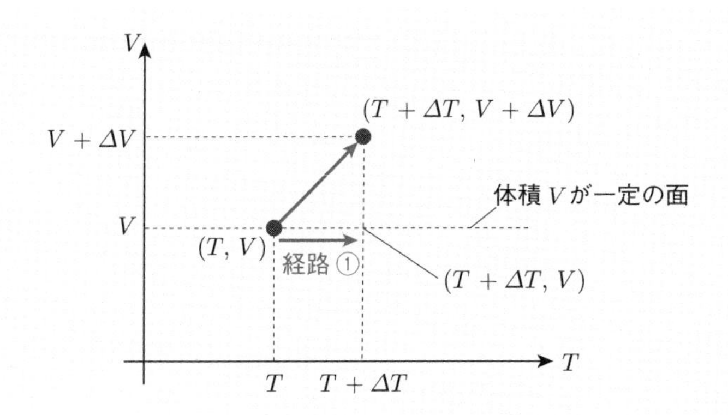

と，U の値が決定される．熱平衡状態を準静的に変化させることは，T–V 平面上を連続的に移動させることに相当する．いまは図の経路①が示す体積 V は一定のまま，温度を T から $T+\Delta T$ まで変化させるときの $U(T,V)$ の変化

$$\Delta U|_{V=\text{一定}} = U(T+\Delta T, V) - U(T, V) \tag{1.21}$$

が知りたい．ここで定積熱容量を求める式 (1.20) に注目すると，ΔU を ΔT で割り，$\Delta T \to 0$ の極限をとっている．ということは，たとえ ΔU を ΔT に関してべき級数展開をしても，ΔT の2次以上の項は，$\Delta T \to 0$ の極限操作ですべて消えてしまうことになる．つまり，ΔT の2次以上の項は不要であり，ΔT の1次までを含む ΔU の近似式がわかればよいことになる．

図は体積 V を固定したときの，T に対する $U(T,V)$ の変化の例を表してい

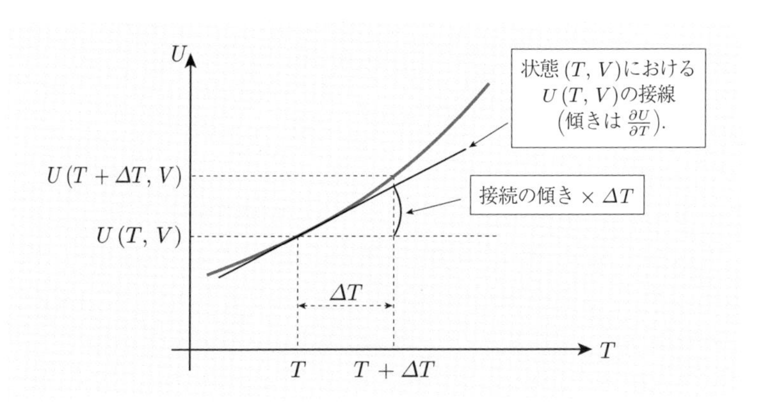

る．V を一定のまま，状態を (T,V) から $(T+\varDelta T,V)$ まで変化させたときの内部エネルギー $U(T+\varDelta T,V)$ は，$\varDelta T$ の 1 次までの近似式として

$$U(T,V)+\begin{bmatrix}\text{点}\,(T,V)\,\text{における}\\ U(T,V)\,\text{の接線の傾き}\end{bmatrix}\times\varDelta T$$

によって与えられることが図から読み取れるだろう．ここで「接線の傾き」は，V を定数と見なした T の関数 $U(T,V)$ の，点 (T,V) における微分係数に等しいことに注意しよう．これを

$$\frac{\partial U(T,V)}{\partial T}=\lim_{\varDelta T\to 0}\frac{U(T+\varDelta T,V)-U(T,V)}{\varDelta T} \tag{1.22}$$

という記号を使って表すことにする．(1.22) 式を，T と V を変数にもつ 2 変数関数 $U(T,V)$ の変数 T に関する**偏微分**という．

$\varDelta U$ を (1.22) 式の偏微分を使って，変数 n を元に戻した形で表すと

$$\varDelta U|_{V,n=\text{一定}}=U(T+\varDelta T,V,n)-U(T,V,n)\simeq\frac{\partial U(T,V,n)}{\partial T}\varDelta T. \tag{1.23}$$

(1.23) 式を (1.20) 式に代入すると，定積熱容量 C_V が以下のように求まる：

$$C_V(T,V,n)=\frac{\partial U(T,V,n)}{\partial T}. \tag{1.24}$$

(1.24) 式では定積熱容量を $C_V(T,V,n)$ と表記している．これは内部エネルギーは一般に温度 T，体積 V および物質量 n に依存するため，定積熱容量も同様にこれらの状態量に依存することを強調するためである．

定積熱容量 C_V は，示量性の量である内部エネルギー U を示強性の量である温度 T で偏微分したものである．つまり，定積熱容量は内部エネルギーと同様に示量性の量である．したがって 1 モルあたりの定積熱容量である**定積モル比熱**を

$$c_V=\frac{C_V}{n}=\frac{1}{n}\frac{\partial U(T,V,n)}{\partial T} \tag{1.25}$$

のように定義することができる．

熱力学では (1.24) 式を

$$C_V=\left(\frac{\partial U}{\partial T}\right)_{V,n} \tag{1.26}$$

のように表記することがある．(1.26) 式右辺の記号は「体積 V と物質量 n を一定にしたまま，内部エネルギー U を温度 T で偏微分する」ことを表している．状態量 T で偏微分するということだけではなく，「内部エネルギーを表す関数

U の変数として，$U(T,V,n)$ のように温度 T，体積 V，および物質量 n を選んでいる」という情報も含んでいるのである．

定圧熱容量の表式を求めてみよう．圧力一定の典型的な例は室内で行う化学実験である．例えばシャーレに入れた試料は大気圧下にあり，圧力は一定に保たれている．それをゆっくりと加熱，または化学反応による熱が発生することで，圧力は一定のままゆっくりと温度が変化することになる．

圧力 p を一定にしたまま，温度を ΔT だけ変化させたとする．ただし今回は圧力を一定に保つという条件があるので，温度と同時に体積も変化することになる．よって状態は

$$(T,\, V,\, n) \xrightarrow{p,n=\text{一定}} (T+\Delta T,\, V+\Delta V,\, n) \tag{1.27}$$

のように変化する．ΔT および ΔV は微小量であるとすると，体積変化に伴って物質が外界からされる仕事は $-p\,\Delta V$ である．つまり物質が吸収する熱量を ΔQ として，系の内部エネルギー変化 ΔU は次式で与えられる：

$$\Delta U = \Delta Q - p\,\Delta V. \tag{1.28}$$

T，V，n の関数としての内部エネルギー $U(T,V,n)$ の変化を見てみよう．今度は温度 T と体積 V の両方が変化するので，内部エネルギーの変化は温度と体積の変化（それぞれ ΔT と ΔV）の両方からもたらされることになる．定積熱容量のときに見たように，温度変化 ΔT による U の変化量は，偏微分 $\frac{\partial U}{\partial T}$ に ΔT をかけたものである．今回はこれに，体積変化 ΔV による U の変化量である $\frac{\partial U}{\partial V}\Delta V$ が加わることになる：

$$U(T+\Delta T, V+\Delta V, n) \simeq U(T,V,n) + \frac{\partial U(T,V,n)}{\partial T}\Delta T + \frac{\partial U(T,V,n)}{\partial V}\Delta V.$$

すなわち内部エネルギーの変化は

$$\begin{aligned}\Delta U &= U(T+\Delta T, V+\Delta V, n) - U(T,V,n)\\ &\simeq \frac{\partial U(T,V,n)}{\partial T}\Delta T + \frac{\partial U(T,V,n)}{\partial V}\Delta V\end{aligned} \tag{1.29}$$

である．$\alpha = p$ とした (1.17) 式に，(1.28) 式と (1.29) 式を代入すると

$$\begin{aligned}C_p &= \lim_{\Delta T\to 0}\left.\frac{\Delta Q}{\Delta T}\right|_{p=\text{一定}} = \lim_{\Delta T\to 0}\left.\frac{\Delta U + p\,\Delta V}{\Delta T}\right|_{p=\text{一定}}\\ &= \frac{\partial U(T,V,n)}{\partial T} + \left\{\frac{\partial U(T,V,n)}{\partial V} + p\right\}\lim_{\Delta T\to 0}\left.\frac{\Delta V}{\Delta T}\right|_{p=\text{一定}}.\end{aligned} \tag{1.30}$$

物質の体積 V は，体積以外の状態量である温度 T と，今回は一定に保たれている圧力 p，および物質量 n によって決定される．すなわち $V = V(T,p,n)$ である．よって

$$\lim_{\Delta T\to 0} \left.\frac{\Delta V}{\Delta T}\right|_{p,n=\text{一定}} = \lim_{\Delta T\to 0} \frac{V(T+\Delta T,p,n)-V(T,p,n)}{\Delta T} = \frac{\partial V(T,p,n)}{\partial T}. \tag{1.31}$$

(1.31) 式と (1.24) 式を (1.30) 式に代入すると，定圧熱容量は

$$C_p(T,V,n) = C_V(T,V,n) + \left\{\frac{\partial U(T,V,n)}{\partial V} + p\right\}\frac{\partial V(T,p,n)}{\partial T} \tag{1.32}$$

となる．1 モルあたりの定圧熱容量である**定圧モル比熱**は次式で与えられる：

$$c_p = \frac{C_p}{n}. \tag{1.33}$$

1.8 無限小量と全微分

本章の最後に，熱力学でよく使う便利な表記方法を説明することにする．前節では状態が変化するときに，ΔT や ΔV などの記号を使って状態量が微小量だけ変化することを表した．そして必要なときに ΔT や ΔV を零に近付ける極限をとった．熱力学では変化量を dT や dV のように書いて，$(dT)^2$ や $dT\,dV$ のような 2 次式は（3 次式以上も）すべて零とすることにする．dT や dV は零ではないぎりぎりの微小量というわけで，無限小量とよばれたりもする．そうして熱平衡状態が，例えば

$$(T,\,V,\,n) \to (T+dT,\,V+dV,\,n+dn) \tag{1.34}$$

のように無限小量だけ変化したとする．このとき内部エネルギーは

$$\begin{aligned} dU &= U(T+dT,\,V+dV,\,n+dn) - U(T,\,V,\,n) \\ &= \frac{\partial U(T,V,n)}{\partial T}\,dT + \frac{\partial U(T,V,n)}{\partial V}\,dV + \frac{\partial U(T,V,n)}{\partial n}\,dn \end{aligned} \tag{1.35}$$

だけ変化すると書くことにする．(1.29) 式で用いた近似的な等号 ($\simeq$) も，(1.31) 式で行った極限の記号（$\lim_{\Delta T\to 0}$）もいっさい書かずに，(1.35) 式のように記してしまうことにする．(1.35) 式を内部エネルギー U の**全微分**という．考えるべ

きすべての偏微分（いまの場合，$\frac{\partial U}{\partial T}$，$\frac{\partial U}{\partial V}$，$\frac{\partial U}{\partial n}$ の3つ）にそれぞれ対応する無限小量（dT，dV，dn の3つ）をそれぞれかけて総和をとったものであり，「全」微分とよぶにふさわしい．

無限小量の表記を使って，定積熱容量と定圧熱容量の関係を表す (1.32) 式をもう一度導いてみよう．系の物質量 n が一定のとき，すなわち (1.34) 式の状態変化で $dn = 0$ のとき，(1.35) 式の内部エネルギーの無限小変化は

$$dU = \frac{\partial U(T,V,n)}{\partial T}\,dT + \frac{\partial U(T,V,n)}{\partial V}\,dV \tag{1.36}$$

となる．また状態が変化する間に，系は δQ という無限小量の熱を吸収し，外界から δW という無限小量の仕事をされたとする．既に導入例題1.3のところの脚注で述べたが，状態量ではない熱量や仕事の無限小変化は，δQ や δW のように記することにする．状態量に対してしか全微分は定義できないのである．内部エネルギーの無限小変化は熱力学第1法則より

$$dU = \delta Q + \delta W = \delta Q - p\,dV \tag{1.37}$$

と表すことができる．(1.36) 式と (1.37) 式の dU を等しいとおき，δQ，dT および dV について整理すると

$$\delta Q = \frac{\partial U(T,V,n)}{\partial T}\,dT + \left\{p + \frac{\partial U(T,V,n)}{\partial V}\right\}dV \tag{1.38}$$

を得る．(1.38) 式は物質量が一定の系に対して，一般に成り立つ式であることに注意しよう．

ここでさらに圧力が一定という条件を課すことにする．圧力 p が一定の条件下で，(1.38) 式の両辺を温度の無限小変化 dT で割り算すると

$$\left.\frac{\delta Q}{dT}\right|_{p,n=\text{一定}} = \frac{\partial U(T,V,n)}{\partial T} + \left\{p + \frac{\partial U(T,V,n)}{\partial V}\right\}\left.\frac{dV}{dT}\right|_{p,n=\text{一定}} \tag{1.39}$$

を得る．(1.39) 式左辺は「圧力と物質量一定の下で，系が吸収する熱量の変化率」であり，定圧熱容量に他ならない．他方，右辺の第2項に現れる $\left.\frac{dV}{dT}\right|_{p,n=\text{一定}}$ は「圧力と物質量を一定にしたときの体積の温度に関する微分」であり，これは「温度，圧力および物質量の関数である体積 $V(T,p,n)$ の温度 T に関する偏微分」に他ならない．すなわち

$$\left.\frac{\delta Q}{dT}\right|_{p,n=\text{一定}} = C_p, \quad \left.\frac{dV}{dT}\right|_{p,n=\text{一定}} = \frac{\partial V(T,p,n)}{\partial T} \tag{1.40}$$

ということである．(1.40) 式を (1.39) 式に代入したものは，(1.32) 式に一致する．(1.29) 式で用いた等号 $\simeq$ も，(1.31) 式で行った極限操作 $\lim_{\Delta T \to 0}$ も現れず，無限小量を使った計算は簡潔であり，かつ正確である．

第1章　演習問題

1.1 【1 気圧の大きさを見積もる】 トリチェリが行った実験結果から 1 気圧（1 atm）の大きさを見積もってみよう．片方が閉じられ，他方は開放されている長い管に水銀を充填し，開放された方の一端を水銀で満たされた容器に入れて垂直に立てる．すると，管内部の水銀は重力により降下し（管内の上部は真空状態になる），外部容器の水銀液面から $l = 760.0$ mm の位置で停止した（図）．

(1)　液面より上部に位置する管内の水銀の質量を，管の断面積 S，水銀の密度 ρ，および l を使って表せ．

(2)　大気圧 p Pa（$= \mathrm{N/m^2}$）は液面を押して，管内の水銀を押し上げようとするはたらきをする．管の断面にはたらいて，水銀を押し上げようとする大気圧による力の大きさを求めよ．

(3)　小問 (1) で求めた質量にはたらく重力の大きさと，小問 (2) で求めた大気圧による力の大きさが釣り合うことになる．水銀の密度を $\rho = 1.359508 \times 10^4\ \mathrm{kg \cdot m^{-3}}$，重力加速度の大きさを $g = 9.80665\ \mathrm{m \cdot s^{-2}}$ として，大気圧 p の大きさを有効数字 4 桁まで求めよ．この値が 1 気圧（1 atm）の大きさということになる．

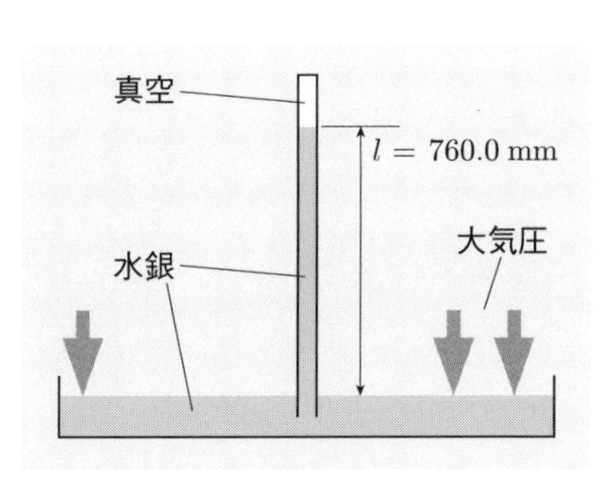

1.2 【ヤコビアン】 x と y を独立変数とする関数 $f(x, y)$ と $g(x, y)$ に対して

$$\frac{\partial(f,g)}{\partial(x,y)} = \begin{vmatrix} \frac{\partial f}{\partial x} & \frac{\partial f}{\partial y} \\ \frac{\partial g}{\partial x} & \frac{\partial g}{\partial y} \end{vmatrix} = \left(\frac{\partial f}{\partial x}\right)_y \left(\frac{\partial g}{\partial y}\right)_x - \left(\frac{\partial f}{\partial y}\right)_x \left(\frac{\partial g}{\partial x}\right)_y \tag{1.41}$$

で定義される行列式を**ヤコビアン**という．次に示す等式

$$\frac{\partial(f,g)}{\partial(x,y)} \frac{\partial(u,v)}{\partial(f,g)} = \frac{\partial(u,v)}{\partial(x,y)} \tag{1.42}$$

が成り立つ♠[14] ことを利用して，以下の設問に答えよ．

♠[14] (1.42) 式の証明は付録 D.1 参照.

(1)　次式が成り立つことを示せ：

$$\frac{\partial(f,g)}{\partial(x,y)} = \frac{1}{\frac{\partial(x,y)}{\partial(f,g)}}. \tag{1.43}$$

ヒント：ヤコビアンの定義より

$$\frac{\partial(x,y)}{\partial(x,y)} = \begin{vmatrix} 1 & 0 \\ 0 & 1 \end{vmatrix} = 1 \tag{1.44}$$

であることと，(1.42) 式を使え．

(2)　偏微分に関して以下が成り立つことを示せ：

$$\left(\frac{\partial f}{\partial x}\right)_y = \frac{1}{\left(\frac{\partial x}{\partial f}\right)_y}. \tag{1.45}$$

ヒント：x と y は独立変数なので $\frac{\partial y}{\partial x} = 0$ である．つまり偏微分を

$$\left(\frac{\partial f}{\partial x}\right)_y = \frac{\partial f(x,y)}{\partial x} = \frac{\partial(f,y)}{\partial(x,y)} \tag{1.46}$$

のようにヤコビアンとして表すことができる．

(3)　次式を示せ：

$$\left(\frac{\partial y}{\partial z}\right)_x \left(\frac{\partial z}{\partial x}\right)_y \left(\frac{\partial x}{\partial y}\right)_z = -1. \tag{1.47}$$

ヒント：次式を変形せよ：

$$\left(\frac{\partial z}{\partial x}\right)_y = \frac{\partial(z,y)}{\partial(x,y)}. \tag{1.48}$$

このとき行または列を入れ替えると行列式の符号が変わるので

$$\frac{\partial(f,g)}{\partial(x,y)} = -\frac{\partial(g,f)}{\partial(x,y)} = -\frac{\partial(f,g)}{\partial(y,x)} \tag{1.49}$$

が成り立つことを利用せよ．

1.3 【ヤコビアンの応用】 以下の式が成り立つことを示せ：

$$\left(\frac{\partial f}{\partial x}\right)_y = \left(\frac{\partial f}{\partial x}\right)_z + \left(\frac{\partial f}{\partial z}\right)_x \left(\frac{\partial z}{\partial x}\right)_y. \tag{1.50}$$

ヒント：以下の式を変形せよ：

$$\left(\frac{\partial f}{\partial x}\right)_y = \frac{\partial(f,y)}{\partial(x,y)} = \frac{\partial(f,y)}{\partial(x,z)}\,\frac{\partial(x,z)}{\partial(x,y)}. \tag{1.51}$$

第2章 理想気体

理想気体は極限的に希薄な“想像上の”気体である．それでありながら，我々の日常的な環境（常温，大気圧）の下では，実在する気体の性質の多くをうまく説明してくれる．また理想気体の内部エネルギーと状態方程式は，非常に簡単な形で与えられることが知られている．そのため理想気体に対しては，内部エネルギーの変化，吸収する熱量，および外界にする仕事などを，具体的，かつ容易に計算することができるのである．本章で理想気体の扱い方になれると同時に，カルノーサイクルの効率や理想気体温度など，熱力学における重要な物理量を学ぶことにする．

2.1 理想気体とは

理想気体の考えは，ゲイ・リュサックが最初に行い，ジュールによってより正確に再検証された，以下に示す実験の結果に基づいている♠1：

断熱壁で囲まれた2つの容器が，コック付きの管でつながれている（図）．容器は接合部も含めて外界から完全に断熱されている．最初，一方の容器（容積 V_0）には温度 T の熱平衡状態にある気体が閉じ込められ，他方の容器（容積 V_1）は真空であった．コックを開放すると，一方の容器に入っていた気体は，管を通って真空状態にあった容器に流入を始める．気体の流れが止まったあと，2つの容器を含めた全体が熱平衡状態に緩和する．

このように気体が真空領域に流れ込んで体積を膨張させる現象を**自由膨張**という．特に，今回のように外界と断熱された状態での自由膨張を**断熱自由膨張**とよんでいる．実験の結果は以下であった：

- **結果 1**：コック開放後の気体の温度は，開放前とほとんど同じであった．
- **結果 2**：結果1は気体の種類によらず成立した．

理想気体とは上記の結果1を理想化したものである．すなわち**理想気体は断熱自由膨張しても温度が変化しない気体**として定義される．この性質を熱力学

♠1 この実験の歴史的背景については，以下の文献が詳しい：山本義隆『熱学思想の史的展開 2－熱とエントロピー』，ちくま学芸文庫，2009.

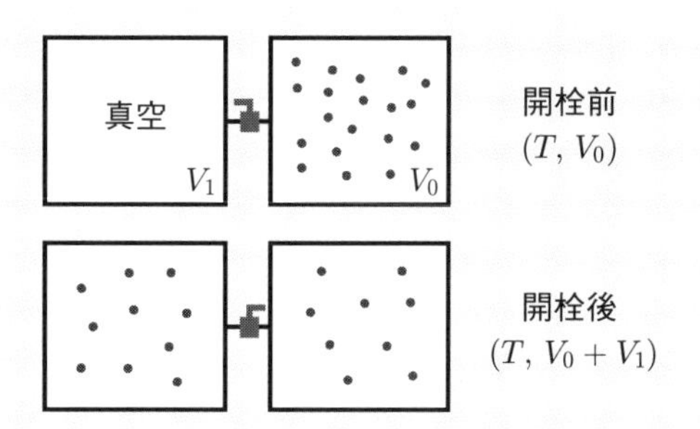

ゲイ・リュサックによる断熱自由膨張の実験．自由膨張の後も気体の温度はほとんど変化しなかった．

第1法則の観点から眺めてみよう．

導入 例題 2.1

温度 T で熱平衡状態にある体積 V，物質量 n の理想気体を，断熱自由膨張により体積を ΔV だけ膨張させた：

$$(T, V, n) \xrightarrow{\text{断熱自由膨張}} (T, V + \Delta V, n).$$

(1) 理想気体が外界から吸収する熱量 ΔQ を求めよ．

(2) 理想気体が外界からされる仕事 ΔW を求めよ．

ヒント：最初に理想気体が入っていた容器と真空状態にあった容器の 2 つが「系」であり，それ以外が「外界」をなしている．自由膨張する間に，系と外界はどのような影響をおよぼし合っているかを考えよ．

(3) 理想気体の内部エネルギー変化

$$\Delta U = U(T, V + \Delta V, n) - U(T, V, n) \tag{2.1}$$

を求めよ．

(4) 小問 (3) の答えを使って，理想気体の内部エネルギー $U(T, V, n)$ が

$$\frac{\partial U(T, V, n)}{\partial V} = 0 \tag{2.2}$$

という性質をもつことを示せ．(2.2) 式は**理想気体の内部エネルギー $U(T, V, n)$ は体積 V に依存しないことを表している**．

【解答】 (1)　断熱変化なので $\Delta Q = 0$ である．

(2)　断熱自由膨張の間，理想気体は真空状態の容器に単に流れ込んでいるだけである．理想気体が仕事をする相手は存在せず，仕事をされることもない．すなわち $\Delta W = 0$ である．

(3)　熱力学第 1 法則の式 (1.8) より

$$\Delta U = \Delta Q + \Delta W.$$

小問 (1) および (2) の答えである $\Delta Q = 0$ と $\Delta W = 0$ を代入し，(2.1) 式の ΔU と等しいとおくと

$$\begin{aligned}\Delta U &= U(T, V + \Delta V, n) - U(T, V, n)\\ &= \Delta Q + \Delta W = 0.\end{aligned}$$

(4)　小問 (3) の答えを ΔV で割り $\Delta V \to 0$ の極限をとると，温度 T と物質量 n は一定なので

$$\lim_{\Delta V \to 0} \frac{\Delta U}{\Delta V} = \frac{\partial U(T, V, n)}{\partial V} = 0$$

を得る．これは (2.2) 式に他ならない．■

理想気体の性質のまとめ

- 断熱自由膨張しても温度の変わらない気体を理想気体という．
- 理想気体の内部エネルギーは体積 V に依存せず，$U(T, n)$ のように温度 T と物質量 n のみの関数として表すことができる．

2.2 状態方程式と理想気体温度

理想気体では温度 T，体積 V，および圧力 p の間に，以下の関係式が成り立つ：

$$pV = nRT. \tag{2.3}$$

R は**気体定数**とよばれる定数で，以下の大きさと単位をもつ：

$$R = 8.314472\ \mathrm{J\cdot K^{-1}\cdot mol^{-1}}. \tag{2.4}$$

(2.3) 式は**理想気体の状態方程式**とよばれている ♠2.

理想気体の温度が一定であれば，(2.3) 式の右辺は定数と見なせるので，圧力と体積の積 pV が一定に保たれることになる．もしくは体積が $V = \frac{nRT}{p} \propto \frac{1}{p}$ のように圧力に反比例することになる．等温下における体積と圧力の反比例関係は**ボイルの法則**とよばれる．

また理想気体の圧力が一定であれば，圧力 p は定数と見なせるので，体積と温度の比は $\frac{V}{T} = \frac{nR}{p} =$ 定数 のように一定に保たれることになる．あるいは体積と温度は $V = \frac{nRT}{p} \propto T$ のような比例関係をもつことになる．等圧下における温度と体積の比例関係は**シャルルの法則**とよばれる．

理想気体の状態方程式 (2.3) は，ボイルの法則とシャルルの法則という 2 つの法則を統一的に表した式なのである．

理想気体の状態方程式 (2.3) と絶対温度の関係を見てみよう．図は実在する n モルの気体に対して横軸にセルシウス温度 t を，縦軸に圧力と体積の積 pV をとって表したものである．実線部分は実測値と理想気体の状態方程式による記述がよく一致する領域を表している．空気中に含まれる酸素などの気体は，極低温になると液化してしまう ♠3．そのためある程度低温になってくると，実際には $pV = nRT$ で表

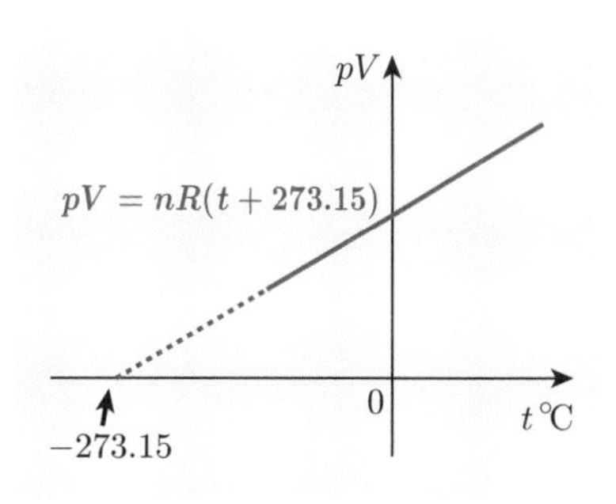

♠2 状態方程式 (2.3) に従う気体は，理想気体の特徴である「内部エネルギーは体積 V に依存しない」ことを表す (2.2) 式を満たすことになる．第 5 章末の演習問題 5.4 参照．

♠3 1 気圧下での液化温度（沸点）は，例えば酸素で -182.962 ℃，窒素で -195.795 ℃.

される直線からずれてくることになる．それでもあくまで直線の部分が正しいとして低温の領域まで線を延長してみる（外挿してみる）と，図中の点線部分が示すように $pV = 0$ となるときの温度を定めることができる．精密な測定により，この温度は $t = -273.15\,°\mathrm{C}$ であることが判明している．すなわち理想気体の状態方程式 (2.3) はセルシウス温度 $t\,°\mathrm{C}$ を使って

$$pV = nR\,(t + 273.15) \tag{2.5}$$

のように記述することができるのである．理想気体が極低温になっても状態方程式 (2.5) によって記述されると仮定して，圧力と体積の積 pV が零になる温度を零度に定めた温度体系が絶対温度なのである．以上の理由から，この温度体系は**理想気体温度**ともよばれている．1.1 節で言及した絶対温度とセルシウス温度の変換で登場する 273.15 という数字は，このような意味をもっていたのである．

導入 例題 2.2

標準状態（0 °C，1 気圧）で，気体は 1 モルあたり約 22.4 L の体積をもつ．理想気体の状態方程式 (2.5) を使って，これらの値から気体定数 R を求めよ．1 気圧の大きさは $1\,\mathrm{atm} = 1.013 \times 10^5\,\mathrm{Pa}$ を用いよ．

【解答】　理想気体の状態方程式 (2.5) より

$$\begin{aligned} R &= \frac{pV}{n(t + 273.15)} \\ &= \frac{1.013 \times 10^5\,\mathrm{Pa} \times 22.4 \times 10^{-3}\,\mathrm{m}^3}{1\,\mathrm{mol} \times (0 + 273.15)\,\mathrm{K}} \\ &= 8.31\,\mathrm{J \cdot K^{-1} \cdot mol^{-1}}. \end{aligned}$$

■

2.3 理想気体の熱容量

理想気体が以下のように無限小量だけ状態変化した：

$$(T, V, n) \to (T + dT, V + dV, n).$$

この間の内部エネルギー U の変化は，全微分を表す式 (1.35) で $dn = 0$ とした

$$dU = \frac{\partial U(T, V, n)}{\partial T} dT + \frac{\partial U(T, V, n)}{\partial V} dV \tag{2.6}$$

で与えられる．内部エネルギー U と定積熱容量 C_V を関係付ける式 (1.24) と，理想気体の内部エネルギーの性質を表す式 (2.2) を (2.6) 式に代入すると，内部エネルギーの無限小変化 dU を

$$dU = C_V\, dT \quad \text{または} \quad dU = n\, c_V\, dT \tag{2.7}$$

のように定積熱容量 C_V，または定積モル比熱 c_V （$= \frac{C_V}{n}$）を用いて表す式を得る．理想気体の定積モル比熱 c_V は，ヘリウム He やネオン Ne のような単原子分子気体と，酸素 O_2 や窒素 N_2 のような 2 原子分子気体に対して

$$c_V = \begin{cases} \frac{3}{2}R & \text{単原子分子理想気体} \\ \frac{5}{2}R & \text{2 原子分子理想気体} \end{cases} \tag{2.8}$$

のようにいずれも定数であることが知られている♠4．c_V は定数なので (2.7) 式は温度 T について簡単に積分できる．絶対零度で内部エネルギーが零になるように積分定数を選ぶと，理想気体の内部エネルギーは以下で与えられる：

$$U = n\, c_V T. \tag{2.9}$$

(2.8) 式を代入すれば

$$U = \begin{cases} \frac{3}{2}\, nRT & \text{単原子分子理想気体} \\ \frac{5}{2}\, nRT & \text{2 原子分子理想気体} \end{cases} \tag{2.10}$$

ということになる．

定積熱容量と定圧熱容量の関係を求めてみよう．体積を温度，圧力および物質量の関数 $V(T, p, n)$ と考えると，状態方程式 (2.3) より $V = \frac{nRT}{p}$ なので

♠4 定積モル比熱の表式 (2.8) に現れる $\frac{3}{2}$ や $\frac{5}{2}$ といった数字は，気体の分子運動の仕方と関連している．第 8 章 8.3 節参照．

$$\frac{\partial V(T,p,n)}{\partial T} = \frac{\partial}{\partial T}\frac{nRT}{p} = \frac{nR}{p}. \tag{2.11}$$

(1.32) 式に (2.11) 式と (2.2) 式を代入すると，定積熱容量 C_V と定圧熱容量 C_p の関係が以下のように求まる：

$$C_p - C_V = nR. \tag{2.12}$$

定積モル比熱 c_V と定圧モル比熱 c_p の関係は，(2.12) 式を n で割った

$$c_p - c_V = R \tag{2.13}$$

である．(2.12) または (2.13) 式を**マイヤーの関係式**という．

理想気体の定積モル比熱 c_V ((2.8) 式)，定圧モル比熱 $c_p = c_V + R$，さらに

$$\gamma = \frac{C_p}{C_V}\left(= \frac{c_p}{c_V}\right) \tag{2.14}$$

で定義される定積熱容量と定圧熱容量の比である**比熱比**を表にまとめる．

単原子分子理想気体と
2 原子分子理想気体の，
定積モル比熱 c_V，定圧モル比熱 c_p
および比熱比 γ.

	c_V	c_p	γ
単原子分子理想気体	$\frac{3}{2}R$	$\frac{5}{2}R$	$\frac{5}{3}$
2 原子分子理想気体	$\frac{5}{2}R$	$\frac{7}{2}R$	$\frac{7}{5}$

気体定数 R は正の定数なので，マイヤーの関係式より $C_p > C_V$，または $\gamma > 1$ である．これは言い換えると，**理想気体の温度を 1 K 上昇させるとき，体積一定の状態で熱を加えるよりも，圧力一定の状態で熱を加える方がより多くの熱量を必要とする**，ということである．

導入　例題 2.3

$C_p > C_V$ である理由を熱力学第 1 法則より説明せよ．

ヒント：ピストン付きのシリンダに閉じ込めた気体の温度を上昇させるために，シリンダを熱することを想像してみよ．体積を変えないで温度を上げるときは，ピストンを固定しながら加熱する．体積が変わらないので気体は外界から仕事をされないし，外界に仕事をすることもない．他方，圧力を一定に保ちながら温度を上げると気体は膨張してしまう．

【解答】 体積一定の下で加熱すると，気体は外界に仕事をしない（$\Delta W' = 0$）．熱力学第1法則 (1.9) より，加えた熱量 ΔQ は内部エネルギーの増加 ΔU に等しい（$\Delta U = \Delta Q$）．これは加えた熱量のすべてが内部エネルギー，すなわち温度の上昇に使われることを表す．他方，圧力一定の下で加熱すると体積は膨張する（$\Delta V > 0$）ため，気体は外界に正の仕事をする（$\Delta W' = p\,\Delta V > 0$）．熱力学第1法則 (1.9) $\Delta U + \Delta W' = \Delta Q$ は，加えた熱量 ΔQ は温度上昇 ΔU と外界への仕事 $\Delta W'$ の両方に分配されることを表す．このことは，同じだけ温度上昇させるためには，圧力一定のときの方が体積一定のときよりもより多くの熱量を加えなければならないことを意味する．よって $C_p > C_V$ ということである． ■

理想気体の熱容量のまとめ

- 理想気体の定積モル比熱 c_V と定圧モル比熱 c_p は共に定数であり，マイヤーの関係式 $c_p - c_V = R$ が成り立つ．
- 理想気体の内部エネルギー U は $U = nc_V T$ と表される．

2.4 理想気体がする仕事

熱エネルギーを利用する機関を**熱機関**と総称する．ここでの機関という言葉はエンジンの意味である．例えば通常の自動車はガソリンを，ディーゼル機関車（DL）は軽油を燃料とするエンジンで走る．どちらも熱を力学的な仕事に変換する装置である♠5．この節では理想気体を準静的に膨張させると，どの程度の仕事を生み出すことができるかを調べる．次節では熱機関の中でも最も重要なものであるカルノーサイクルについて説明するが，本節はその準備を兼ねている．

まずは等温準静的に変化する理想気体がする仕事を求めてみよう．ピストン付きのシリンダに n モルの理想気体を閉じ込める．このピストン付きシリンダは温度 T の熱浴に囲まれていて，理想気体は常に温度 T に保たれているものとする（図）．

♠5 ガソリンエンジンやディーゼルエンジンのように，燃焼により生じた燃焼ガスそのものを使って仕事を生み出す熱機関を**内燃機関**とよぶ．他方，蒸気機関車（SL）の蒸気（水）とボイラーのように，膨張させる気体と熱源が別になっているものを**外燃機関**とよぶ．

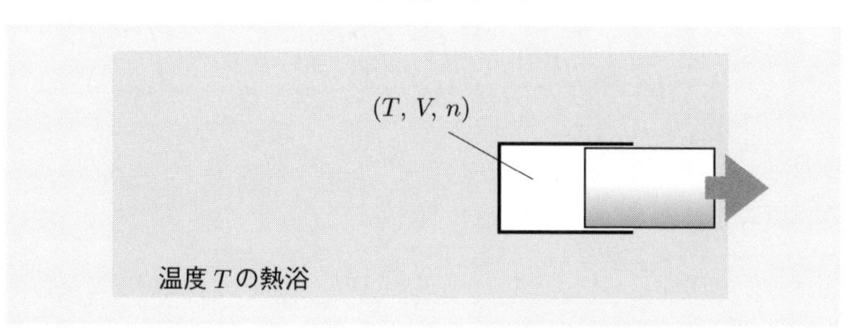

導入 例題 2.4

n モルの理想気体を温度 T に保ったまま，体積を $V_{始}$ から $V_{終}$ まで準静的に変化させた：

$$(T, V_{始}, n) \xrightarrow{\text{等温準静的}} (T, V_{終}, n).$$

変化の間に理想気体が外界にする仕事を，以下の誘導に従って求めよ．

(1)　準静的変化なので，気体は常に熱平衡状態にある．ある瞬間の気体の温度を T，体積を V，圧力を p で表すことにする．この状態から気体の体積が無限小量 dV だけ変化したとき，気体が外界にする仕事を求めよ．

(2)　気体が準静的に変化する間に外界にする仕事は，小問 (1) の答えを変数 V について $V_{始}$ から $V_{終}$ まで積分することで求めることができる．以下の手順に従って積分を実行し，気体が外界にする仕事を求めよ．

(a)　気体の圧力 p を温度 T と体積 V によって表せ．

(b)　圧力 p を小問 (1) の答えに代入し，積分を実行せよ．

【解答】　(1)　気体が外界にする仕事は，(1.15) 式より

$$\delta W' = p(T, V, n)\, dV. \tag{2.15}$$

(2)　(a)　気体の圧力 p は，理想気体の状態方程式より

$$p = \frac{nRT}{V}.$$

(b)　物質量 n，気体定数 R，および温度 T は定数なので，V についての積分の外に出してよい．気体が外界にする仕事は

$$W' = \int_{V_{始}}^{V_{終}} p\,dV = \int_{V_{始}}^{V_{終}} \frac{nRT}{V}\,dV = nRT \int_{V_{始}}^{V_{終}} \frac{dV}{V}$$

$$\Longrightarrow \quad W' = nRT \ln \frac{V_{終}}{V_{始}} \tag{2.16}$$

のように計算される♠6. ■

理想気体が膨張する（$V_{始} < V_{終}$）ならば $W' > 0$ であり，確かに気体は外界に仕事をしている．気体が圧縮される（$V_{始} > V_{終}$）ならば $W' < 0$ であり，気体は外界に負の仕事をする．つまり気体は外界から仕事をされている．

等温変化では状態方程式 $pV = nRT$ で n，R，T は定数であり，**理想気体が等温準静的に変化している間は，常に**

$$\textbf{理想気体の等温準静的変化}：pV = 一定 \tag{2.17}$$

が成立していることになる．他方，**理想気体が断熱準静的に変化するときは**

$$\textbf{理想気体の断熱準静的変化}：pV^{\gamma} = 一定 \quad または \quad TV^{\gamma-1} = 一定 \tag{2.18}$$

という関係が常に成り立っている．（γ は (2.14) 式で定義した比熱比．）

導入 例題 2.5

(2.18) 式の 2 つの関係式は同じことを表している．そのことを示すには，以下の 2 つの**命題**♠7 が真であればよい：

(1) 「$pV^{\gamma} = 一定$」であれば，「$TV^{\gamma-1} = 一定$」である．

(2) 「$TV^{\gamma-1} = 一定$」であれば，「$pV^{\gamma} = 一定$」である．

2 つの命題がそれぞれ真であることを示せ．

【解答】 (1) $pV^{\gamma} = 一定$ が成立すると仮定する．この式に理想気体の状態方程式 $p = \frac{nRT}{V}$ を代入して，圧力 p を消去すると

$$pV^{\gamma} = 一定 \quad \Longrightarrow \quad \frac{nRT}{V} V^{\gamma} = nRTV^{\gamma-1} = 一定.$$

n，R は定数なので，pV^{γ} が一定ならば $TV^{\gamma-1}$ も一定ということである．

♠6 本書では自然対数 $\log_e N$ を表すとき，$\ln N$ という記号を使うことにする．

♠7 命題とは真偽が客観的に判断できる主張のことである．

(2)　$TV^{\gamma-1}=$ 一定が成立すると仮定する．理想気体の状態方程式 $T=\frac{pV}{nR}$ を代入して，温度 T を消去すると

$$TV^{\gamma-1}=\text{一定} \quad\Longrightarrow\quad \frac{pV}{nR}V^{\gamma-1}=\frac{pV^{\gamma}}{nR}=\text{一定}.$$

n，R は定数なので，$TV^{\gamma-1}$ が一定ならば pV^{γ} も一定である．■

理想気体の断熱準静的変化で (2.18) 式の関係が成り立っていることを証明してみよう．n モルの理想気体が，断熱性のシリンダとピストンによって閉じ込められていると仮定する．ピストンをゆっくり動かして気体の状態を準静的に無限小量だけ変化させるとき，物理量の変化は (1.38) 式で与えられる：

$$\delta Q=\frac{\partial U(T,V,n)}{\partial T}dT+\left\{p+\frac{\partial U(T,V,n)}{\partial V}\right\}dV. \tag{2.19}$$

いまは断熱変化なので，系が吸収する熱量は零（$\delta Q=0$）であることと，定積熱容量の表式 $C_V=\frac{\partial U(T,V,n)}{\partial T}$ を (2.19) 式に代入すると

$$0=C_V\,dT+\left\{p+\frac{\partial U(T,V,n)}{\partial V}\right\}dV \tag{2.20}$$

を得る ♠[8]．ここで理想気体の状態方程式 $pV=nRT$ を使って圧力 p を消去し，さらに理想気体の性質を表す式 $\frac{\partial U(T,V,n)}{\partial V}=0$ とマイヤーの関係式 $C_p-C_V=nR$ を代入すると，次式を得る：

$$0=C_V\,dT+\frac{nRT}{V}dV \quad\Longleftrightarrow\quad 0=\frac{C_V}{T}dT+\frac{C_p-C_V}{V}dV. \tag{2.21}$$

導入　例題 2.6

(2.21) 式は，理想気体が断熱的に無限小量だけ変化するときの温度変化 dT と体積変化 dV の関係を表す．この式を

$$C_V\frac{dT}{T}=-(C_p-C_V)\frac{dV}{V} \tag{2.22}$$

のように式変形すると，温度 T と体積 V に関して変数分離形になる ♠[9]．(2.22) 式の両辺を積分することにより，(2.18) 式を導け．

♠[8] まだ理想気体の状態方程式 $pV=nRT$ は用いていない．したがって (2.20) 式は，理想気体に限らず断熱的に（無限小量だけ）変化する気体一般に対して成立する．

♠[9] T と dT は左辺に，V と dV は右辺に，というように分離できている．

【解答】 (2.22) 式の両辺を積分すると

$$C_V \ln T = -(C_p - C_V) \ln V + \text{積分定数}.$$

不定積分なので，積分定数を足しておく必要があることに注意せよ．両辺を C_V で割ると

$$\ln T = -\left(\frac{C_p}{C_V} - 1\right) \ln V + \frac{\text{積分定数}}{C_V}.$$

$\frac{C_p}{C_V} = \gamma$ を代入し，「$\frac{\text{積分定数}}{C_V}$」を改めて「定数」と書き換えて整理すると

$$\ln T + (\gamma - 1) \ln V = \text{定数} \iff \ln TV^{\gamma-1} = \text{定数}$$
$$\iff TV^{\gamma-1} = \text{定数}.$$

(2.18) 式の 2 番目の式を導くことができた． ■

断熱準静的変化で理想気体がする仕事を求めよう．

導入 例題 2.7

n モルの理想気体を断熱された容器に閉じ込め，体積を $V_{始}$ から $V_{終}$ まで準静断熱的に変化させた．今回は

$$(T_{始}, V_{始}, n) \xrightarrow{\text{断熱準静的}} (T_{終}, V_{終}, n)$$

のように温度と体積の両方が変化する．この間に理想気体が外界にする仕事

$$W' = \int_{V_{始}}^{V_{終}} p \, dV \tag{2.23}$$

を，以下の誘導に従って求めよ．

(1) 準静的変化なので気体は常に熱平衡状態にある．ある瞬間における気体の温度を T，体積を V，圧力を p で表すことにする．この中の圧力 p を，体積 V と初期状態の圧力と体積の組合せ $(p_{始}, V_{始})$ を使って表せ．

(2) 断熱準静的に変化する間に気体が外界にする仕事は

$$W' = \frac{nR}{1-\gamma}(T_{終} - T_{始}) \tag{2.24}$$

であることを示せ．

【解答】 (1)　理想気体の断熱変化では，(2.18) 式より圧力 p と体積 V の γ 乗の積 pV^{γ} が常に一定値に保たれているので

$$pV^{\gamma} = p_{始} V_{始}^{\gamma} \iff p = \frac{p_{始} V_{始}^{\gamma}}{V^{\gamma}}. \tag{2.25}$$

(2)　(2.23) 式に小問 (1) の答えを代入すると

$$W' = \int_{V_{始}}^{V_{終}} p\,dV = \int_{V_{始}}^{V_{終}} \frac{p_{始} V_{始}^{\gamma}}{V^{\gamma}}\,dV.$$

ここで $p_{始}$ と $V_{始}$ は定数なので，V についての積分の外に出すと

$$\begin{aligned} W' &= p_{始} V_{始}^{\gamma} \int_{V_{始}}^{V_{終}} \frac{dV}{V^{\gamma}} = p_{始} V_{始}^{\gamma} \left[\frac{1}{1-\gamma} V^{1-\gamma} \right]_{V_{始}}^{V_{終}} \\ &= \frac{1}{1-\gamma}\, p_{始} V_{始}^{\gamma} \bigl(V_{終}^{1-\gamma} - V_{始}^{1-\gamma} \bigr). \end{aligned}$$

$p_{終}$ を終状態での気体の圧力とすると，$p_{始} V_{始}^{\gamma} = p_{終} V_{終}^{\gamma}$ なので

$$\begin{aligned} W' &= \frac{1}{1-\gamma}\, p_{始} V_{始}^{\gamma} \bigl(V_{終}^{1-\gamma} - V_{始}^{1-\gamma} \bigr) \\ &= \frac{1}{1-\gamma} \bigl(p_{始} V_{始}^{\gamma} V_{終}^{1-\gamma} - p_{始} V_{始} \bigr) \\ &= \frac{1}{1-\gamma} \bigl(p_{終} V_{終}^{\gamma} V_{終}^{1-\gamma} - p_{始} V_{始} \bigr) \\ &= \frac{1}{1-\gamma} \bigl(p_{終} V_{終} - p_{始} V_{始} \bigr). \end{aligned}$$

最後に初期状態と終状態の状態方程式である $p_{始} V_{始} = nRT_{始}$ と $p_{終} V_{終} = nRT_{終}$ を代入すると，(2.24) 式を導くことができる．■

2.5 カルノーサイクル

カルノーサイクルは等温準静的変化と断熱準静的変化から構成されるサイクルである．熱エネルギーを力学的な仕事に変換する熱機関の中で最も重要なものである．それは後で示すように♠10，カルノーサイクルは効率が最大の熱機関だからである．

カルノーサイクルを行う熱機関を**カルノー熱機関**とよぶことにする．カルノー熱機関は，単にピストン付きのシリンダに気体を充填したものと考えればよい．気体の膨張によりピストンが押し出され，外界に仕事をするというものである．充填する気体のことを**作業物質**とよぶことにしよう．そして本節では，作業物質として一貫して理想気体を選ぶことにする．

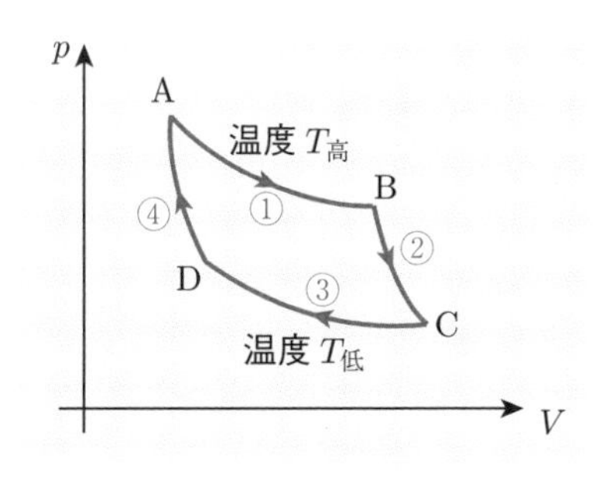

サイクルはある熱平衡状態 A から出発し，等温準静的変化と断熱準静的変化を交互に繰り返しながら，状態 B, C, D を経由し，最後に状態 A に戻るものである (図)．カルノーサイクルにおける気体の状態変化の詳細は，以下となる：

まず経路①では，温度 $T_{高}$ の熱機関に同じ温度の熱浴を接触させ，温度を $T_{高}$ に保ったままで気体の体積を V_{A} から V_{B} まで準静的に膨張させる（図 (a)）：

$$\textbf{経路①}：\quad 状態\ \mathrm{A}\ (T_{高}, V_{\mathrm{A}}) \xrightarrow{\text{等温準静的膨張}} 状態\ \mathrm{B}\ (T_{高}, V_{\mathrm{B}}).$$

次に経路②では，熱機関から熱浴を切り離したのち，熱機関を断熱壁で囲んで気体の体積を V_{B} から V_{C} まで準静的に膨張させる．状態 C に達した時点で，気体の温度は $T_{低}$ まで低下していることになる（図 (b)）：

$$\textbf{経路②}：\quad 状態\ \mathrm{B}\ (T_{高}, V_{\mathrm{B}}) \xrightarrow{\text{断熱準静的膨張}} 状態\ \mathrm{C}\ (T_{低}, V_{\mathrm{C}}).$$

経路③では，温度 $T_{低}$ になった熱機関に同じ温度の熱浴を接触させながら，温度 $T_{低}$ のまま気体の体積を V_{C} から V_{D} まで準静的に圧縮する（図 (c)）：

$$\textbf{経路③}：\quad 状態\ \mathrm{C}\ (T_{低}, V_{\mathrm{C}}) \xrightarrow{\text{等温準静的圧縮}} 状態\ \mathrm{D}\ (T_{低}, V_{\mathrm{D}}).$$

♠10 第 3 章 3.3 節参照.

最後に経路④では，熱浴を切り離したのち，再び熱機関を断熱壁で囲む．そして気体の体積を V_{D} から V_{A} まで準静的に圧縮する．最終的に熱機関は初期状態 A に戻ることになる（図 (d)）：

$$\textbf{経路④：}\quad \text{状態 D } (T_{\text{低}}, V_{\mathrm{D}}) \xrightarrow{\text{断熱準静的圧縮}} \text{状態 A } (T_{\text{高}}, V_{\mathrm{A}}).$$

理想気体を充填したカルノー熱機関で，気体の状態がどのように変化しているか，具体的に計算して求めてみよう．

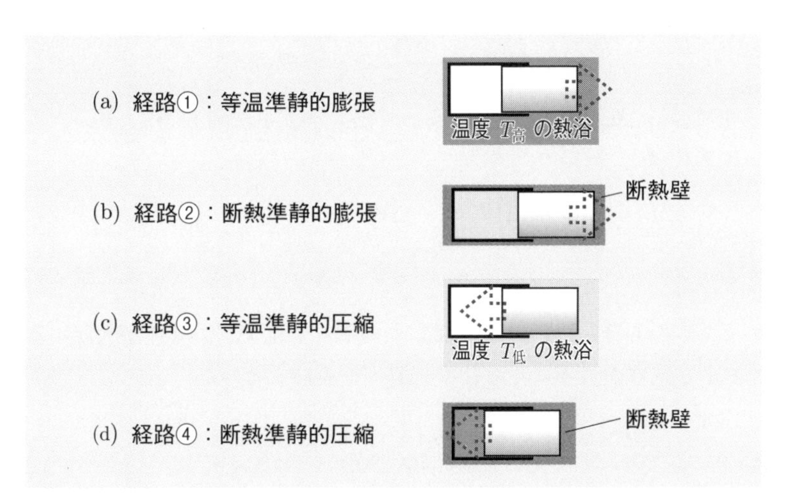

導入　例題 2.8

n モルの理想気体を充填したカルノー熱機関について，以下の設問に答えよ．

(1)　経路①（等温準静的膨張）での，理想気体の内部エネルギー変化 ΔU，吸収した熱量 ΔQ，および外界にした仕事 $\Delta W'$ を求めよ．

ヒント：2.1 節で述べたように，物質量が一定の理想気体の内部エネルギーは温度のみに依存する．

(2)　経路②（断熱準静的膨張）での ΔU，ΔQ，および $\Delta W'$ を求めよ．

【解答】 (1) 理想気体が等温準静的変化で外界にする仕事の式 (2.16) を使うと

$$\Delta W' = nRT_{高} \ln \frac{V_B}{V_A}.$$

等温変化では理想気体の内部エネルギーは変化しない ($\Delta U = 0$). よって熱力学第1法則 (1.9) より, 気体が吸収する熱量は

$$\Delta Q = \Delta U + \Delta W' = \Delta W' = nRT_{高} \ln \frac{V_B}{V_A}.$$

(2) 理想気体が断熱準静的変化で外界にする仕事の式 (2.24) より

$$\Delta W' = \frac{nR}{1-\gamma}(T_{低} - T_{高}).$$

断熱変化なので $\Delta Q = 0$ である. よって熱力学第1法則 (1.9) より, 内部エネルギーの変化は

$$\Delta U = \Delta Q - \Delta W' = -\Delta W' = -\frac{nR}{1-\gamma}(T_{低} - T_{高})$$

と求まる. ■

1サイクルの各経路における内部エネルギー変化 ΔU, 気体が吸収する熱量 ΔQ, および気体が外界にする仕事 $\Delta W'$ を表にまとめた.

理想気体カルノー熱機関の1サイクルにおける内部エネルギー変化 ΔU, 吸収する熱量 ΔQ, 外界にする仕事 $\Delta W'$.

	ΔU	ΔQ	$\Delta W'$
経路①:A → B	0	$nRT_{高} \ln \frac{V_B}{V_A}$	$nRT_{高} \ln \frac{V_B}{V_A}$
経路②:B → C	$-\frac{nR}{1-\gamma}(T_{低} - T_{高})$	0	$\frac{nR}{1-\gamma}(T_{低} - T_{高})$
経路③:C → D	0	$nRT_{低} \ln \frac{V_D}{V_C}$	$nRT_{低} \ln \frac{V_D}{V_C}$
経路④:D → A	$-\frac{nR}{1-\gamma}(T_{高} - T_{低})$	0	$\frac{nR}{1-\gamma}(T_{高} - T_{低})$
1サイクルの和	0	$nR(T_{高} - T_{低}) \ln \frac{V_B}{V_A}$	$nR(T_{高} - T_{低}) \ln \frac{V_B}{V_A}$

表の最下行にある "1サイクルの和" とは, 表のそれぞれの列での2行目から5行目までの和である. すなわち状態が1サイクル変化する間のそれぞれの変化量を表している. ΔQ と $\Delta W'$ については, 1サイクルの和を計算するとき

に，以下の関係式を利用している：

$$\frac{V_{\mathrm{B}}}{V_{\mathrm{A}}}=\frac{V_{\mathrm{C}}}{V_{\mathrm{D}}}. \tag{2.26}$$

例えば，理想気体が1サイクルの間に吸収する熱量の和は

$$\begin{aligned}&nRT_{高}\ln\frac{V_{\mathrm{B}}}{V_{\mathrm{A}}}+0+nRT_{低}\ln\frac{V_{\mathrm{D}}}{V_{\mathrm{C}}}+0\\&\quad=nRT_{高}\ln\frac{V_{\mathrm{B}}}{V_{\mathrm{A}}}+nRT_{低}\ln\frac{V_{\mathrm{A}}}{V_{\mathrm{B}}}=nR(T_{高}-T_{低})\ln\frac{V_{\mathrm{B}}}{V_{\mathrm{A}}}\end{aligned}$$

というように計算されるのである．

導入 例題 2.9

(2.26) 式を導け．

ヒント：状態 A から B と状態 C から D は等温準静的変化なので，それぞれの状態間で (2.17) 式の関係が成立している．また状態 B から C と状態 D から A は断熱準静的変化なので，(2.18) 式が成立している．

【解答】 状態 B から C と状態 D から A の断熱準静的変化では，(2.18) 式より

$$p_{\mathrm{B}}V_{\mathrm{B}}^{\gamma}=p_{\mathrm{C}}V_{\mathrm{C}}^{\gamma},\quad p_{\mathrm{A}}V_{\mathrm{A}}^{\gamma}=p_{\mathrm{D}}V_{\mathrm{D}}^{\gamma} \tag{2.27}$$

の関係がそれぞれ成立している．(2.27) 式に現れる 2 つの式の，左辺と右辺をそれぞれ割り算すると

$$\frac{p_{\mathrm{B}}V_{\mathrm{B}}^{\gamma}}{p_{\mathrm{A}}V_{\mathrm{A}}^{\gamma}}=\frac{p_{\mathrm{C}}V_{\mathrm{C}}^{\gamma}}{p_{\mathrm{D}}V_{\mathrm{D}}^{\gamma}}\iff\frac{(p_{\mathrm{B}}V_{\mathrm{B}})V_{\mathrm{B}}^{\gamma-1}}{(p_{\mathrm{A}}V_{\mathrm{A}})V_{\mathrm{A}}^{\gamma-1}}=\frac{(p_{\mathrm{C}}V_{\mathrm{C}})V_{\mathrm{C}}^{\gamma-1}}{(p_{\mathrm{D}}V_{\mathrm{D}})V_{\mathrm{D}}^{\gamma-1}}. \tag{2.28}$$

また状態 A から B と状態 C から D の等温準静的変化では，(2.17) 式と理想気体の状態方程式より

$$p_{\mathrm{A}}V_{\mathrm{A}}=nRT_{高}=p_{\mathrm{B}}V_{\mathrm{B}},\quad p_{\mathrm{C}}V_{\mathrm{C}}=nRT_{低}=p_{\mathrm{D}}V_{\mathrm{D}}. \tag{2.29}$$

(2.29) 式を使って (2.28) 式を変形すると

$$\frac{V_{\mathrm{B}}^{\gamma-1}}{V_{\mathrm{A}}^{\gamma-1}}=\frac{V_{\mathrm{C}}^{\gamma-1}}{V_{\mathrm{D}}^{\gamma-1}}\iff\left(\frac{V_{\mathrm{B}}}{V_{\mathrm{A}}}\right)^{\gamma-1}=\left(\frac{V_{\mathrm{C}}}{V_{\mathrm{D}}}\right)^{\gamma-1}.$$

この式の両辺を $\frac{1}{\gamma-1}$ 乗すれば (2.26) 式を得ることができる． ■

確認 例題 2.1

$\Delta W'$ の1サイクルの和を計算せよ．その結果が，48ページの表に記載されているものと一致することを確かめよ．

【解答】 経路①と③での $\Delta W'$ の和は，導入例題2.9の直前に示したように

$$
\begin{aligned}
nRT_{高} \ln \frac{V_B}{V_A} + nRT_{低} \ln \frac{V_D}{V_C} &= nRT_{高} \ln \frac{V_B}{V_A} + nRT_{低} \ln \frac{V_A}{V_B} \\
&= nR(T_{高} - T_{低}) \ln \frac{V_B}{V_A} \qquad (2.30)
\end{aligned}
$$

と計算される．また経路②と④での $\Delta W'$ の値は，大きさが同じで符号が逆なので和をとると零になる．よって1サイクルでの $\Delta W'$ の和は，(2.30) 式に示された値で与えられ，48ページの表に記載されている式と確かに一致している．■

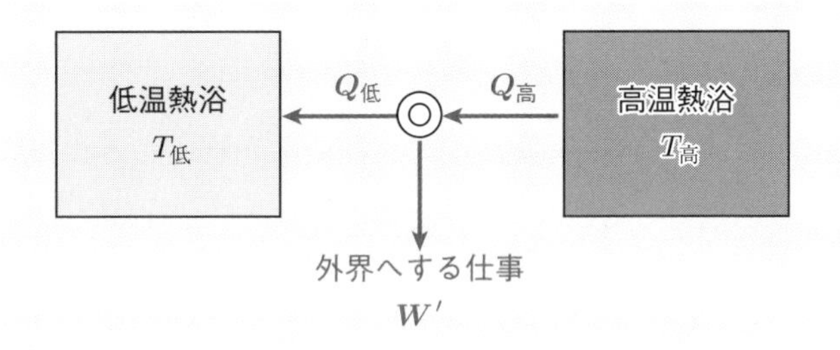

カルノー熱機関のエネルギー（熱量と仕事）の流れを図に示した．図に2重丸で表した熱機関は高温熱浴から $Q_{高}$ (> 0) の熱量を吸収し，低温熱浴に $Q_{低}$ (> 0) だけ放出する．$Q_{高}$ は熱機関が経路①で吸収する熱量のことで

$$
Q_{高} = nRT_{高} \ln \frac{V_B}{V_A} \qquad (2.31)
$$

である．$V_B > V_A$ より確かに $Q_{高} > 0$ である．$Q_{低}$ は熱機関が経路③で低温熱浴に放出する熱量である．$Q_{低} > 0$ と仮定したので，符号を考えると

$$
Q_{低} = -nRT_{低} \ln \frac{V_D}{V_C} = nRT_{低} \ln \frac{V_B}{V_A} \qquad (2.32)
$$

となる．$V_B > V_A$ より $Q_{低} > 0$ である．熱機関は1サイクルの間に

$$Q = Q_{高} - Q_{低} = nR(T_{高} - T_{低}) \ln \frac{V_B}{V_A} > 0 \tag{2.33}$$

$$(\because \quad V_B > V_A \quad かつ \quad T_{高} > T_{低})$$

だけの正味の熱量を吸収していることになる．

熱機関がする仕事については状態 A → B と状態 B → C の変化では体積膨張により外界に正の仕事をし，状態 C → D と状態 D → A の変化では体積が減少するので外界から仕事をされている．ただし 1 サイクル全体では

$$W' = nR(T_{高} - T_{低}) \ln \frac{V_B}{V_A} > 0 \tag{2.34}$$

だけの仕事を外界にしている．W' の大きさは熱機関が 1 サイクルで吸収する正味の熱量（(2.33) 式）に等しい．つまりカルノーサイクルは，1 サイクルで熱浴から吸収する正味の熱量のすべてを外界にする仕事に変換しているのである．

熱機関は，高温熱浴から受け取る熱エネルギーを燃料（入力）とし，それを外界へ行う力学的な仕事（出力）に変換する装置である．入力は高温熱浴から吸収する熱量 $Q_{高}$ に，出力は外界にする仕事 W' に当たる．入力に対する出力の比は**効率**とよばれる．ここではこれを記号 η（イータ）で表すことにする：

$$\eta \equiv \frac{W'}{Q_{高}}. \tag{2.35}$$

エネルギー（熱量と仕事）の流れを図から読み取ると

$$Q_{高} = Q_{低} + W' \tag{2.36}$$

という関係が成り立っている．(2.35) 式に代入して W' を消去すると

$$\eta = 1 - \frac{Q_{低}}{Q_{高}} \quad (\leq 1). \tag{2.37}$$

また (2.31) 式と (2.32) 式を使って $Q_{高}$ と $Q_{低}$ を消去すれば

$$\eta = 1 - \frac{T_{低}}{T_{高}} \quad (\leq 1) \tag{2.38}$$

のようにカルノーサイクルの効率は絶対温度で表される．

2.6 カルノー冷却機

前節のカルノー熱機関を逆回転，すなわち

経路①： 状態 A $(T_{高}, V_{\mathrm{A}}) \xrightarrow{\text{断熱準静的膨張}}$ 状態 D $(T_{低}, V_{\mathrm{D}})$,

経路②： 状態 D $(T_{低}, V_{\mathrm{D}}) \xrightarrow{\text{等温準静的膨張}}$ 状態 C $(T_{低}, V_{\mathrm{C}})$,

経路③： 状態 C $(T_{低}, V_{\mathrm{C}}) \xrightarrow{\text{断熱準静的圧縮}}$ 状態 B $(T_{高}, V_{\mathrm{B}})$,

経路④： 状態 B $(T_{高}, V_{\mathrm{B}}) \xrightarrow{\text{等温準静的圧縮}}$ 状態 A $(T_{高}, V_{\mathrm{A}})$

という順番で動かすと，今度は低温熱浴から高温熱浴へと熱量を“汲み上げる”装置として機能する．図は状態 A から出発する 1 サイクルの様子を描いたものである．このサイクルを行う機関を**カルノー冷却機**とよぶことにする．

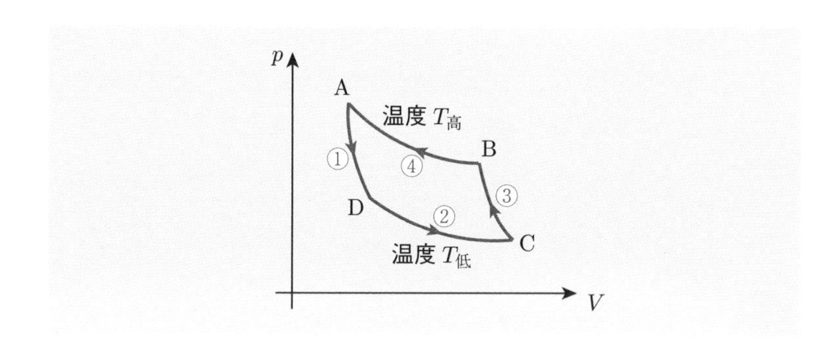

熱は自然に任せると高温側から低温側へと流れる．重たいものを低い所から高い所に持ち上げるときには，外界から仕事をする必要があるのと同じように，低温熱浴から高温熱浴に熱量を移動させるには，外界から仕事の形でエネルギーを注入しなければならない．そこで，前節では熱機関が外界にする仕事 W' を考察したところを，本節では熱機関が**外界からされる仕事** W に替えて考えることにする．

作業物質として理想気体を使ったときの，内部エネルギーの変化 ΔU，冷却機が吸収する熱量 ΔQ，および**外界から冷却機に注入される仕事** ΔW を計算したものが，以下の表である：

理想気体カルノー冷却機の内部エネルギー変化 ΔU,
吸収する熱量 ΔQ, 外界から供給される仕事 ΔW.

	ΔU	ΔQ	ΔW
経路①：A → D	$-\frac{nR}{1-\gamma}(T_{低}-T_{高})$	0	$-\frac{nR}{1-\gamma}(T_{低}-T_{高})$
経路②：D → C	0	$nRT_{低}\ln\frac{V_C}{V_D}$	$-nRT_{低}\ln\frac{V_C}{V_D}$
経路③：C → B	$-\frac{nR}{1-\gamma}(T_{高}-T_{低})$	0	$-\frac{nR}{1-\gamma}(T_{高}-T_{低})$
経路④：B → A	0	$nRT_{高}\ln\frac{V_A}{V_B}$	$-nRT_{高}\ln\frac{V_A}{V_B}$
1サイクルの和	0	$-nR(T_{高}-T_{低})\ln\frac{V_B}{V_A}$	$nR(T_{高}-T_{低})\ln\frac{V_B}{V_A}$

確認 例題 2.2

表に記された，冷却機が外界からされる仕事 ΔW について，1サイクル分の和を計算し，その答えが表の最下行の “1サイクルの和” の欄に記されている式と等しいことを確かめよ．

【解答】 経路①と経路③での ΔW は，大きさが同じで符号が逆なので和は零である．経路②と経路④での ΔW の和については，(2.26) 式が相変わらず成り立つことを使うと

$$-nRT_{低}\ln\frac{V_C}{V_D} - nRT_{高}\ln\frac{V_A}{V_B} = -nRT_{低}\ln\frac{V_B}{V_A} + nRT_{高}\ln\frac{V_B}{V_A}$$
$$= nR(T_{高}-T_{低})\ln\frac{V_B}{V_A}$$

のように式変形できる．これは表に記載されているものに他ならない． ■

$T_{高} > T_{低}$ かつ $V_B > V_A$ なので，ΔW の1サイクルの和は正の値をもつ．すなわち1サイクルで，冷却機は外界から正の仕事をされていることになる．

カルノー冷却機が低温熱浴から高温熱浴へ移す熱量を求めてみよう．

導入 例題 2.10

図に示された$Q_{低}$，$Q_{高}$およびWは，カルノー冷却機が1サイクル動く間に，低温熱浴から冷却機に汲み上げられる熱量，冷却機から高温熱浴に汲み上げられる熱量，および外界から冷却機に供給される仕事をそれぞれ表している．Wは53ページの表のΔW列の最下行に与えられている：

$$W = nR(T_{高} - T_{低}) \ln \frac{V_{\mathrm{B}}}{V_{\mathrm{A}}} \quad (> 0).$$

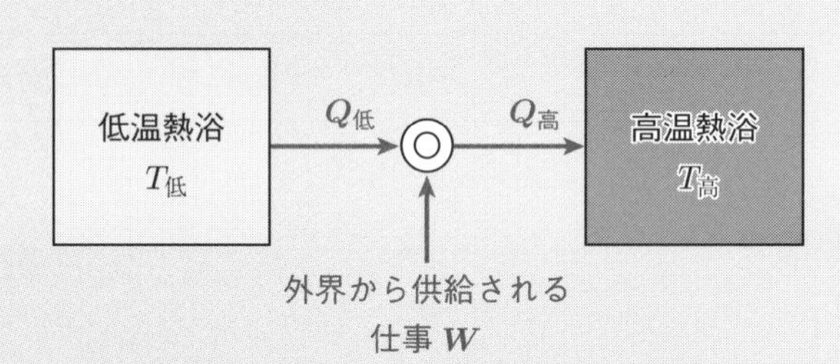

低温熱浴から高温熱浴に，正の熱量を移動させるにはコンプレッサなどにより外界から仕事を供給する必要がある．

以下の設問に答えよ．

(1) $Q_{低}$の値を表から読み取れ．ただし$Q_{低}$は熱量が低温熱浴から冷却機へ向かうときに正の値をとるものとする．

(2) $Q_{高}$の値を表から読み取れ．ただし$Q_{高}$は熱量が冷却機から高温熱浴へ向かうときに正の値をとるものとする．

(3) 熱量$Q_{高}$，$Q_{低}$と外界から冷却機に供給される仕事Wの間に，以下のエネルギーの保存則

$$Q_{高} = Q_{低} + W \tag{2.39}$$

が成り立っていることを確認せよ．

【解答】 (1) $Q_{低}$は経路②で冷却機が吸収する熱量のことなので

$$Q_{低} = nRT_{低} \ln \frac{V_{\mathrm{C}}}{V_{\mathrm{D}}} = nRT_{低} \ln \frac{V_{\mathrm{B}}}{V_{\mathrm{A}}}.$$

最後の等式では(2.26)式の関係を使った．

(2)　$Q_{高}$ は経路④で冷却機が放出する熱量のことである．よって表の経路④で冷却機が吸収する熱量の符号を反転させた

$$Q_{高} = -nRT_{高} \ln \frac{V_{\mathrm{A}}}{V_{\mathrm{B}}} = nRT_{高} \ln \frac{V_{\mathrm{B}}}{V_{\mathrm{A}}}.$$

(3)　$Q_{低}$ と W の和は

$$\begin{aligned} Q_{低} + W &= nRT_{低} \ln \frac{V_{\mathrm{B}}}{V_{\mathrm{A}}} + nR(T_{高} - T_{低}) \ln \frac{V_{\mathrm{B}}}{V_{\mathrm{A}}} \\ &= nRT_{高} \ln \frac{V_{\mathrm{B}}}{V_{\mathrm{A}}}. \end{aligned}$$

これは小問 (2) で求めた $Q_{高}$ の値に一致しており，確かに (2.39) 式の関係は成り立っている．■

n モルの理想気体を使ったカルノーサイクルを用意する．温度を固定した熱浴（高温側を $T_{高}$，低温側を $T_{低}$）を使って，カルノー熱機関とその逆回転であるカルノー冷却機をそれぞれ動作させる．すると導入例題 2.10 の答えから，次のことが結論される．1 サイクルの動作では

- 2 つの熱浴とやりとりする熱量 $Q_{高}$ と $Q_{低}$ は，熱機関と冷却機とで，それぞれ同じ大きさをもち，流れる向きは逆である．
- 熱機関（カルノーサイクルの順回転）が外界にする仕事 W' と，冷却機（カルノーサイクルの逆回転）が外界から注入される仕事 W は，同じ大きさをもつ（$W' = W$）．

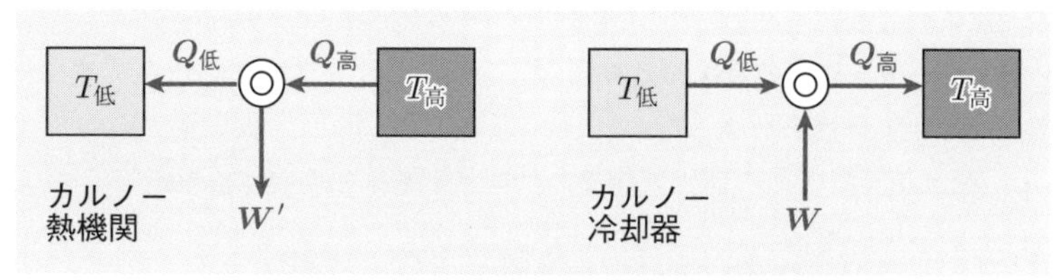

カルノー熱機関とカルノー冷却機は，移動する熱量の大きさ $Q_{低}$ と $Q_{高}$，および外界にする（される）仕事の大きさは同じ（$W' = W$）で，向きが反対になっている．

第2章 演習問題

2.1 【断熱圧縮】 シリンダに閉じ込めた空気をピストンを素早く押して圧縮すると，熱が外界に逃げる時間がないため状態変化は断熱変化と見なすことができる．始め 27 °C であった空気を素早く圧縮すると，400 °C まで温度が上昇した．空気の比熱比を $\gamma = 1.4$ として，以下の設問に答えよ．

(1) 気体の体積は何倍に変化したか．

(2) 気体の圧力は何倍に変化したか．

2.2 【音速】 **音波**は空気の疎密が伝搬する**縦波**であり，標準状態で

$$v_{\text{音速}} \fallingdotseq 332\,\mathrm{m \cdot s^{-1}}$$

の速さで空気中を伝わる．空気の密度を ρ とするとき，音速は

$$v_{\text{音速}}^2 = \left.\frac{K}{\rho}\right|_{\text{平衡}} \tag{2.40}$$

で与えられる．添え字の「平衡」は空気に疎密が存在しない平衡状態での値を表している．ここで K は空気の圧力 p，体積 V を使って

$$K = -V\,\frac{dp}{dV} \tag{2.41}$$

のように定義される**体積膨張率**である．標準状態では空気の圧力と密度は

$$p_{\text{平衡}} = 1\,\mathrm{atm} = 1.013 \times 10^5\,\mathrm{Pa},$$

$$\rho_{\text{平衡}} = \frac{29 \times 10^{-3}\,\mathrm{kg \cdot mol^{-1}}}{22.4 \times 10^{-3}\,\mathrm{m^3 \cdot mol^{-1}}} = 1.29\,\mathrm{kg \cdot m^{-3}}$$

である．以下の設問に答えよ．

(1) **【ニュートンによる音速の計算】** ニュートンは，音が伝わるときの空気は等温であると考えて音速を計算した．

i. 空気が等温状態の理想気体であれば，平衡状態での体積膨張率は

$$K_{\text{平衡}} = p_{\text{平衡}} \tag{2.42}$$

で与えられることを示せ．このとき音速は (2.40) 式より以下のように求まる：

$$v_{\text{ニュートン}} = \sqrt{\frac{p_{\text{平衡}}}{\rho_{\text{平衡}}}}. \tag{2.43}$$

ii. 標準状態での音速を，(2.43) 式を使って有効数字 3 桁まで求めよ．

(2) **【ラプラスによる補正】** ニュートンが計算した音速の値は，実測値に近いが少しだけ異なる値を与えた．この原因は音が伝わるときの空気は温度が均一ではない

ことにあった．ラプラスは熱伝導が非常に遅いため，空気はむしろ断熱状態にあると考えた．

i.　空気を断熱状態の理想気体と見なすと体積膨張率は比熱比 γ を使って

$$K_{\text{平衡}} = \gamma p_{\text{平衡}} \tag{2.44}$$

で与えられることを示せ．この場合，音速は (2.40) 式より以下となる：

$$v_{\text{ラプラス}} = \sqrt{\gamma \frac{p_{\text{平衡}}}{\rho_{\text{平衡}}}} = \sqrt{\gamma} \times v_{\text{ニュートン}}. \tag{2.45}$$

ii.　標準状態での音速を，(2.45) 式から有効数字 3 桁まで求めよ．

2.3 【マイヤーサイクル】 n モルの理想気体を

$$\textbf{経路①}:\quad \text{状態 A } (p_0, V_0) \xrightarrow{\text{断熱自由膨張}} \text{状態 B } (p_1, V_1),$$

$$\textbf{経路②}:\quad \text{状態 B } (p_1, V_1) \xrightarrow{\text{等圧準静的圧縮}} \text{状態 C } (p_1, V_0),$$

$$\textbf{経路③}:\quad \text{状態 C } (p_1, V_0) \xrightarrow{\text{等積}} \text{状態 A } (p_0, V_0)$$

のように変化させるサイクルを考える（図）．このサイクルは**マイヤーサイクル**とよばれている．状態 A および C における気体の温度をそれぞれ T，T'，気体の定積モル比熱と定圧モル比熱をそれぞれ c_V，c_p，気体定数を R として以下の設問に答えよ．

(1)　経路①における内部エネルギーの変化を求めよ．

(2)　経路②における内部エネルギーの変化を T，T'，R，c_V，c_p を使って表せ．

(3)　経路③における内部エネルギーの変化を T，T'，R，c_V，c_p を使って表せ．

(4)　小問 (1)–(3) の答えからマイヤーの関係式 (2.13) を導け．

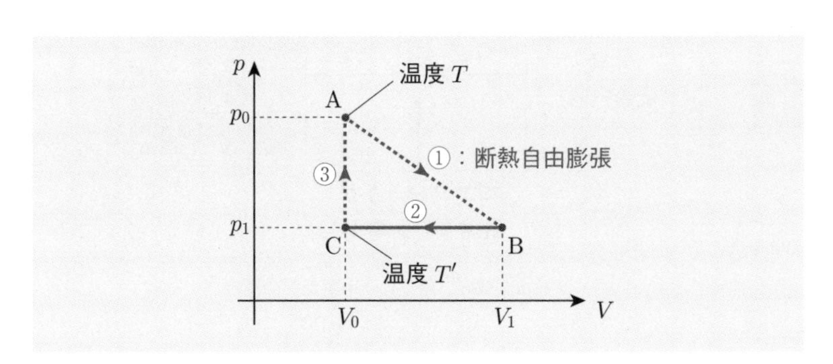

2.4 【冷蔵庫とヒートポンプの性能係数】 カルノー冷却機を応用した**冷蔵庫**と**ヒートポンプ**について，以下の設問に答えよ．

(1) 冷蔵庫は，**冷媒**が**気化**するときに周囲から奪う**気化熱**により冷却を行う．気化した冷媒はコンプレッサにより再び液化される．この仕組みにより冷蔵室から熱量 $Q_{低}$ を取り除き，外気に $Q_{高}$ の熱量を排出する．またコンプレッサが行う仕事が W に該当する（図）．以上を考慮し，冷蔵庫の効率（**性能係数**という）として，どのような量を定義するのがふさわしいかを考察せよ．

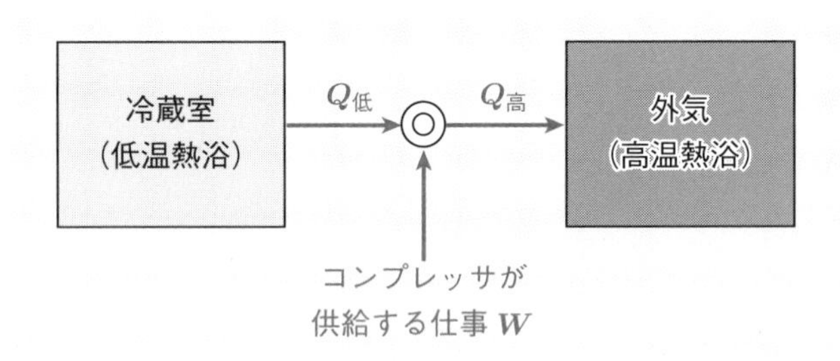

カルノー冷却機の応用：冷蔵庫の場合

(2) 近年普及が進んでいるヒートポンプも，冷却機の仕組みを利用した設備である．ヒートポンプは室内（高温熱浴）に外気（低温熱浴）の熱量を取り込む暖房装置の一種である（図）．すなわち仕事 W を注入して，外気から熱量 $Q_{低}$ を汲み上げ，室内に $Q_{高}$ の熱量を放出することをヒートポンプは行う．以上を考慮し，ヒートポンプの性能係数としてどのような量を定義するのがふさわしいかを考察せよ．

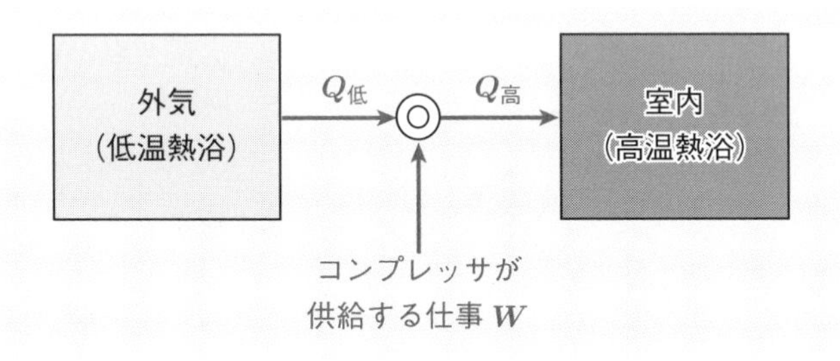

カルノー冷却機の応用：ヒートポンプの場合

第3章 熱力学第2法則

異なる温度の物体を接触させると，熱は温度の高い方から低い方に流れる．逆の流れは自然には起こらない．このような不可逆性は熱力学の大きな特性である．熱力学第2法則は熱現象に見られる不可逆性の本質を述べたものであり，熱力学における最も重要な原理の1つである．本章で熱力学第2法則の内容とそこから導かれる熱機関に関する性質を学ぶ．さらに熱機関の性質を利用して絶対温度の定義を理解する．

3.1 物理現象の可逆性と不可逆性

何らかの物理現象を動画として記録したとしよう．それを逆向きに再生したとき，動きに特に不自然さを感じないものもあるが，極めて不自然に見えるものもある．例えば減衰のない振り子やばね振動子などの単振動は，ある振幅と周期の往復運動を永遠に繰り返す．単振動の動画を記録して，逆向きに再生しても違和感を抱くことはないだろう．このように時間の流れる向きを逆にしても実現可能な現象を**可逆**な現象という．

他方，減衰のある振動子の動画を逆回転させると，外から何もしていないのに静止していた振り子が少しずつ揺れだし，時間が経過するにつれて振幅が大きくなっていくような「ふつうではあり得ない動作」になってしまう．このように時間が流れる向きを逆にすると実現不可能なものとなってしまう現象を**不可逆**な現象という．

熱現象は不可逆な現象であふれている．例えば異なる温度の物体を接触させると，接触させた物体全体が同じ温度になり平衡に達する．その後，物体内部の熱が“ひとりでに”逆流を始めて，接触させた当初のように異なる温度をもつ部分が集まった状態に戻ってしまう，ということはあり得ない．また，熱がひとりでに何らかの力学的な仕事をしてしまう，ということもあり得ない．もしそれが可能ならば，次のようなことも起こり得るのである：

『振り子が揺れていたが，空気から受ける摩擦によって振幅が次第に小さくなり，ついには揺れが停止してしまった．振り子がもともともっていた力学的エネルギーは空気中に熱として散逸してしまった訳である．ところがしばらくすると，熱エネルギーを受け取った空気中の気体分子が，一斉に振動子をつついて揺らし始め，振り子の振幅が再び大きくなっていった』．

熱エネルギーがひとりでに力学的エネルギーに変わってしまうならば，大気中の熱を使っていくらでも動力を作り出すことも，工夫により実現できるかもしれない．しかし，そのようなことは不可能なのである．

3.2 熱力学第2法則

エネルギー保存則である熱力学第1法則に対し，**熱力学第2法則**はエネルギーの流れる向きを定める，熱的な現象の不可逆性に関する原理である．熱力学第2法則にはさまざまな表現が存在している．本書ではクラウジウスによる表現とケルビンによる表現を勉強する．まずは**クラウジウスの原理**を見てみよう．

原理3.1（クラウジウスの原理）「低温熱浴から高温熱浴に正の熱量が移動しただけ」であるような状態変化は不可能である．

クラウジウスの原理は「低温熱浴から高温熱浴に，熱量が“ひとりでに”流れることはない」と表現されることもある．いずれの表現も日常の経験から当たり前に思えるだろう．クラウジウスの原理は，図に示したように「1サイクル動作する間に，熱量を低温熱浴から高温熱浴に移動させるだけのことを行う冷却機は存在しない」と表現することもできる．冷却機としては，例えばキッチンにある冷蔵庫を思い浮かべてみるのがよいだろう．この場合，内部の冷蔵室が低温熱浴であり，冷蔵庫外部のキッチン内が高温熱浴である．前章で考察したカルノー冷却機は，外界からエネルギーを投入して低温側から高温側に正の熱量を移動させることができた．こちらの方は1サイクル動いた後では外界に存在していたエネルギーを消費しているので，熱量の移動以外の変化を残していることになり，クラウジウスの原理には反してはいない．冷蔵庫を動かすには電力が必要である．電源を切ったら，もちろん冷蔵庫の冷却機能はス

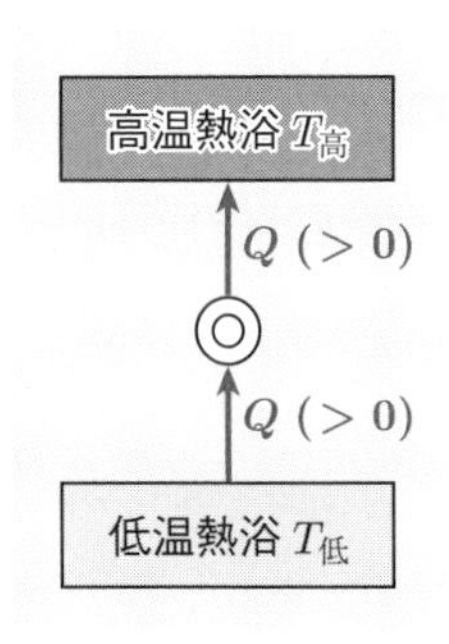

1サイクル動作すると，低温熱浴から高温熱浴に正の熱量を移すだけのことをする冷却機は存在しない．

トップしてしまう．次に**ケルビンの原理**を見てみよう．

原理 3.2（ケルビンの原理）「単一の熱浴から正の熱量を取り出し，外界へ正の仕事をするだけで，それ以外に何の変化も残さない」ことは不可能である．

ケルビンの原理 3.2 は次のように言い換えることができる：
「ある系が 1 サイクルの間に，単一の熱浴のみから熱量を受け取ったことが確認された♠1．この間に系が外界にする仕事 W' は零または負

$$W' \leq 0 \tag{3.1}$$

である．」
(3.1) 式はケルビンの原理によって課される制約を表している．

ケルビンの原理は，図に示すような「熱をすべて仕事に変換するような熱機関は存在しない」ことを表している．図の熱機関は，吸収する熱量 Q（> 0）と外界にする仕事 W'（> 0）が等しく（$Q = W'$），1.4 節で学んだエネルギー保存則である熱力学第 1 法則を満足している．他方，ケルビンの原理には従っていないことになる．このような熱機関を**第 2 種永久機関**♠2 とよんでいる．反対に「熱浴から得た熱量の一部分だけを外界への仕事に変換する熱機関」や，「外界からされた仕事を全部熱に変換するような装置」はありふれた存在である（図）．

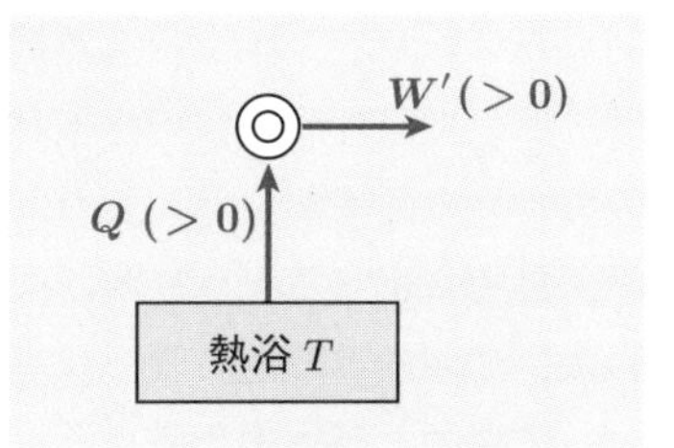

ケルビンの原理：単一の熱浴から正の熱量 Q を取り出し，外界に正の仕事 W' をする熱機関は存在しない．

クラウジウスの原理 3.1 とケルビンの原理 3.2 は**等価**である．ただ，その証明は少々の手間を必要とし，またその論理展開は熱力学の本筋からは外れているようにも思えるので，証明は付録 A に記載することにした．

♠1　他の熱浴から熱量を受け取っても構わない．ただし，受け取ったのと同じ熱量を最終的に戻して，1 サイクル終了後には差し引き零になっていなくてはならない．

♠2　第 2 種永久機関がケルビンの原理に反する熱機関であるのに対し，エネルギー保存則にも従わず無から仕事を生み出すような熱機関を**第 1 種永久機関**とよんでいる．これらの用語を使うと，熱力学第 1 法則は「第 1 種永久機関不可能の法則」であり，熱力学第 2 法則は「第 2 種永久機関不可能の法則」であると言うことができる．

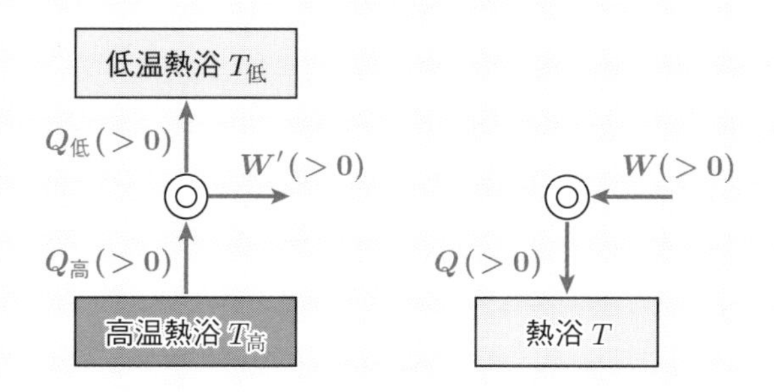

熱浴から得た熱の一部だけを外界にする仕事 W' に変換する熱機関や，外界から受けた仕事 W を全部熱に変換する装置はありふれた存在である．

3.3 カルノー熱機関の効率

カルノーサイクルを行う熱機関であるカルノー熱機関をもう一度考えてみよう．前章では理想気体の膨張と収縮を利用して，熱を仕事に変える装置としてのカルノー熱機関を導入した．本章では作業物質を理想気体に制限することなく，自由に選べるようにする．そして，自由に選んだ作業物質を①等温準静的膨張，②断熱準静的膨張，③等温準静的圧縮，④断熱準静的圧縮の順番にしたがって膨張と圧縮をすることによって外界に仕事をする熱機関を考える．これをこれからは「一般的なカルノー熱機関」，あるいは単に「カルノー熱機関」とよぶことにする．作業物質として特に理想気体を使う場合は，「理想気体カルノー熱機関」ということにする．

今回は理想気体のときのように，熱機関がする仕事や吸収する熱量を具体的に計算することはできない．しかしながら，熱力学第2法則を使うとすべての**熱機関の中でカルノー熱機関が最も高い効率をもつことを示すことができるの**である．この事実を順を追って確認していこう．

異なる作業物質を使った2つの一般的なカルノー熱機関を用意する（図）♠3．記号Cで表された一方のカルノー熱機関は，1サイクルの動作で温度 $T_{高}$ の高温熱浴から熱量 $Q_{高}$ を得て，外界に正の仕事 W'（>0）をし，温度 $T_{低}$ の低

♠3 今後，図で表現するときは，カルノー（Carnot）の頭文字Cを丸囲みした記号がカルノー熱機関を，オーバーライン付き文字 $\overline{\mathrm{C}}$ を丸囲みした記号が（カルノー熱機関を逆回転させた）カルノー冷却機を表すものとする．

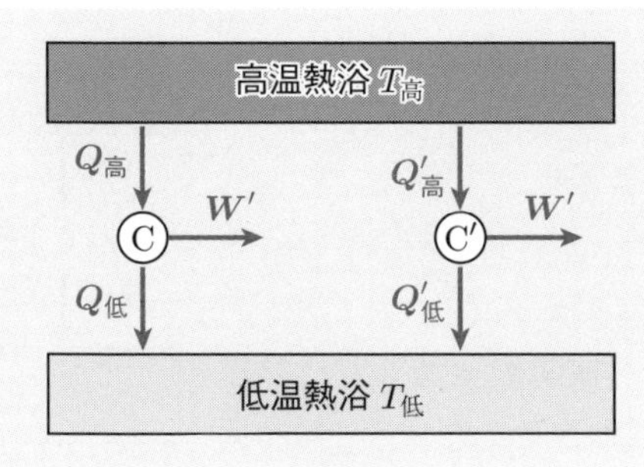

1 サイクルの動作で，外界に同じだけの仕事 W' をする 2 つの一般的なカルノー熱機関.

温熱浴に熱量 $Q_{低}$ を捨てるように設計されているとする．他方のカルノー熱機関 C′ も，1 サイクルの動作で同じ温度 $T_{高}$ の高温熱浴から熱量を得て，外界にカルノー熱機関 C と同じだけの W' の仕事をし，同じ温度 $T_{低}$ の低温熱浴に熱量を捨てるが，高温熱浴から得る熱量は $Q'_{高}$ であり，低温熱浴に捨てる熱量は $Q'_{低}$ であるように設計されているものとする．（熱量 $Q_{高}$，$Q_{低}$，$Q'_{高}$，$Q'_{低}$ はいずれも**正の量**であるが，一般には $Q_{高} \neq Q'_{高}$，$Q_{低} \neq Q'_{低}$ とする．）このとき 2 つのカルノー熱機関の効率は，それぞれ

$$\eta_{カルノー} = \frac{W'}{Q_{高}}, \quad \eta'_{カルノー} = \frac{W'}{Q'_{高}} \tag{3.2}$$

で与えられる．これら 2 つの異なるカルノー熱機関の効率は

$$\eta_{カルノー} = \eta'_{カルノー} \tag{3.3}$$

のように等しくなければならないことが証明できる．つまり**カルノー熱機関の効率は，使用する作業物質によらず同じ**なのである．

導入　例題 3.1

異なる 2 つのカルノー熱機関の効率が同じであることを，以下の誘導に従って示せ．

(1)　まず $\eta_{カルノー} > \eta'_{カルノー}$ を仮定するとクラウジウスの原理に反することを示す．これが示されると $\eta_{カルノー} \leq \eta'_{カルノー}$ でなければならないことになる．以下の設問に答えよ．

(a) 2つのカルノー熱機関に対するエネルギーの保存則（熱力学第1法則）をそれぞれ書き下せ.

(b) $\eta_{カルノー} > \eta'_{カルノー}$ ならば $Q_{高} < Q'_{高}$ であることを示せ.

(c) カルノー熱機関Cとカルノー熱機関C′を逆回転させたカルノー冷却機 $\overline{\mathrm{C}'}$ とを連結した複合機関（図）が1サイクル動作したときに，高温熱浴から低温熱浴に移動する熱量を求めよ.

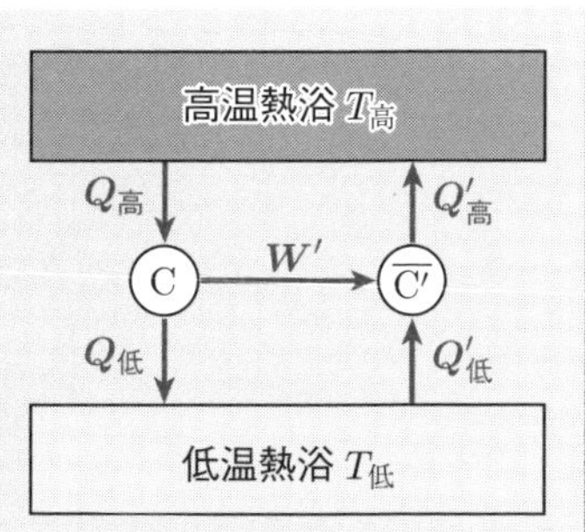

カルノー熱機関Cとカルノー冷却機 $\overline{\mathrm{C}'}$ の複合機関

(d) 小問(1)(a)–(c)の答えより $\eta_{カルノー} > \eta'_{カルノー}$ を仮定すると，複合機関の動作がクラウジウスの原理に反することを示せ.

(2) 次に $\eta_{カルノー} < \eta'_{カルノー}$ を仮定しても，クラウジウスの原理に反することを示す．小問(1)で $\eta_{カルノー} \leq \eta'_{カルノー}$ が確定しているので，結局 $\eta_{カルノー} = \eta'_{カルノー}$ でなければならないことになる．以下の設問に答えよ.

(a) $\eta_{カルノー} < \eta'_{カルノー}$ ならば $Q_{高} > Q'_{高}$ であることを示せ.

(b) 図に示すようなカルノー冷却機 $\overline{\mathrm{C}}$ とカルノー熱機関C′の複合機関を考える．複合機関が1サイクル動作したときに，高温熱浴から低温熱浴に移動する熱量を求めよ.

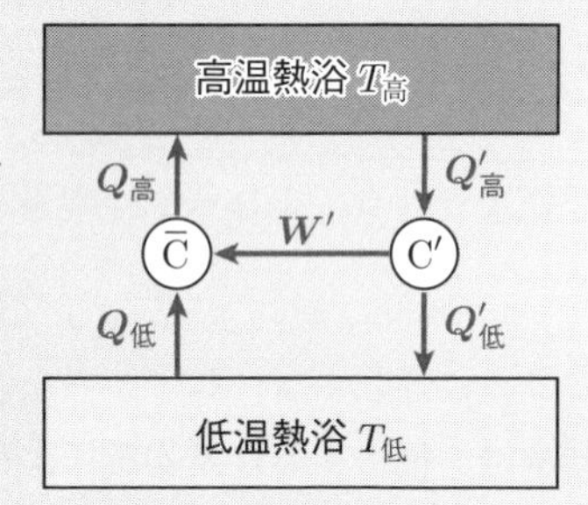

カルノー冷却機 $\overline{\mathrm{C}}$ とカルノー熱機関C′の複合機関

(c) 仮定 $\eta_{カルノー} < \eta'_{カルノー}$ は，クラウジウスの原理に反することを示せ.

【解答】 (1) (a) エネルギーの流れを図から読み取ると，エネルギー保存の式は

$$Q_{高} = W' + Q_{低}, \quad Q'_{高} = W' + Q'_{低}. \tag{3.4}$$

(b) $\eta_{カルノー} > \eta'_{カルノー}$ を仮定すると (3.2) 式より

$$\eta_{カルノー} = \frac{W'}{Q_{高}} > \eta'_{カルノー} = \frac{W'}{Q'_{高}} \iff \frac{W'}{Q_{高}} > \frac{W'}{Q'_{高}} \tag{3.5}$$

である．W'，$Q_{高}$ および $Q'_{高}$ はすべて正の量としているので，$Q_{高} < Q'_{高}$ でなければならないことになる．

(c) 高温熱浴から低温熱浴に移動する熱量は，高温熱浴が失う熱量 $Q_{高} - Q'_{高}$ である．もしくは低温熱浴が得る熱量で表すと，$Q_{低} - Q'_{低}$ ということになる．(3.4) 式の 2 つの式を引き算すれば

$$Q_{高} - Q'_{高} = Q_{低} - Q'_{低}. \tag{3.6}$$

両者は確かに等しい．

(d) $\eta_{カルノー} > \eta'_{カルノー}$ を仮定すると，小問 (1) (b) の答えより $Q_{高} - Q'_{高} < 0$ でなければならないことになる．これは小問 (1) (c) の答えより，低温熱浴から高温熱浴へ正の熱量が移動していることを意味している．熱機関 C がする仕事 W' はすべて冷却機 $\overline{C'}$ に取り込まれるので，複合機関は外界に仕事をしていない．すなわち，2 つの装置がそれぞれ 1 サイクル動作すると，系全体に生じる変化は低温熱浴から高温熱浴へ正の熱量が移動するだけ，ということになる．つまり $\eta_{カルノー} > \eta'_{カルノー}$ という仮定は，クラウジウスの原理に反することにつながってしまう．よってこの仮定は否定される．

(2) (a) $\eta_{カルノー} < \eta'_{カルノー}$ を仮定すると，(3.2) 式より

$$\eta_{カルノー} = \frac{W'}{Q_{高}} < \eta'_{カルノー} = \frac{W'}{Q'_{高}} \iff \frac{W'}{Q_{高}} < \frac{W'}{Q'_{高}}$$

である．W'，$Q_{高}$ および $Q'_{高}$ はすべて正の量としているので，$Q_{高} > Q'_{高}$ でなければならない．

(b) 高温熱浴から低温熱浴に移動する熱量は，高温熱浴が失う熱量 $-Q_{高} + Q'_{高}$ である．

(c) $\eta_{カルノー} < \eta'_{カルノー}$ を仮定すると，小問 (2) (a) の答えより $-Q_{高} + Q'_{高} < 0$ でなければならない．これは小問 (2) (b) の答えより，低温熱浴から高温熱浴へ正の熱量が移動していることを意味している．そしてこれ以外の変化は存在していないので，$\eta_{カルノー} < \eta'_{カルノー}$ の仮定もクラウジウスの原理に反していることになる．よってこの仮定も否定される． ■

導入例題 3.1 の答えより，2つの異なるカルノー熱機関の効率 $\eta_{カルノー}$ と $\eta'_{カルノー}$ は等しいことが示された．2つのカルノー熱機関が外界にする仕事 W' は等しいと仮定したので，(3.2) 式より

$$\eta_{カルノー} = \eta'_{カルノー} \iff Q_{高} = Q'_{高}$$

である．さらに (3.6) 式より $Q_{低} = Q'_{低}$ が導かれる．以上のことから，次が結論される：

「1サイクルの動作で W'（> 0）の仕事を外界にするようにカルノー熱機関を設計する．作業物質にはどのようなものを選んでも構わない．このカルノー熱機関と，それを逆回転させるカルノー冷却機を接続した複合機関を1サイクル動かすと，移動する熱量も含めて，状態は完全に元の状態に戻る．」

ここまで一般的なカルノー熱機関について考えてきた．作業物質を特定せず，任意の気体としたので「一般的」とよんだが，現実社会で使用されている熱機関はもっと多種多様である．例えば，オットー熱機関（ガソリンエンジンとして使用），ディーゼル熱機関（ディーゼルエンジン），ジュール–ブレイトン熱機関（ガスタービン，ジェットエンジン）などでは，燃料をシリンダ内で燃焼させ，その結果生じた気体を作業物質とする．このような内燃機関では，燃焼によって得られた熱量が「高温熱浴から得られた熱量」にあたる．現実的な熱機関のサイクルはカルノーサイクルに比べて一般に複雑であるが，高温熱浴から熱量を受け取り，外界に仕事をして，残りの熱量を低温熱浴に捨てるという基本構造は変わらない．そのため，現実的な熱機関の効率をカルノー熱機関の効率と比較することができるのである．以下では「カルノー熱機関の効率は，一般にそれ以外のいかなる熱機関の効率よりも大きい」ことを証明する．

確認 例題 3.1

導入例題 3.1，小問 (1) (c) で示したカルノー熱機関 C を現実的な熱機関に置き換える．図の○記号が現実的な熱機関を表すものとする．現実的な熱機関は 1 サイクルの動作を行うと，温度 $T_{高}$ の高温熱浴から熱量 $Q_{高}$ を受け取り，外界に W' (>0) の仕事をし，温度 $T_{低}$ の低温熱浴に熱量 $Q_{低}$ を捨てるように設計されているものとする．他方，接続するカルノー冷却機 $\overline{\mathrm{C}}$ は，1 サイクルの動作で熱機関から W' の仕事を受け取り，温度 $T_{低}$ の低温熱浴から熱量 $Q_{低}^{カルノー}$ を汲み上げ，温度 $T_{高}$ の高温熱浴に熱量 $Q_{高}^{カルノー}$ を流し込む．以下の設問に答えよ．

(1)　複合機関の 1 サイクルの動作は，高温熱浴と低温熱浴の間の熱量の移動だけをもたらす．高温熱浴から低温熱浴に移動する熱量を求めよ．

(2)　複合機関の動作がクラウジウスの原理に反しないための条件を求めよ．

(3)　現実的な熱機関の効率 $\eta = \frac{W'}{Q_{高}}$ は，カルノー熱機関の効率 $\eta_{カルノー} = \frac{W'}{Q_{高}^{カルノー}}$ よりも小さいことを示せ．

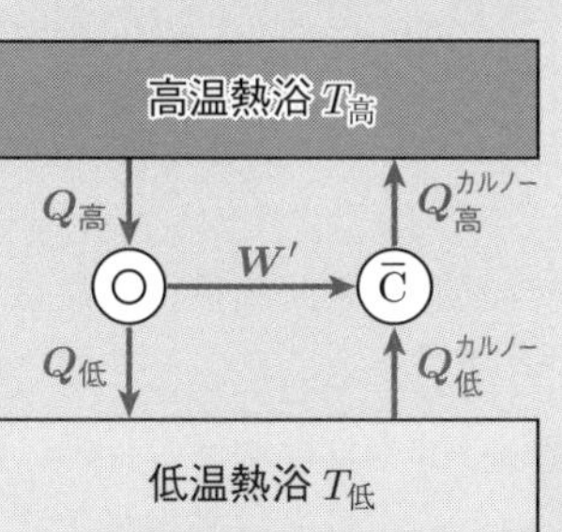

現実的な熱機関（○マーク）とカルノー冷却機 $\overline{\mathrm{C}}$ の複合機関

【解答】　(1)　高温熱浴から低温熱浴に移動する熱量は $Q_{高} - Q_{高}^{カルノー}$ である．

(2)　複合機関の動作がクラウジウスの原理に反しないためには，高温熱浴から低温熱浴に正の熱量が移動していればよい．すなわち，小問 (1) の答えより $Q_{高} - Q_{高}^{カルノー} > 0$ でなければならない．

(3)　小問 (2) の答えより $Q_{高} > Q_{高}^{カルノー}$ なので

$$\eta = \frac{W'}{Q_{高}} < \frac{W'}{Q_{高}^{カルノー}} = \eta_{カルノー}$$

ということである．■

確認例題3.1で$Q_{高} > Q_{高}^{カルノー}$となる意味は以下の通りである：現実的な熱機関の内部では，機械部分で摩擦力に抵抗するための仕事などの無駄な動作が必ず発生する．そしてそこで発生した摩擦熱などは，最終的に低温熱浴に捨てられることになる．そのため1サイクルで同じだけの仕事W'をするためには，カルノー熱機関では考慮していなかった摩擦などによるエネルギーの損失を補うために，より多くの熱量（燃料）を必要とする，ということである．

3.4 絶対温度の熱力学的定義

カルノー熱機関の効率は，熱機関が外界にする仕事W'，高温熱浴から得る熱量$Q_{高}$，および低温熱浴に捨てる熱量$Q_{低}$を用いて

$$\eta_{カルノー} = \frac{W'}{Q_{高}} = \frac{Q_{高} - Q_{低}}{Q_{高}} = 1 - \frac{Q_{低}}{Q_{高}} \tag{3.7}$$

で与えられる．前節の結果は「$\eta_{カルノー}$はどんな作業物質を選んでも，(3.7)式で与えられる」というものであった．(3.7)式は極めて重要な関係式である．なぜならばそれは個々の詳細には依存せず，一般的に成り立つ性質だからである．このような性質は**普遍性**とよばれる．

ところでカルノー熱機関は，熱量の出入りの差を力学的な仕事に変換する「機械部分」と熱浴からなる装置である．その「機械部分」に使うものを決めてしまうと，あとは熱浴の温度だけが調節可能なものとして残ることになる．2つの熱浴の温度を変えると，当然ながら効率も変わるだろう．言い換えると，$\eta_{カルノー}$は高温熱浴と低温熱浴の温度のみで決定されているのである．すなわちカルノー熱機関の効率は，高温熱浴の温度$T_{高}$と低温熱浴の温度$T_{低}$の関数と見なせることになるので

$$\eta_{カルノー} = \eta_{カルノー}(T_{高}, T_{低}) = 1 - \frac{Q_{低}}{Q_{高}} \tag{3.8}$$

という関係が成立していることになる．

(3.8)式で$T_{高}$または$T_{低}$のいずれか一方を基準値として決めたとする．ここで熱量$Q_{高}$と$Q_{低}$を精密に測定することができれば，もう一方の温度が決定されることになる．これは**普遍性をもつカルノー熱機関の効率を使って，温度の単位系を構築した**ことに他ならない．

(3.8) 式に含まれる温度と熱量の関係を調べてみよう．効率 $\eta_{カルノー}$ が熱浴の温度だけで決まるならば，(3.8) 式に現れる熱量の比も $T_{高}$ と $T_{低}$ の関数であることは明らかである．そこでこのことを

$$\frac{Q_{高}}{Q_{低}} = f(T_{低}, T_{高}) \tag{3.9}$$

のように表現してみる．このとき関数 f は，3 つの温度 T_0，T_1，T_2 が

$$0 < T_0 < T_1 < T_2$$

を満たすとき，$f(T_0, T_1)$，$f(T_0, T_2)$ および $f(T_1, T_2)$ に対して，必ず

$$f(T_1, T_2) = \frac{f(T_0, T_2)}{f(T_0, T_1)} \tag{3.10}$$

という等式が成り立つことを示してみよう．

導入　例題 3.2

3 つの熱浴（それぞれの温度は $T_{低}$，$T_{中}$，$T_{高}$ で，$0 < T_{低} < T_{中} < T_{高}$ とする）を用意し，2 つのカルノー熱機関（C_1 と C_2）を図 (a) に示すように取り付けた．C_1 と C_2 は共に同じ大きさの熱量（$Q_{低}$）を低温熱浴に逃がすように調節されているとする．

(1)　中温熱浴（温度 $T_{中}$）と低温熱浴（温度 $T_{低}$）に挟まれた熱機関 C_1 について，(3.9) 式に該当する表式を書き下せ．

(2)　高温熱浴（温度 $T_{高}$）と低温熱浴に挟まれた熱機関 C_2 について，(3.9) 式に該当する表式を書き下せ．

(3)　C_1 のみを逆回転させて，冷却機として動かしたとする（図 (b)）．すると冷却機 $\overline{C_1}$ と熱機関 C_2 のなす複合系は，低温熱浴とやりとりする熱量は正味で零であり，全体としては中温熱浴と高温熱浴のみに接する熱機関と同じになる（図 (c)）．この複合熱機関について (3.9) 式に該当する表式を書き下せ．

(4)　(3.10) 式の関係が成立していることを示せ．

ヒント：小問 (1) と (2) の答えの割り算と，小問 (3) の答えを比較せよ．

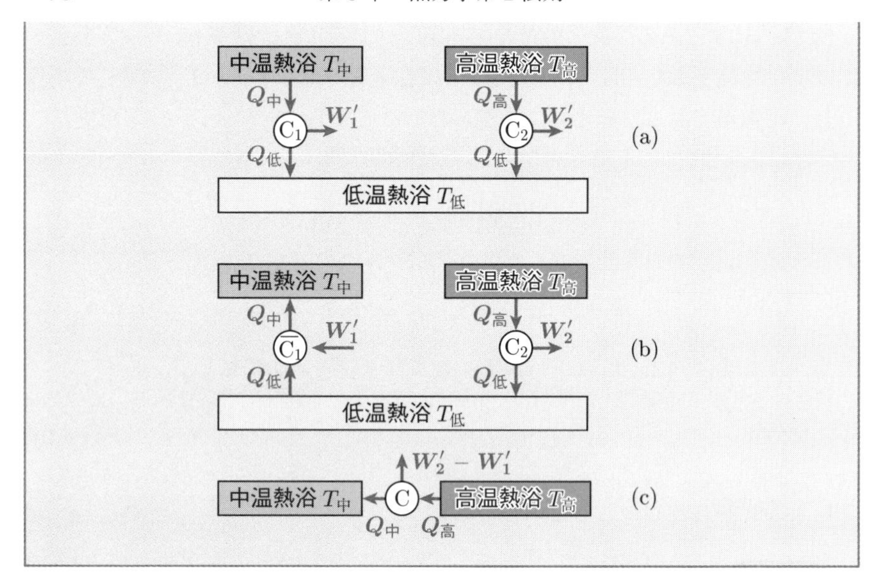

【解答】 (1) カルノー熱機関 C_1 に対して，(3.9) 式に該当する表式は

$$\frac{Q_中}{Q_低} = f(T_低, T_中). \tag{3.11}$$

(2) カルノー熱機関 C_2 に対して，(3.9) 式に該当する表式は

$$\frac{Q_高}{Q_低} = f(T_低, T_高). \tag{3.12}$$

(3) カルノー冷却機 $\overline{C}_1$ とカルノー熱機関 C_2 の複合系に対して，(3.9) 式に該当する表式は

$$\frac{Q_高}{Q_中} = f(T_中, T_高).$$

(4) "(3.12) 式 ÷ (3.11) 式" の割り算を左右両辺について行うと

$$\frac{Q_高}{Q_低}\frac{Q_低}{Q_中} = \frac{Q_高}{Q_中} = \frac{f(T_低, T_高)}{f(T_低, T_中)}.$$

これを小問 (3) の答えと比較すると

$$f(T_中, T_高) = \frac{f(T_低, T_高)}{f(T_低, T_中)} \tag{3.13}$$

が得られる．(3.13) 式の $T_低$ を T_0 に，$T_中$ を T_1 に，$T_高$ を T_2 にそれぞれ読み替えると，(3.10) 式を得ることができる． ■

(3.10) 式の T_0 は，導入例題 3.2 の $T_{低}$ に該当する．高温熱浴と中温熱浴の温度を固定してしまえば，低温熱浴の温度 T_0 は中温熱浴の温度 $T_{中}$（$= T_1$）よりも低ければよく，その値は重要ではない．そこで T_0 をある定数に固定してしまい，$f(T_0, T_1)$ は実質的には T_1 のみの関数と見なすことにする．すなわち

$$f(T_0, T_1) = \theta(T_1)$$

と書くことにする．すると (3.9) 式と (3.10) 式から

$$\begin{aligned} \frac{Q_{高}}{Q_{低}} &= f(T_{低}, T_{高}) \\ &= \frac{\theta(T_{高})}{\theta(T_{低})} \end{aligned} \tag{3.14}$$

のようにカルノー熱機関の吸熱量と熱浴の温度を関係付ける式が得られたことになる．(3.14) 式の関係に基づいて決定される温度単位系を**熱力学的温度**と総称する．ところで θ は温度 T の関数であればよいので

$$\theta(T) = T \tag{3.15}$$

という単純な形を選択してみる．するとカルノー熱機関の効率は

$$\eta_{カルノー}(T_{高}, T_{低}) = 1 - \frac{\theta(T_{低})}{\theta(T_{高})} = 1 - \frac{T_{低}}{T_{高}} \tag{3.16}$$

のように書けることになる．(3.16) 式は理想気体カルノー熱機関の効率を理想気体温度で表した (2.38) 式に他ならない．すなわち**理想気体温度は熱力学的温度の 1 つ**なのである．そしてこの特別な温度を我々は**絶対温度**とよんでいるのである．

第3章　演習問題

3.1 【現実的な冷却機の性能係数】 カルノー熱機関（図中の記号C）と内部機構に摩擦熱などが発生する「現実的な冷却機」（図中の記号$\overline{\bigcirc}$）からなる複合機関を作った．この複合機関を参考にして，現実的な冷却機の性能係数について以下の設問に答えよ．

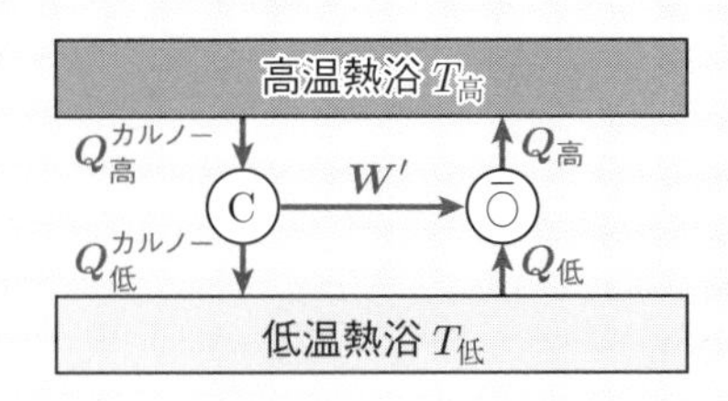

カルノー熱機関と現実的な冷却機の複合機関

(1)　現実的な冷却機を使った冷蔵庫の性能係数は，第2章の演習問題2.4で求めたカルノー冷却機を使った冷蔵庫の性能係数より小さいことを示せ．

(2)　現実的な冷却機を使ったヒートポンプの性能係数は，第2章の演習問題2.4で求めたカルノー冷却機を使ったヒートポンプの性能係数より小さいことを示せ．

3.2 【熱力学的温度】 熱機関の効率ηのとり得る範囲は，定義より

$$0 \leq \eta \leq 1 \tag{3.17}$$

である．これをもとに，以下の設問に答えよ．

(1)　熱力学的温度の定義式(3.16)で，$T_{高}$および$T_{低}$はいずれも負，またはいずれも正のいずれかでなければならないことを示せ．

(2)　（理想気体でない）ある物質を使って，定義式(3.16)に基づいた温度体系を構築すると仮定する．基準となる温度を正に定めたとき，この温度体系の上限および下限となる温度を求めよ．

ちょっと寄り道　時間の矢

力学のニュートンの運動方程式，電磁気学のマクスウェルの方程式，そして量子力学のシュレーディンガー方程式など，物理学には様々な基礎方程式が存在している．これらの方程式がもつ解について，その時間の向きを反転させたものもまた同様に解になっている．例えば本章の冒頭で言及した単振動の動画について，通常の再生と逆向きの再生の両方に違和感を抱かないということだけでなく，ともにニュートンの運動方程式の解になっているということである．ということは気体分子の運動に関しても，壁や他の粒子との衝突が弾性的ならばその運動は可逆ということである．ところが濃度が不均一な気体を放置すると，不可逆的に均一な状態へと変化する．気体を構成する個々の分子の運動は可逆であるけれども，集団全体の状態変化になると過去から未来へ一方通行で進む時間の向きが出現してしまう．このような時間の一方通行性は「時間の矢」とよばれている．そして「なぜ時間の矢が生じるか」についての明確な答えは実はいまだに存在しないのである．

そもそも「時間とは何か」について，ほとんど理解されていない．ニュートンの力学ではたった 1 つの時計（絶対時間）だけを用意すればよかった．そして絶対時間は過去から未来という決まった向きに進む我々の感覚と矛盾はない．ところが相対論が登場すると，慣性系ごとに固有の時計を置かなければならなくなり，時間は絶対的なものではないことが判明した．今後，時間の進み方も，量子力学におけるエネルギー準位のように，離散的に変化していることを要請する物理理論が登場するかもしれない．とにかく時間に関してはわからないことだらけなのである．

考えてみれば平衡状態にある液体中を漂う粒子にしてみれば，いつまでも変わらない世界を浮遊し続けているわけであり，そこに存在するのは永遠だけである．このような世界では時間の概念は意味をもたないのではないだろうか．生まれながらに死という平衡状態に向かうことを宿命付けられた我々は，時間に向きがあることを当たり前と思っている特別な存在なのかもしれない．これが我々が時間の本性を理解しづらいことの原因なのかもしれない（OM）．□

第4章 エントロピー

カルノー熱機関の効率に対する公式を，熱機関が1サイクルの間に吸収する熱量 Q と熱浴の温度 T の比 $\frac{Q}{T}$ に着目して見直すと，エントロピーとよばれる新たな状態量を定義することができる．力学や電磁気学で横断的に使われるエネルギーなどと異なり，エントロピーは熱力学固有の物理量である．そして熱力学で極めて重要な役割を果たすことになる．エントロピーがもつ物理的な意味や，重要な性質は後の章で学ぶことにして，本章ではまずいくつかの具体例についてエントロピーを計算する練習を行う．

4.1 吸熱量と温度の比

前章で学んだカルノー熱機関の効率は

- すべての熱機関の中で最大の値をもち，
- その値は熱浴の温度のみによって決定される，

という普遍的な性質をもっていた．ここでカルノー熱機関が吸収，または放出する熱量 $Q_{高}$，$Q_{低}$ と，熱浴の温度 $T_{高}$，$T_{低}$（ただし $T_{高} > T_{低}$）の関係に改めて注目してみよう．

ここからは**熱機関が吸収する熱量を正，放出する熱量を負**として，熱機関が授受する熱量を符号も含めて考えることにする．カルノー熱機関は高温熱浴から熱を受け取るので $Q_{高} > 0$ であり，低温熱浴には熱を放出するので $Q_{低} < 0$ ということになる．よって低温熱浴に放出する熱量の大きさは

$$|Q_{低}| = -Q_{低} > 0$$

と表されることになる．

導入 例題 4.1

カルノー熱機関が高温熱浴から受け取る熱量を $Q_{高}$，低温熱浴に逃がす熱量の大きさを $|Q_{低}|$ とする．熱量 $Q_{高}$ および $|Q_{低}|$ と，熱浴の温度 $T_{高}$ および $T_{低}$ を関係付ける式を導け．

ヒント：カルノー熱機関の効率 $\eta_{カルノー}$ を吸熱量で表した (3.7) 式と，$\eta_{カルノー}$ を温度で表した (3.16) 式を等しいとおけ．

【解答】　(3.7) 式で $Q_{低}$ を $|Q_{低}|$ と書き直したものと，(3.16) 式を等しいとおくと

$$\eta_{カルノー} = 1 - \frac{|Q_{低}|}{Q_{高}} = 1 - \frac{T_{低}}{T_{高}} \iff \frac{Q_{高}}{T_{高}} = \frac{|Q_{低}|}{T_{低}}$$

を得る．■

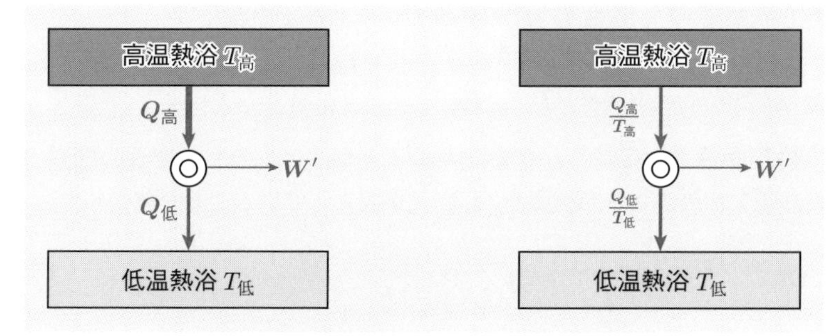

カルノー熱機関が高温熱浴から受け取る熱量 $Q_{高}$ と，低温熱浴に捨てる熱量 $Q_{低}$ の大きさは異なるが，それぞれの熱浴の温度との比は等しい．

導入例題 4.1 の答えから次が導かれることになる：

カルノー熱機関が 2 つの熱浴と授受する熱量の大きさと，2 つの熱浴の温度は

$$Q_{高} \neq |Q_{低}| \quad かつ \quad T_{高} \neq T_{低}$$

のように一般に異なる値をもつけれど，「熱量の大きさと温度の比」は

$$\frac{Q_{高}}{T_{高}} = \frac{|Q_{低}|}{T_{低}} \tag{4.1}$$

のように熱浴ごとに等しい値をもつ（図）．(4.1) 式の関係もカルノー熱機関の

もつ普遍性の1つなのである．ここで (4.1) 式に現れる

$$\textbf{カルノー熱機関が吸収する熱量 } Q \textbf{ と熱浴の温度 } T \textbf{ の比：}\quad \frac{Q}{T} \tag{4.2}$$

に注目してみよう．カルノー熱機関の4つの過程では，この比は

$$\begin{aligned} &\textbf{等温準静的膨張：} && \frac{Q_{高}}{T_{高}}, \\ &\textbf{断熱準静的膨張：} && 0 \quad (\text{断熱変化では } Q=0 \text{ なので}), \\ &\textbf{等温準静的圧縮：} && \frac{Q_{低}}{T_{低}}, \\ &\textbf{断熱準静的圧縮：} && 0 \quad (\text{断熱変化では } Q=0 \text{ なので}), \end{aligned} \tag{4.3}$$

で与えられる．$\frac{Q_{高}}{T_{高}} > 0$ に対して $\frac{Q_{低}}{T_{低}} < 0$ であり，また (4.1) 式より

$$\frac{Q_{高}}{T_{高}} + \frac{Q_{低}}{T_{低}} = \frac{Q_{高}}{T_{高}} - \frac{|Q_{低}|}{T_{低}} = 0.$$

すなわち吸熱量 Q と温度 T の比 $\frac{Q}{T}$ の1サイクルでの変化は

$$\sum_{サイクル} \frac{Q}{T} = \frac{Q_{高}}{T_{高}} + 0 + \frac{Q_{低}}{T_{低}} + 0 = 0 \tag{4.4}$$

のように零なのである．これもまたカルノーサイクルのもつ普遍的性質である（図）．理想気体カルノー熱機関で (4.4) 式が成立していることを確かめてみよう．

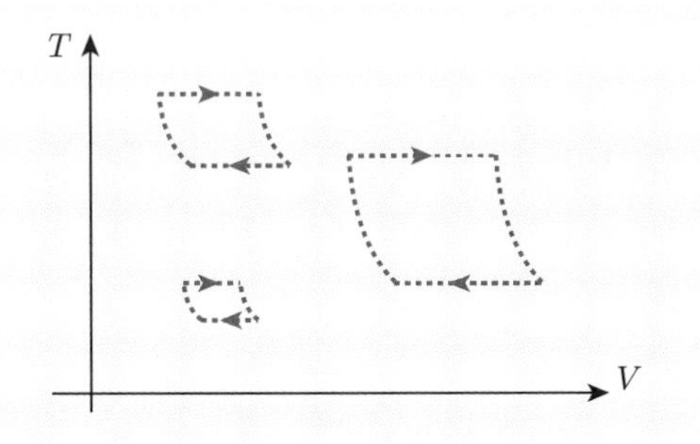

熱浴の温度と熱機関の規模が異なる3つのカルノー熱機関．いずれの熱機関に対しても，吸熱量と熱浴温度との比 $\frac{Q}{T}$ の変化は1サイクルで零になる．

確認 例題 4.1

理想気体カルノー熱機関について，以下の設問に答えよ．

(1)　等温準静的膨張変化で高温熱浴から吸収する熱量 $Q_{高}$ を，理想気体カルノー熱機関の 1 サイクルでの変化をまとめた 48 ページの表から読み取れ．$Q_{高}$ が正の量であることも確かめよ．

(2)　等温準静的圧縮変化で低温熱浴から吸収する熱量 $Q_{低}$ を，表から読み取れ．$Q_{低}$ が負の量であることも確かめよ．

(3)　1 サイクルにおける和 $\sum_{サイクル} \frac{Q}{T}$ が，零であることを確かめよ．

【解答】　(1)　$Q_{高}$ は表の「ΔQ」列，「経路①」行に記述されている．V_A から V_B へ膨張しているので $V_\mathrm{B} > V_\mathrm{A}$ であり，$Q_{高} > 0$ ということになる：

$$Q_{高} = nRT_{高} \ln \frac{V_\mathrm{B}}{V_\mathrm{A}} > 0. \tag{4.5}$$

(2)　$Q_{低}$ は表の「ΔQ」列，「経路③」行に記述されている．V_C から V_D に圧縮されるので $V_\mathrm{C} > V_\mathrm{D}$ であり，$Q_{低} < 0$ ということになる：

$$Q_{低} = nRT_{低} \ln \frac{V_\mathrm{D}}{V_\mathrm{C}} < 0. \tag{4.6}$$

(3)　2 つある断熱準静的変化では，熱機関が吸収する熱量は零である．以上より吸収する熱量 Q と系の温度 T の温度の比は，1 サイクルで

$$\begin{aligned}\sum_{サイクル} \frac{Q}{T} &= \frac{Q_{高}}{T_{高}} + 0 + \frac{Q_{低}}{T_{低}} + 0 \\ &= nR \ln \frac{V_\mathrm{B}}{V_\mathrm{A}} + nR \ln \frac{V_\mathrm{D}}{V_\mathrm{C}} \end{aligned} \tag{4.7}$$

だけ変化する．体積 V_A，V_B，V_C，V_D の間には (2.26) 式の関係，すなわち $\frac{V_\mathrm{B}}{V_\mathrm{A}} = \frac{V_\mathrm{C}}{V_\mathrm{D}}$ が成り立つ．これを使うと (4.7) 式の和は確かに零になることが確認できる．■

4.2　エントロピー：新しい状態量

系の状態は温度，体積，物質量 (T, V, n)，または圧力，体積，物質量 (p, V, n) のように3つの状態量を指定することで定まる．そして状態量は，例えば1.4節で詳しく説明した内部エネルギーのように，(T, V, n) で指定される状態では $U(T, V, n)$ のように3変数の関数として表すことができた．状態量であることは「ある初期状態から1サイクルの変化をさせるとき，どのような変化の仕方を選んでも，変化後の値は初期値と同じになる」と言い換えることができる．カルノー熱機関が吸収する熱量 Q と温度 T の比 $\frac{Q}{T}$ も同様に，1サイクルで変化が零であった．実は比 $\frac{Q}{T}$ も状態量なのである．このことを以下で確かめてみよう．

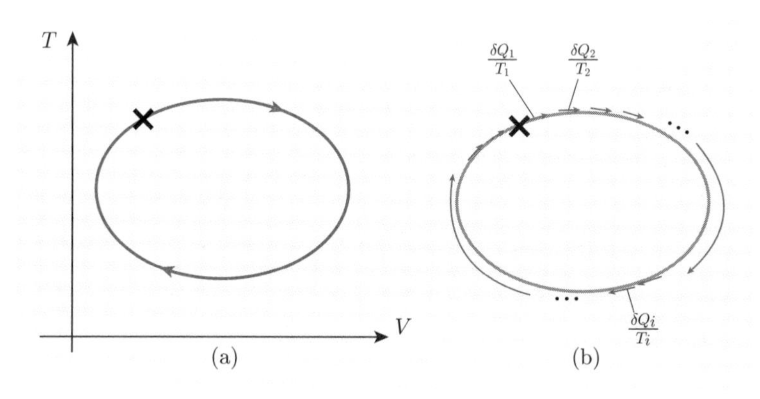

(a) V–T 平面内の準静的サイクル．(b) 微小な部分経路での，吸熱量 δQ_i と温度 T_i の比を合計していく．

V–T 平面上に図 (a) に示すような閉経路Cを考える．そして × 記号で表される平衡状態から出発し，矢印の向きに準静的に状態を変化させ，再び × 記号の位置に戻って来るサイクルを考える．このサイクルで変化しない量は状態量ということになる．そこで比 $\frac{Q}{T}$ の変化を次のように計算してみよう．まず閉経路Cを複数の微小な部分に分割する．次に細分化した部分経路の1つ1つで，例えば i 番目の経路での吸熱量 δQ_i と温度 T_i の比 $\frac{\delta Q_i}{T_i}$ を計算し，これをすべての分割経路で足し合わせていく（図 (b)）．

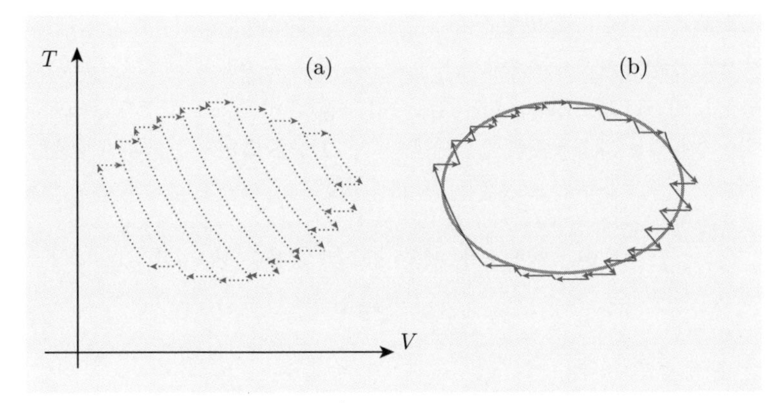

(a) 細長いカルノーサイクルを隙間なく並べる.
(b) ギザギザの外周は閉経路 C と重なっている.

いかなる閉経路 C に対しても

$$\sum_{\text{閉経路 C}} \frac{\delta Q_i}{T_i} = 0 \tag{4.8}$$

のように和を零にすることが可能である．その理由を以下に示す．まず等温準静的変化と断熱準静的変化を組み合わせて閉経路 C に近い分割経路を作成する．具体的には図 (a) に示すように細長いカルノーサイクルを，それらの縁が閉経路 C に重なるように隙間なく並べる．そして積み重ねたカルノーサイクルのもつギザギザの外周をたどっていけば，経路 C に近い閉経路が得られることになる（図 (b)）．この閉経路を C′ と名付けることにする．閉経路 C′ 上での $\frac{\delta Q_i}{T_i}$ を見ていこう．左上から右下に走る実線（図 (b)）は，すべて断熱準静的変化の軌跡（これを**断熱線**とよぶことにする）である．この間では吸熱量は零（$\delta Q_i = 0$）なので $\frac{\delta Q_i}{T_i} = 0$ である．他方，水平方向に走る実線は**等温線**に沿った等温準静的変化の軌跡である．$\frac{\delta Q_i}{T_i}$ の和は 1 つのカルノーサイクルの等温膨張変化と等温圧縮変化ごとに正確に打ち消されることになる．結局

$$\sum_{\text{閉経路 C}'} \frac{\delta Q_i}{T_i} = 0 \tag{4.9}$$

のように閉経路 C′ 全体で和は零ということになる．積み重ねるカルノーサイクルについて適切な縦横比を選びながら数を増やしていけば，ギザギザだった

外周は次第に滑らかに変化するようになり，閉経路 C′ を限りなく閉経路 C に近付けることができる．このようにして積み重ねるカルノーサイクルの数を無限に増やしていけば，(4.9) 式を (4.8) 式に一致させることができるのである．

比 $\frac{\delta Q}{T}$ のもつこのような性質を利用して，**エントロピー**（記号 S で表す）を定義する．まずエントロピー変化 dS は，次の (1)，(2) に従うものとする：

(1) 温度 T の等温準静的変化では，吸収する熱量を $\delta Q_{\text{等温準静的}}$ として

$$dS = \frac{\delta Q_{\text{等温準静的}}}{T}, \tag{4.10}$$

(2) 断熱準静的変化では変化しない（$dS = 0$）．

変化の仕方は決まったので，次は力学で位置エネルギーを求めたときのように基準点を定めて，エントロピーの値 S を確定させる．すなわち (T_0, V_0, n) のような基準状態を決め，そのエントロピーを定数 S_0 に固定する（$S(T_0, V_0, n) = S_0$）．すると，ある状態 (T, V, n) のエントロピーは，基準状態からのエントロピー差 ΔS を計算することにより，次のように定まることになる：

$$S(T, V, n) = S(T_0, V_0, n) + \Delta S.$$

系が吸収する熱量は，明らかに系の物質量 n に比例する．1 モルあたりのエントロピー変化を Δs とすると

$$\Delta S = n\,\Delta s$$

となるはずである．ここで基準状態のエントロピーも $S(T_0, V_0, n) = n\,s(T_0, V_0)$ のように物質量に比例する量としてしまえば，状態 (T, V, n) のエントロピーは

$$S(T, V, n) = n\left\{s(T_0, V_0) + \Delta s\right\} \tag{4.11}$$

と書けることになる．すなわち**エントロピーは示量性をもつ**ということである．

エントロピーは相加性をもつ：ある物体が (T_1, V_1, n_1)，別の物体が (T_2, V_2, n_2) という状態でそれぞれ熱平衡状態にあれば，全体のエントロピーはそれぞれのエントロピーの和で表すことができる：

$$S_{\text{全体}} = S_1(T_1, V_1, n_1) + S_2(T_2, V_2, n_2). \tag{4.12}$$

4.3 エントロピーの具体的な計算

エントロピーの変化量をいくつかの例で具体的に計算してみよう.

確認 例題 4.2

(理想気体のエントロピー変化：準静的な状態変化) 温度 T, n モルの理想気体を以下のように変化させたときの, エントロピー変化を求めよ.

(1) 温度一定のまま体積を V_{A} から V_{B} に準静的に膨張させた.

(2) 体積を V_{A} から V_{B} まで断熱準静的に膨張させた.

【解答】 (1) 等温準静的変化なので, その間に系が吸収した熱量 ΔQ を求めることができれば, それを温度 T で割った $\frac{\Delta Q}{T}$ がエントロピーの変化を与えることになる. 理想気体の等温変化なので内部エネルギーは変化しない (2.1 節参照). つまり系が吸収する熱量は, 系が外界にした仕事 $\Delta W'$ に等しい：

$$
\begin{aligned}
\Delta Q &= \Delta W' \\
&= \int_{V_{\mathrm{A}}}^{V_{\mathrm{B}}} p\,dV = \int_{V_{\mathrm{A}}}^{V_{\mathrm{B}}} \frac{nRT}{V}\,dV \\
&= nRT \ln \frac{V_{\mathrm{B}}}{V_{\mathrm{A}}}.
\end{aligned}
$$

よって, 求めるエントロピー変化 ΔS は

$$
\begin{aligned}
\Delta S &= \frac{\Delta Q}{T} \\
&= nR \ln \frac{V_{\mathrm{B}}}{V_{\mathrm{A}}}.
\end{aligned}
\tag{4.13}
$$

(2) 断熱準静的変化なのでエントロピー変化は零である. ■

次に同じく理想気体に対してであるが, 今度は**自由膨張**という準静的でない状態変化でのエントロピーを計算してみよう.

導入 例題 4.2

(理想気体のエントロピー変化：準静的でない状態変化) n モルの理想気体の状態を，以下のように変化（図参照）させたときのエントロピー変化を求めよ．

(1) 温度と体積が (T_0, V_0) の平衡状態から，断熱自由膨張により最終的に (T_0, V) の平衡状態に変化させた．

(2) 温度と体積が (T_0, V_0) の平衡状態から，状態が激しく変化する非平衡状態を挟んだ後，最終的に (T, V) の平衡状態に変化させた．

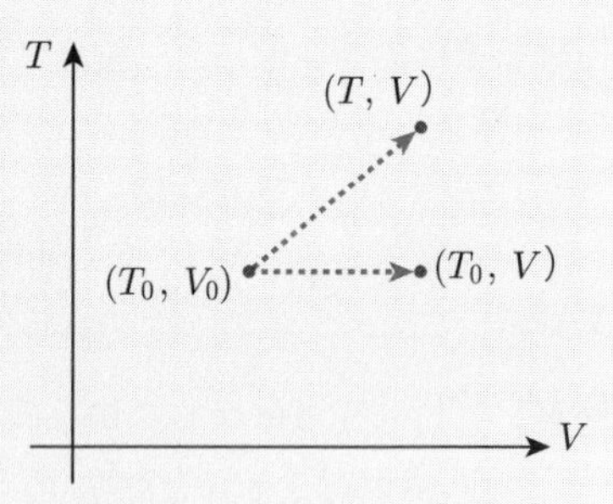

ヒント：エントロピーは状態量なので，状態が指定されれば値は一意的に決まる．つまり変化のさせ方は気にせず，初期状態と終状態を結ぶような等温準静的変化と断熱準静的変化の組合せを考えればよい．その中の等温準静的変化でのエントロピー変化の和が，系のエントロピー変化となる．

【解答】 (1) 断熱自由膨張を行うので，系が外界から実際に受け取る熱量は零である（$\Delta Q = 0$）．ただしエントロピーの計算に使う熱量 ΔQ は，等温準静的に変化するときに外界から吸収する熱量でなければならない．そこで初期状態から終状態まで等温準静的膨張したものとして，その間に外界から得る熱量 $\Delta Q_{\text{等温準静的}}$ を元に計算すればよい．その熱量の大きさは確認例題 4.2 の小問 (1) で既に求めている．すなわち断熱自由膨張におけるエントロピー変化も

$$\Delta S = nR \ln \frac{V}{V_0} \tag{4.14}$$

で与えられることになる．

(2) 図に示されたような

$$(T_0, V_0) \xrightarrow{\text{断熱準静的}} (T, V_1) \xrightarrow{\text{等温準静的}} (T, V)$$

という状態変化をさせたとして計算すればよい．エントロピーの定義より，初期状態から断熱準静的に状態 (T, V_1) に変化させたときのエントロピー変化は零である．状態 (T, V_1) から等温準静的に (T, V) まで変化させたときのエント

ロピー変化は，確認例題 4.2 の答えより

$$\Delta S = nR \ln \frac{V}{V_1}. \tag{4.15}$$

理想気体に対する断熱変化の関係式 (2.18) より

$$T_0 V_0^{\gamma-1} = T V_1^{\gamma-1}$$

$$\Longrightarrow \quad \frac{V_0}{V_1} = \left(\frac{T}{T_0}\right)^{\frac{1}{\gamma-1}}. \tag{4.16}$$

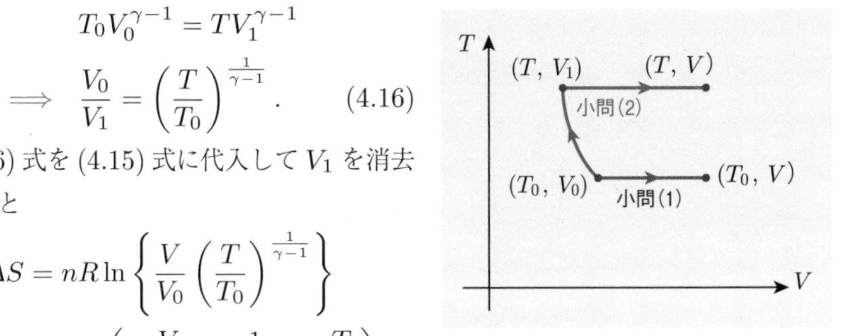

初期状態と終状態を，等温準静的過程と断熱準静的過程の組合せで結ぶ.

(4.16) 式を (4.15) 式に代入して V_1 を消去すると

$$\Delta S = nR \ln \left\{ \frac{V}{V_0} \left(\frac{T}{T_0}\right)^{\frac{1}{\gamma-1}} \right\}$$

$$= nR \left(\ln \frac{V}{V_0} + \frac{1}{\gamma-1} \ln \frac{T}{T_0} \right) \tag{4.17}$$

と求まる. ■

内部エネルギーとエントロピーを，それぞれ $U(T,V,n)$ や $S(T,V,n)$ のように，温度 T，体積 V，および物質量 n の関数として考えたとき

$$\frac{\partial U(T,V,n)}{\partial T} = T \frac{\partial S(T,V,n)}{\partial T} \tag{4.18}$$

という関係が成立する♠[1]. 定積熱容量 C_V の定義式 (1.24) と比較すると

$$C_V(T,V,n) = T \frac{\partial S(T,V,n)}{\partial T} \tag{4.19}$$

を得る. (4.19) 式より，体積と物質量が一定の条件下で温度だけ T_0 から T まで変化させたときのエントロピー変化は，以下で与えられることになる：

$$\Delta S = \int_{T_0}^{T} \frac{C_V(T',V,n)}{T'}\, dT'. \tag{4.20}$$

♠[1] (4.18) 式の導出は第 5 章の基本例題 5.1 として与えるので，そこで解答してもらう.

基本 例題 4.1

(理想気体のエントロピー変化：定積熱容量を使った計算)　導入例題 4.2 小問 (2) を再び考えてみよう．今度はまず，等温準静的に状態 (T_0, V_0) から (T_0, V) に変化させる．次に体積を V に固定したまま，理想気体が常に熱平衡状態にあるように温度を十分にゆっくりと変化させる（図），

$$(T_0, V_0) \xrightarrow{\text{等温準静的}} (T_0, V) \xrightarrow{\text{等積}} (T, V).$$

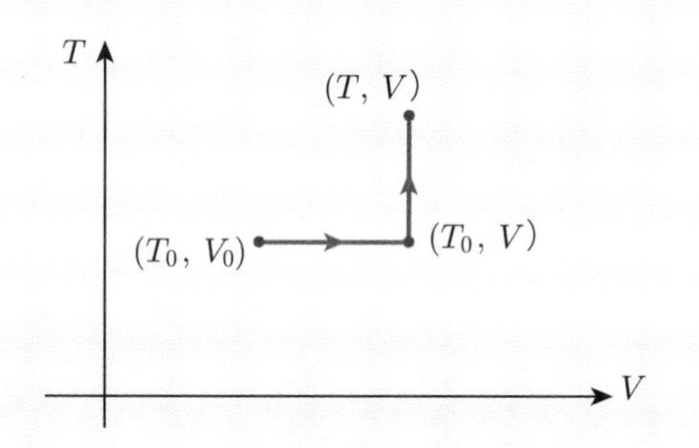

等温準静的変化でのエントロピー変化は，導入例題 4.2 小問 (1) で既に求めている．また等積変化におけるエントロピー変化は (4.20) 式から計算できる．つまり初期状態 (T_0, V_0) から終状態 (T, V) にいたるまでのエントロピー変化は

$$\Delta S = nR \ln \frac{V}{V_0} + \int_{T_0}^{T} \frac{C_V}{T'}\, dT' \tag{4.21}$$

で与えられることになる．(4.21) 式右辺の第1項が等温準静的変化，第2項が等積変化におけるエントロピー変化である．C_V は理想気体の定積熱容量である．(4.21) 式が導入例題 4.2 小問 (2) の答えと一致していることを確認せよ．

【解答】　C_V は定数なので (4.21) 式の積分は以下のように計算される：

$$\Delta S = nR \ln \frac{V}{V_0} + C_V \ln \frac{T}{T_0}. \tag{4.22}$$

ここでマイヤーの関係式 (2.12)（$C_p - C_V = nR$）を思い出すと

$$
\begin{aligned}
C_V &= C_p - nR = nR\left(\frac{C_p}{nR} - 1\right) = nR\left(\frac{C_p}{C_p - C_V} - 1\right) \\
&= nR\left(\frac{C_V}{C_p - C_V}\right) = nR\left(\frac{1}{C_p/C_V - 1}\right) \\
&= \frac{nR}{\gamma - 1}.
\end{aligned} \tag{4.23}
$$

(4.23) 式を (4.22) 式に代入して整理すると，(4.17) 式に一致する． ■

エントロピーの基準状態として (T_0, V, n) を選び，そのときのエントロピーの値を定数 S_0 に定める（$S(T_0, V, n) = S_0$）．基準状態から温度だけを変化させた状態 (T, V, n) でのエントロピーの値は，(4.20) 式より

$$
S(T, V, n) = S_0 + \int_{T_0}^{T} \frac{C_V(T', V, n)}{T'}\, dT' \tag{4.24}
$$

で与えられる．固体はある温度範囲で体積変化はほとんどなく，定積熱容量も定数と見なせる場合がある．そのような固体のエントロピーは

$$
\begin{aligned}
S(T, V, n) &= S_0 + C_V \int_{T_0}^{T} \frac{dT'}{T'} = S_0 + C_V(\ln T - \ln T_0) \\
&= S_0' + C_V \ln T
\end{aligned} \tag{4.25}
$$

のように表せることになる．最後の等式では定数部分 $S_0 - C_V \ln T_0$ を，改めて S_0' と書き換えた．ここで 1 モルあたりのエントロピー s，s_0 とモル比熱 c_V を導入して

$$
S = n\, s, \quad S_0' = n\, s_0, \quad C_V = n\, c_V
$$

とする．すると (4.25) 式より

$$
\begin{aligned}
& S(T, V, n) = n\, s(T) = S_0' + C_V \ln T = n(s_0 + c_V \ln T) \\
\Longrightarrow \quad & s(T) = s_0 + c_V \ln T
\end{aligned} \tag{4.26}
$$

のように，1 モルあたりのエントロピーを温度 T だけの関数として表すことができる．(4.26) 式は**固体のエントロピーを与える公式**である．

公式 (4.26) を使って，異なる温度の 2 つの固体が接触するときのエントロピー変化を計算してみよう．

導入 例題 4.3

(固体のエントロピー変化) 同種類の成分からなるモル比熱 c の固体が，1モルずつ2つ存在している．それぞれ固体は断熱材に覆われており，一方の固体は温度 T_1 で，他方は T_2 で熱平衡状態にあった．断熱材の一部をうまく剥がし，熱を逃がさないように2つの固体を接触させたところ，最終的に全体が温度 T の熱平衡状態に達した．接触前後での全系のエントロピー変化を計算してみよう．$T_1 \neq T_2$ であるとして以下の設問に答えよ．

(1) 接触前の全系のエントロピー $S_{\text{接触前}}$ を求めよ．エントロピーの式として (4.26) 式をそのまま用いてよい．

(2) 接触後の温度 T を T_1 と T_2 で表せ．

(3) 接触後の全系のエントロピー $S_{\text{接触後}}$ と $S_{\text{接触前}}$ の大小関係を調べよ．不等式 $(\alpha+\beta)^2 - 4\alpha\beta = (\alpha-\beta)^2 \geq 0$ を用いてよい．等号が成り立つのは $\alpha = \beta$ のときだけである．

【解答】 (1) 固体のエントロピーは (4.26) 式より，温度 T_1 のものが $s_1 = s_0 + c\ln T_1$，温度 T_2 のものが $s_2 = s_0 + c\ln T_2$ である．エントロピーの相加性を表す (4.12) 式より，接触前の全エントロピーは

$$S_{\text{接触前}} = s_1 + s_2 = 2s_0 + c\ln(T_1 T_2).$$

(2) 接触前後で熱量が保存しているので

$$cT_1 + cT_2 = cT + cT \iff T = \frac{T_1+T_2}{2}.$$

(3) 接触後の全系のエントロピーは

$$S_{\text{接触後}} = 2\times(s_0 + c\ln T) = 2\left(s_0 + c\ln\frac{T_1+T_2}{2}\right).$$

よって全系のエントロピー変化は

$$\Delta S = S_{\text{接触後}} - S_{\text{接触前}} = c\ln\left\{\frac{(T_1+T_2)^2}{4T_1T_2}\right\}.$$

問題文で与えられた不等式より

$$(T_1+T_2)^2 - 4T_1T_2 > 0 \iff \frac{(T_1+T_2)^2}{4T_1T_2} > 1.$$

$T_1 \neq T_2$ なので，不等式には等号を含めていない．よって

$$\Delta S = S_{\text{接触後}} - S_{\text{接触前}} > 0$$

である．全系のエントロピーは接触後に増加することになる．■

第4章　演習問題

4.1 【定圧下でのエントロピー変化】 エントロピー変化について，以下の設問に答えよ．

(1) 定積比熱 c_V（$\mathrm{J \cdot K^{-1} \cdot g^{-1}}$）と定圧比熱 c_p が共に定数の物質がある．この物質 m グラムを温度 T_0 から T まで準静的に変化させる．このとき，定積変化させる場合のエントロピー変化 $\Delta S_{\text{定積}}$ と定圧変化の場合のエントロピー変化 $\Delta S_{\text{定圧}}$ との比を求めよ．定圧熱容量とエントロピーの間に以下の関係があることを使え[♠2]．

$$C_p(T, p, n) = T\,\frac{\partial S(T, p, n)}{\partial T}. \tag{4.27}$$

(2) 水の定圧比熱は $c_p = 1\,\mathrm{cal \cdot K^{-1} \cdot g^{-1}}$ である．0 ℃の水 100 g を 100 ℃まで温度上昇させた．この間のエントロピー変化を単位 $\mathrm{J \cdot K^{-1}}$ で求めよ．

4.2 【断熱線（等エントロピー線）は交わらないこと】 断熱線（等エントロピー線）は交わることがないことを示してみよう．図に示すように V–p 面上の点 C で交わるような断熱線 1 と 2 が存在すると仮定する．ここに等温線を引き，2 つの断熱線と交わる点をそれぞれ A と B とする[♠3]．まず状態 A から状態 B まで等温準静的膨張をさせる．次に状態 B から C までは断熱準静的膨張，最後に状態 C から A まで断熱準静的圧縮で戻る．このサイクルはケルビンの原理に反することを以下の誘導に従って示せ．すなわち最初に仮定した交差する断熱線の存在は否定されることになる．

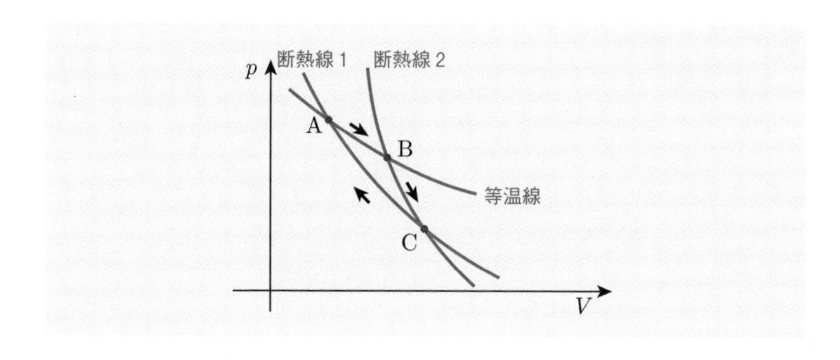

[♠2] (4.27) 式の導出は第5章の導入例題 5.4 として与えるので，そこで解答してもらう．

[♠3] 断熱線の傾き $\left(\frac{\partial p}{\partial V}\right)_S$ は等温線の傾き $\left(\frac{\partial p}{\partial V}\right)_T$ よりも一般に傾斜が急である（演習問題 4.3 参照）．そのために図のような交わり方をする等温線を引くことが可能となる．

(1)　1サイクルで系が外界から吸収する熱量は正か負かを答えよ．

(2)　1サイクルで系が外界にする仕事は正か負かを答えよ．

(3)　このサイクルはケルビンの原理に反すること示せ．

4.3　【断熱線と等温線の傾き】　断熱線の傾き $\left(\frac{\partial p}{\partial V}\right)_S$ と等温線の傾き $\left(\frac{\partial p}{\partial V}\right)_T$ について，以下の設問に答えよ．

(1)　以下の等式が成り立つことを示せ：

$$\left(\frac{\partial p}{\partial V}\right)_S = \left(\frac{\partial S}{\partial T}\right)_p \left(\frac{\partial T}{\partial S}\right)_V \left(\frac{\partial p}{\partial V}\right)_T. \tag{4.28}$$

(2)　$C_p \geq C_V$ という不等式が一般に成立する（第5章末の演習問題5.5参照）．この不等式を使って $\left|\left(\frac{\partial p}{\partial V}\right)_S\right| \geq \left|\left(\frac{\partial p}{\partial V}\right)_T\right|$ であることを示せ．

第5章 種々の熱力学関数

物質のもつ全エネルギーである内部エネルギーから，熱機関を通して取り出すことができる仕事の大きさには限界が存在する．その最大値を与えるヘルムホルツの自由エネルギーを学ぶ．また，物体から取り出すことができないエネルギーは，エントロピーに関係していることを理解する．加えてギブズの自由エネルギーやエンタルピーなどの熱力学関数と，それらのもつ物理的な意味を勉強する．

5.1 最大仕事の法則

初期状態と終状態の温度は等しいが，体積は異なっている場合を考えてみよう：

$$(T, V_0, n) \to (T, V, n). \tag{5.1}$$

変化の途中に非平衡状態が含まれていても構わない．初期状態と終状態が，共に温度 T の熱平衡状態にありさえすればよい．状態変化 (5.1) において系が外界にする仕事に関して，以下の法則が存在している．

法則 5.1（最大仕事の法則） 外界にする仕事が最大の値となるのは等温準静的変化のときである．

最大仕事の法則 5.1 を証明してみよう．

導入 例題 5.1

ある系が (T, V_0, n) の状態0から，体積だけ変化した (T, V_1, n) の状態1に変わる間に外界にする仕事を $\Delta W'_{等温}$ と書くことにする．また状態0から状態1まで一貫して等温準静的に変化する間に外界にする仕事を $\Delta W'_{等温準静的}$ と書くことにする（図 (a)）．

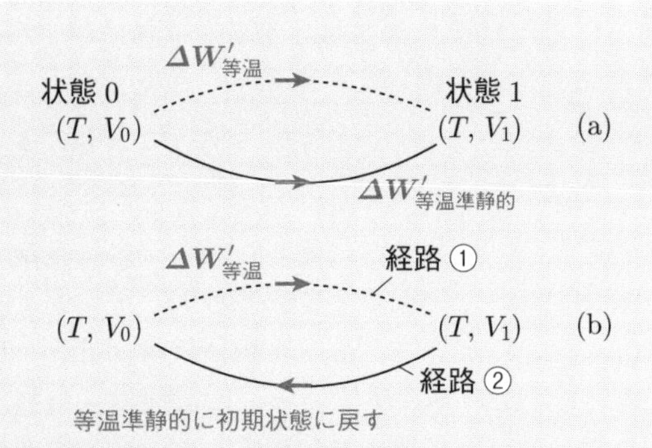

(1)　まず，状態0から状態1まで変化させた（図(b)の経路①）：

$$\text{経路①：}\quad (T, V_0, n) \to (T, V_1, n).$$

次に状態1から状態0まで，等温準静的に系の状態を戻した（経路②）：

$$\text{経路②：}\quad (T, V_1, n) \xrightarrow{\text{等温準静的}} (T, V_0, n).$$

系は最初の状態に戻るので 経路①＋経路② はサイクルである．このサイクルで系が外界にした仕事 $\Delta W'$ を，$\Delta W'_{等温}$ と $\Delta W'_{等温準静的}$ を用いて表せ．

ヒント：等温準静的過程は可逆，すなわち逆行可能である．

(2)　小問(1)の答えにケルビンの原理3.2を適用することにより，一般に

$$\Delta W'_{等温} \leq \Delta W'_{等温準静的} \tag{5.2}$$

であることを示せ．(5.2)式は最大仕事の法則に他ならない．

【解答】　(1)　等温準静的変化である経路②で系が外界にする仕事は，系の圧力を p として積分 $\int_{V_1}^{V_0} p\,dV$ で与えられる．等温準静的変化では逆行が可能なことを利用すると，この積分は

$$\int_{V_1}^{V_0} p\,dV = -\int_{V_0}^{V_1} p\,dV = -\Delta W'_{等温準静的}$$

のように書き換えることができる．よって1サイクルで系が外界にする仕事 $\Delta W'$ は，以下で与えられることになる：

$$\Delta W' = \Delta W'_{等温} - \Delta W'_{等温準静的}.$$

(2)　ケルビンの原理によれば，1 サイクルの間に外界にする仕事は，零または負（$\Delta W' \leq 0$）でなければならないので，小問 (1) の答えより

$$\Delta W' = \Delta W'_{等温} - \Delta W'_{等温準静的} \leq 0 \iff \Delta W'_{等温} \leq \Delta W'_{等温準静的}$$

ということになる．■

5.2　ヘルムホルツの自由エネルギー

以下のような等温準静的変化を考えてみよう：

$$(T, V_0, n) \xrightarrow{\text{等温準静的}} (T, V, n). \tag{5.3}$$

最大仕事の法則 5.1 より，この間に系が外界にする仕事は最大であり，これを $\Delta W'_{最大}(T, n; V_0 \to V)$ と書くことにする．すると系の内部エネルギー変化は，熱力学第 1 法則 (1.9) より

$$\begin{aligned} &U(T, V, n) - U(T, V_0, n) \\ &\quad = \Delta Q_{最大}(T, n; V_0 \to V) - \Delta W'_{最大}(T, n; V_0 \to V) \end{aligned} \tag{5.4}$$

のように書けることになる．内部エネルギーの変化は (5.4) 式右辺のように，系が吸収する熱量 ΔQ から外界にする仕事 $\Delta W'$ を引いたもので表される．一般には変化のさせ方に依存して ΔQ と $\Delta W'$ の値は変化するが，今回は等温準静的変化なので，外界にする仕事は最大である．他方で状態量である内部エネルギーの変化量は固定されているため，**等温準静的変化では系が吸収する熱量も最大値をとる**ことになる．(5.4) 式右辺の ΔQ に "最大" の添え字があるのはそのためである．

さて，いまは等温準静的変化を考えているので，(5.4) 式右辺の熱量は，エントロピー変化の定義式 (4.10) に現れる熱量と同じであることに注目しよう．すなわち $\Delta Q_{最大}$ を温度 T で割った値は，初期状態と終状態のエントロピー差に等しいのである：

$$\frac{\Delta Q_{最大}(T, n; V_0 \to V)}{T} = S(T, V, n) - S(T, V_0, n). \tag{5.5}$$

(5.5) 式を (5.4) 式に代入して整理すると

$$\begin{aligned} &\Delta W'_{最大}(T, n; V_0 \to V) \\ &\quad = -\big[U(T, V, n) - U(T, V_0, n) - T\{S(T, V, n) - S(T, V_0, n)\}\big]. \end{aligned} \tag{5.6}$$

$\Delta U = U(T, V, n) - U(T, V_0, n)$ のように変化量を表す記号 Δ を導入し，温度 T は変化していないことを考慮すると，(5.6) 式は以下のようになる：

$$\Delta W'_{最大}(T, n; V_0 \to V) = -(\Delta U - T\,\Delta S) = -\Delta\,(U - TS)\,. \tag{5.7}$$

(5.7) 式の意味を考えてみよう．温度を下げていく（$T \to 0$）と温度とエントロピーの積も $TS \to 0$ のように零に近付くと仮定すれば，(5.7) 式は絶対零度 $T = 0$ で以下の形をもつことになる：

$$\Delta W'_{最大}(T, n; V_0 \to V) = -\Delta U. \tag{5.8}$$

(5.8) 式は系がもつ内部エネルギーを，すべて外界にする仕事に変換することが可能であることを示している．系は内部エネルギーを失い，外界に正の仕事をする．$\Delta U < 0$ かつ $\Delta W' > 0$ なので，(5.8) 式右辺には負符号が必要となる．他方 (5.7) 式は，$T > 0$ になると利用できるエネルギーが温度 T とエントロピー S の積の分だけ減少して $U - TS$ になることを表している．ここで**ヘルムホルツの自由エネルギー**を以下のように定義する：

$$F = U - TS. \tag{5.9}$$

状態量である U, T, S から決定されるヘルムホルツの自由エネルギーもやはり状態量であり，$F(T, V, n)$ のように書けることになる．また等温準静的変化 (5.3) でのヘルムホルツの自由エネルギーの変化は，(5.7) 式より

$$\Delta F = F(T, V, n) - F(T, V_0, n) = -\Delta W'_{最大}(T, n; V_0 \to V). \tag{5.10}$$

つまり物質がもつ熱力学的な全エネルギーである内部エネルギー U（$= F + TS$）は，仕事として利用可能なエネルギーであるヘルムホルツの自由エネルギー F と，利用不可能なエネルギーであるエントロピーと温度の積 TS からなると解釈することができる（図）．

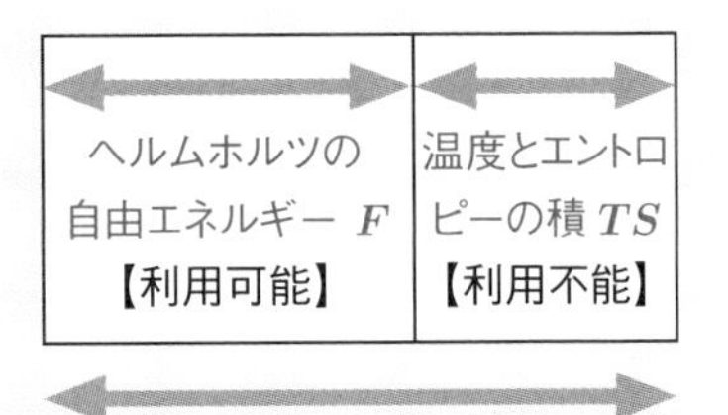

全エネルギー U の内，ヘルムホルツの自由エネルギー F の分だけが利用可能であり，残りの温度とエントロピーの積 TS の分は利用することができない．

ヘルムホルツの自由エネルギー F から，圧力 p は以下のように求まる：

$$p(T,V,n) = -\frac{\partial F(T,V,n)}{\partial V}. \tag{5.11}$$

(5.11) 式を導出してみよう．

導入 例題 5.2

気体を温度 T に保ったまま，体積を V から $V+\Delta V$ まで準静的に膨張させた．以下の設問に答えよ．

(1)　気体は外界に $p\,\Delta V$ の仕事をすることになる．この仕事をヘルムホルツの自由エネルギー $F(T,V,n)$ を使って表せ．

ヒント：等温準静的膨張での仕事は最大の値をもつことと，(5.10) 式を使え．

(2)　小問 (1) の答えで $\Delta V \to 0$ の極限をとることにより，(5.11) 式を導け．

【解答】　(1)　等温準静的膨張による仕事 $p\,\Delta V$ は最大の値をもつので

$$p\,\Delta V = W'_{最大}(T,n;V\to V+\Delta V)$$

と表すことができる．ここで (5.10) 式を使って，$W'_{最大}$ をヘルムホルツの自由エネルギー F に置き換えると，以下のように表される：

$$p\,\Delta V = -\bigl\{F(T,V+\Delta V,n) - F(T,V,n)\bigr\}. \tag{5.12}$$

(2)　(5.12) 式の両辺を ΔV で割った後，$\Delta V\to 0$ の極限をとると

$$p = -\lim_{\Delta V\to 0}\frac{F(T,V+\Delta V,n)-F(T,V,n)}{\Delta V} = -\frac{\partial F(T,V,n)}{\partial V}$$

のように (5.11) 式を導くことができる．■

(5.11) 式は，温度と物質量を一定に保ったまま体積を準静的に V_0 から V まで変化させるとき，ヘルムホルツの自由エネルギー変化は

$$F(T,V,n) - F(T,V_0,n) = -\int_{V_0}^{V} p(T,V',n)\,dV' \tag{5.13}$$

のように計算できることを示している．

圧力は示強性の量であった．このことは (5.11) 式を使って，以下のように示すことができる．状態 (T,V,n) にある系の量を，すなわち体積 V と物質量 n

の両方を λ（ラムダ）倍すると，示量性をもつヘルムホルツの自由エネルギーも明らかに λ 倍される．このことは以下の式で表される：

$$F(T, \lambda V, \lambda n) = \lambda F(T, V, n). \tag{5.14}$$

そこで (5.11) 式でも同様に $V \to \lambda V$，$n \to \lambda n$ としてみると

$$p(T, \lambda V, \lambda n) = -\frac{\partial F(T, \lambda V, \lambda n)}{\partial(\lambda V)} = -\frac{\lambda \partial F(T, V, n)}{\lambda \partial V} = p(T, V, n) \tag{5.15}$$

のように，系の規模を λ 倍しても圧力 $p(T, V, n)$ は大きさを変えないことが示される．すなわち圧力は示強性の量ということである．

ヘルムホルツの自由エネルギーの温度依存性を見てみよう．ヘルムホルツの自由エネルギー F，内部エネルギー U，エントロピー S，および温度 T のそれぞれが，ある状態から無限小量だけ変化したとする：

$$F \to F + dF, \quad U \to U + dU, \quad T \to T + dT, \quad S \to S + dS. \tag{5.16}$$

変化後の状態をヘルムホルツの自由エネルギーの定義式 (5.9)（$F = U - TS$）に代入し，2 次の無限小量 $dT\,dS$ は無視すれば

$$F + dF = U + dU - (T + dT)(S + dS) = U - TS + dU - T\,dS - S\,dT.$$

この式と (5.9) 式の左右両辺をそれぞれ引き算すると

$$dF = dU - T\,dS - S\,dT \tag{5.17}$$

が得られる．**(5.17) 式は，ヘルムホルツの自由エネルギーの無限小変化 dF を与える一般的な式である．**

断熱準静的変化ではエントロピー変化は $dS = 0$ であり，内部エネルギーは $dU = -p\,dV$ だけ変化する．これらを (5.17) 式に代入すると，ヘルムホルツの自由エネルギーの温度 T と体積 V の依存性が以下のように求まる：

$$dF = -S\,dT - p\,dV \quad (\text{ただし } n = \text{一定}). \tag{5.18}$$

ヘルムホルツの自由エネルギー $F(T, V, n)$ の全微分

$$dF = \frac{\partial F(T, V, n)}{\partial T}\,dT + \frac{\partial F(T, V, n)}{\partial V}\,dV + \frac{\partial F(T, V, n)}{\partial n}\,dn \tag{5.19}$$

と (5.18) 式とで dT の係数を比較すると，以下が導かれる：

$$S(T,V,n) = -\frac{\partial F(T,V,n)}{\partial T}. \tag{5.20}$$

基本 例題 5.1

内部エネルギーの温度変化とエントロピーの温度変化が，以下のように関係付けられることを示せ：

$$\frac{\partial U(T,V,n)}{\partial T} = T\frac{\partial S(T,V,n)}{\partial T}. \tag{5.21}$$

【解答】 $U(T,V,n) = TS(T,V,n) + F(T,V,n)$ の両辺を，T で偏微分すると

$$\frac{\partial U(T,V,n)}{\partial T} = S(T,V,n) + T\frac{\partial S(T,V,n)}{\partial T} + \frac{\partial F(T,V,n)}{\partial T}. \tag{5.22}$$

(5.22) 式の右辺の S に (5.20) 式を代入すると，(5.21) 式が導かれる．■

5.3　化学ポテンシャル

これまで物質量 n は定数として扱ってきた．物質は外に漏れないような容器に入れられていたということである．これからは容器の開いた部分からイオンや溶液が流入したり流出したりして，物質量 n が変化する場合も考慮していくことにする．

化学ポテンシャルは物質量 n の変化に関連する状態量である．この熱力学関数はヘルムホルツの自由エネルギー $F(T,V,n)$ を物質量 n で偏微分することで得られる：

$$\mu(T,V,n) = \frac{\partial F(T,V,n)}{\partial n}. \tag{5.23}$$

化学ポテンシャルのもつ物理的な意味を考えてみよう．(5.20)，(5.11)，および (5.23) の 3 式を (5.19) 式に代入すると，以下の関係式が得られる：

$$dF = -S\,dT - p\,dV + \mu\,dn. \tag{5.24}$$

この式を，dF を与えるもう 1 つの式 (5.17) と等しいとおいて整理すると

$$\begin{aligned} & dF = dU - T\,dS - S\,dT = -S\,dT - p\,dV + \mu\,dn \\ \Longleftrightarrow\quad & dU = T\,dS - p\,dV + \mu\,dn \end{aligned} \tag{5.25}$$

のように，内部エネルギーの無限小変化 dU を与える式が得られる．

ここで (5.25) 式右辺の dS に注目しよう．エントロピーの無限小変化 dS は最大吸熱量を温度で割った $\frac{\delta Q_{最大}}{T}$ であった．これを (5.25) 式に代入すると

$$dU = \delta Q_{最大} - p\,dV + \mu\,dn. \tag{5.26}$$

(5.26) 式は右辺の $\mu\,dn$ を除くと，吸熱量が最大時の熱力学第 1 法則 (1.37) 式に一致する．いまは物質量 n が変化することも考慮しているので，$\mu\,dn$ という新しい項が現れたわけである．(5.26) 式は**物質が流入や流出する場合も含めた熱力学第 1 法則の一般的な表式なのである**．化学ポテンシャルは物質量の増加に対するエネルギーの増加割合を表しているのである．

確認 例題 5.1

化学ポテンシャルは示強性をもつことを (5.23) 式から示せ．

【解答】 系の規模を λ 倍すると，(5.23) 式は

$$\mu(T, \lambda V, \lambda n) = \frac{\partial F(T, \lambda V, \lambda n)}{\partial(\lambda n)} = \frac{\lambda \partial F(T, V, n)}{\lambda \partial n} = \mu(T, V, n).$$

系の規模が λ 倍になっても化学ポテンシャルの値は不変なので，化学ポテンシャルは示強性の量ということである．■

5.4 ギブズの自由エネルギー

ギブズの自由エネルギーは，ヘルムホルツの自由エネルギー F に圧力と体積の積 pV を足したものとして定義される：

$$G = F + pV \ (= U - TS + pV). \tag{5.27}$$

ヘルムホルツの自由エネルギー F と体積 V は物質量に比例するので，ギブズの自由エネルギーも示量性をもつことになる．ギブズの自由エネルギーの無限小変化は，(5.27) 式より $dG = dF + V\,dp + p\,dV$ のように表すことができる．(5.24) 式の dF を代入すると

$$\begin{aligned} dG &= dF + V\,dp + p\,dV \\ &= -S\,dT - p\,dV + \mu\,dn + V\,dp + p\,dV \\ \Longrightarrow \quad dG &= -S\,dT + V\,dp + \mu\,dn. \end{aligned} \tag{5.28}$$

この式は全微分の形をしているので，右辺に現れる T，p，n を関数 G の独立変数として選ぶのが“自然”に思われる．このように選んだ独立変数の組みを**自然な変数**とよぶことにしよう．すると一般には

$$dG(T,p,n) = \frac{\partial G(T,p,n)}{\partial T}\,dT + \frac{\partial G(T,p,n)}{\partial p}\,dp + \frac{\partial G(T,p,n)}{\partial n}\,dn \quad (5.29)$$

なので，これと (5.28) 式を比較すると，以下の関係が導かれる：

$$S = -\frac{\partial G(T,p,n)}{\partial T}, \quad V = \frac{\partial G(T,p,n)}{\partial p}, \quad \mu = \frac{\partial G(T,p,n)}{\partial n}. \quad (5.30)$$

自然な変数による微分により，他の状態量を求めることができるのである．

ギブズの自由エネルギーは物質量 n と化学ポテンシャル μ の積

$$G = n\,\mu \quad (5.31)$$

で表すことができる：**化学ポテンシャルは 1 モル当たりのギブズの自由エネルギーを表している**のである．(5.31) 式の関係を導いてみよう．

導入　例題 5.3

以下の誘導に従い，(5.31) 式を示せ．

(1)　ギブズの自由エネルギーが示量性をもつことを表す以下の式

$$G(T,p,\lambda n) = \lambda\,G(T,p,n) \quad (5.32)$$

を使って，次の関係式を導け：

$$G(T,p,n) = n\,\frac{\partial G(T,p,\lambda n)}{\partial(\lambda n)}. \quad (5.33)$$

ヒント：(5.32) 式の両辺を λ で微分せよ．

(2)　(5.33) 式に $\lambda = 1$ を代入して (5.31) 式を導け．

【解答】　(1)　(5.32) 式の左辺を λ で微分すると

$$\frac{\partial}{\partial\lambda}\,G(T,p,\lambda n) = \frac{\partial(\lambda n)}{\partial\lambda}\,\frac{\partial}{\partial(\lambda n)}\,G(T,p,\lambda n) = n\,\frac{\partial G(T,p,\lambda n)}{\partial(\lambda n)}. \quad (5.34)$$

(5.32) 式右辺の λ による微分は

$$\frac{\partial}{\partial\lambda}\left\{\lambda\,G(T,p,n)\right\} = G(T,p,n). \quad (5.35)$$

(5.34) 式と (5.35) 式を等しいとおくと (5.33) 式が得られる．

(2) (5.33) 式に $\lambda = 1$ と (5.30) 式の $\frac{\partial G(T,p,n)}{\partial n} = \mu$ を代入すると

$$G(T,p,n) = n\,\frac{\partial G(T,p,n)}{\partial n} = n\,\mu$$

が導かれる． ■

5.5 エンタルピー

定圧熱容量 C_p と関係する熱力学関数を導いてみよう．圧力 p と物質量 n が一定の条件下では，熱力学第1法則を以下のように書くことができる：

$$\delta Q = dU + p\,dV = d(U + pV) \quad (p, n = 一定). \tag{5.36}$$

ここで内部エネルギー U に圧力 p と体積 V の積 pV を足した

$$H = U + pV \tag{5.37}$$

を**エンタルピー**として定義する．(5.36) 式の右辺はエンタルピー $H = U + pV$ の無限小変化 dH に他ならない．すなわち**圧力 p と物質量 n が一定の条件下では，系が吸収する熱量 δQ は**

$$\delta Q = dH \quad (p, n = 一定) \tag{5.38}$$

のようにエンタルピーの変化に等しいということである．ここで (5.38) 式両辺の温度 T に関する変化率を計算すれば，定圧熱容量を

$$C_p(T,p,n) = \left.\frac{\delta Q}{dT}\right|_{p,\,n\ 一定} = \frac{\partial H(T,p,n)}{\partial T} \tag{5.39}$$

のように，温度 T，圧力 p，および物質量 n を独立変数にもつエンタルピー $H(T,p,n)$ から導出することができる．定圧熱容量は同じ変数をもつエントロピーから，以下のようにも導かれることを示してみよう：

$$C_p(T,p,n) = T\,\frac{\partial S(T,p,n)}{\partial T}. \tag{5.40}$$

導入　例題 5.4

以下の誘導に従って (5.40) 式を導け．登場する熱力学関数の独立変数は，すべて温度 T，圧力 p，および物質量 n であるとせよ．

(1)　ギブズの自由エネルギーの無限小変化 dG を，エンタルピー H，エントロピー S，および温度 T の無限小変化を用いて表せ．

(2)　ギブズの自由エネルギー $G(T,p,n)$ の温度 T に関する偏微分 $\frac{\partial G(T,p,n)}{\partial T}$ を，エンタルピー $H(T,p,n)$，エントロピー $S(T,p,n)$，および温度 T を使って表せ．

(3)　小問 (2) の答えから (5.40) 式を導け．

【解答】　(1)　ギブズの自由エネルギーは $G = U - TS + pV = H - TS$ である．よってその無限小変化は

$$dG = dH - S\,dT - T\,dS. \tag{5.41}$$

(2)　(5.41) 式に関して，圧力 p と物質量 n が一定の下での温度 T に関する変化率を考えると，以下の関係が導かれる：

$$\frac{\partial G(T,p,n)}{\partial T} = \frac{\partial H(T,p,n)}{\partial T} - S - T\,\frac{\partial S(T,p,n)}{\partial T}. \tag{5.42}$$

(3)　(5.30) 式の最初の式 $S = -\frac{\partial G(T,p,n)}{\partial T}$ を使って，(5.42) 式からエントロピー S を消去すると

$$\frac{\partial H(T,p,n)}{\partial T} = T\,\frac{\partial S(T,p,n)}{\partial T}. \tag{5.43}$$

(5.39) 式と (5.43) 式より

$$C_p = \frac{\partial H(T,p,n)}{\partial T} = T\,\frac{\partial S(T,p,n)}{\partial T}$$

が導かれる．これは (5.40) 式に他ならない．■

(5.40) 式を温度 T に関して積分すれば

$$S(T,p,n) = S(T_0,p,n) + \int_{T_0}^{T} \frac{C_p(T',p,n)}{T'}\,dT' \tag{5.44}$$

のように定圧熱容量からエントロピーを求める式が得られる．（ただし T_0 はエントロピーの基準点の温度である．）

5.6　熱力学関数の自然な変数

5.4節で，ギブズの自由エネルギーの“自然な変数”が温度T，圧力p，および物質量nであり，それらの微分からエントロピーS，体積V，および化学ポテンシャルμが導かれることを説明した．ヘルムホルツの自由エネルギーに関しては，(5.24)式（$dF = -S\,dT - p\,dV + \mu\,dn$）より，自然な変数は$T$，$V$，$n$であり，それらの微分から

$$S = -\frac{\partial F(T,V,n)}{\partial T}, \quad p = -\frac{\partial F(T,V,n)}{\partial V}, \quad \mu = \frac{\partial F(T,V,n)}{\partial n} \tag{5.45}$$

という関係式を得ることができる．他の熱力学関数についても自然な変数の組合せが何であるかを調べてみよう．

内部エネルギーの無限小変化は(5.25)式の$dU = T\,dS - p\,dV + \mu\,dn$である．よって自然な変数は$S$，$V$，$n$である．関数$U(S,V,n)$の全微分は一般に

$$dU = \frac{\partial U(S,V,n)}{\partial S}\,dS + \frac{\partial U(S,V,n)}{\partial V}\,dV + \frac{\partial U(S,V,n)}{\partial n}\,dn.$$

これと(5.25)式を比較すると，以下が導かれる：

$$T = \frac{\partial U(S,V,n)}{\partial S}, \quad p = -\frac{\partial U(S,V,n)}{\partial V}, \quad \mu = \frac{\partial U(S,V,n)}{\partial n}. \tag{5.46}$$

エントロピーSに関しては，(5.25)式を並べ替えると直ちに以下を得る：

$$dS = \frac{1}{T}\,dU + \frac{p}{T}\,dV - \frac{\mu}{T}\,dn. \tag{5.47}$$

エントロピーの自然な変数はU，V，nであり，それらの偏微分から，以下のように他の状態量が求まることになる：

$$\frac{\partial S(U,V,n)}{\partial U} = \frac{1}{T}, \quad \frac{\partial S(U,V,n)}{\partial V} = \frac{p}{T}, \quad \frac{\partial S(U,V,n)}{\partial n} = -\frac{\mu}{T}. \tag{5.48}$$

確認　例題 5.2

エンタルピーの自然な変数を求めよ．またそれらによる偏微分から，どのような状態量が得られるか答えよ．

【解答】 エンタルピーの定義式 (5.37) から

$$dH = d(U + pV) = dU + V\,dp + p\,dV.$$

(5.25) 式を代入して dU を消去すると

$$\begin{aligned} dH &= dU + V\,dp + p\,dV \\ &= T\,dS - p\,dV + \mu\,dn + V\,dp + p\,dV \\ \Longrightarrow\quad dH &= T\,dS + V\,dp + \mu\,dn. \end{aligned} \tag{5.49}$$

すなわちエンタルピーの自然な変数は，エントロピー S，圧力 p，および物質量 n である．またそれらによる微分から

$$\frac{\partial H(S,p,n)}{\partial S} = T, \quad \frac{\partial H(S,p,n)}{\partial p} = V, \quad \frac{\partial H(S,p,n)}{\partial n} = \mu \tag{5.50}$$

のように，温度 T，体積 V，および化学ポテンシャル μ が得られる． ■

T，p，μ の依存関係を表す公式を求めてみよう．

導入 例題 5.5

以下の**ギブズ–デュエムの関係**を示せ：

$$S\,dT - V\,dp + n\,d\mu = 0. \tag{5.51}$$

ヒント：(5.31) 式（$G = n\mu$）の無限小変化を考えよ．

【解答】 $G = n\mu$ の無限小変化は $dG = \mu\,dn + n\,d\mu$. この式と (5.28) 式を等しいとおくと (5.51) 式が得られる． ■

(5.51) 式より

$$d\mu = -\frac{S}{n}\,dT + \frac{V}{n}\,dp.$$

化学ポテンシャルを温度と圧力の関数 $\mu(T,p)$ と考える．すると

$$\frac{\partial \mu(T,p)}{\partial T} = -\frac{S}{n}, \quad \frac{\partial \mu(T,p)}{\partial p} = \frac{V}{n} \tag{5.52}$$

のように，$\mu(T,p)$ の T による偏微分から 1 モル当たりのエントロピー $\frac{S}{n}$ が，p による偏微分からは物質 1 モル当たりが占める体積 $\frac{V}{n}$ が導かれることになる．

熱力学関数と自然な変数のまとめ

熱力学関数の一覧

熱力学関数	記号と定義	自然な変数による全微分
内部エネルギー	U	$dU = T\,dS - p\,dV + \mu\,dn$
エントロピー	S	$dS = \frac{1}{T}\,dU + \frac{p}{T}\,dV - \frac{\mu}{T}\,dn$
ヘルムホルツの自由エネルギー	$F = U - TS$	$dF = -S\,dT - p\,dV + \mu\,dn$
ギブズの自由エネルギー	$G = F + pV$	$dG = -S\,dT + V\,dp + \mu\,dn$
エンタルピー	$H = U + pV$	$dH = T\,dS + V\,dp + \mu\,dn$

第5章　演習問題

5.1 【理想気体の断熱自由膨張】 導入例題 4.2 の小問 (1) で，理想気体が断熱自由膨張するときのエントロピー変化を求めた．膨張前後での内部エネルギー，エントロピー，およびヘルムホルツの自由エネルギーの変化を，利用可能なエネルギーの観点から説明せよ．

ヒント：気体が真空領域へ噴出するときの噴出音の発生などを無視することができれば，気体は外界に仕事をすることも，外界から仕事をされることもない．また断熱されているので外界と熱量の交換もない．つまり断熱自由膨張している間，気体の内部エネルギーは変化していない．

5.2 【マクスウェルの関係式】 熱力学関数について，偏微分を行う順番を交換しても結果は変わらないと仮定する．例えば温度 T，体積 V，および物質量 n を独立変数とするヘルムホルツ自由エネルギー $F(T,V,n)$ に対しては

$$\frac{\partial^2 F(T,V,n)}{\partial V \partial T} = \frac{\partial^2 F(T,V,n)}{\partial T \partial V} \tag{5.53}$$

が成立すると仮定する．(5.53) 式から，以下の関係式を導け：

$$\frac{\partial S(T,V,n)}{\partial V} = \frac{\partial p(T,V,n)}{\partial T}. \tag{5.54}$$

状態量の偏微分の間に成立する，このような関係式を一般に**マクスウェルの関係式**という．(5.54) 式の右辺は実験により測定できる量である．これによりエントロピーの体積依存性を決定することが可能になる♠1.

♠1 他方，エントロピーの温度依存性は，(4.19) 式を利用することで

$$\frac{\partial S(T,V,n)}{\partial T} = \frac{C_V}{T}$$

のように実験から決定することができる．

5.3 【マクスウェルの関係式を導く】 演習問題 5.2 を参考に，以下の関係式を導け：

(1)

$$\frac{\partial p(S,V,n)}{\partial S} = -\frac{\partial T(S,V,n)}{\partial V}, \tag{5.55}$$

(2)

$$\frac{\partial V(S,p,n)}{\partial S} = \frac{\partial T(S,p,n)}{\partial p}, \tag{5.56}$$

(3)

$$\frac{\partial S(T,p,n)}{\partial p} = -\frac{\partial V(T,p,n)}{\partial T}. \tag{5.57}$$

5.4 【理想気体の状態方程式】

(1)　内部エネルギーの体積依存性と圧力を関係付ける

$$\frac{\partial U(T,V,n)}{\partial V} = T\,\frac{\partial p(T,V,n)}{\partial T} - p(T,V,n) \tag{5.58}$$

という等式が成り立つことを示せ．

ヒント：$U(T,V,n) = TS(T,V,n) + F(T,V,n)$ の両辺を V で偏微分せよ．

(2)　温度 T，体積 V，圧力 p，および物質量 n の間に $pV = nRT$ という関係（R は定数）が成立する気体は，理想気体の性質を表す (2.2) 式

$$\frac{\partial U(T,V,n)}{\partial V} = 0 \tag{5.59}$$

を満たすことを示せ．

5.5 【定圧熱容量と定積熱容量の大小関係】 導入例題 2.3 では，理想気体の定圧熱容量 C_p と定積熱容量 C_V の間に

$$C_p \geq C_V \tag{5.60}$$

の関係があることを見た．ここで (5.60) 式の関係は，理想気体を含む気体一般に対しても成り立つことを，以下で順を追って証明してみよう．物質量 n は一定に保たれているものとせよ．すなわち物質量以外の状態量が 2 つ決定されれば，熱平衡状態は定まるものとする．

(1)　(1.32) 式で与えられる定圧熱容量 C_p と定積熱容量 C_V の一般的な関係式

$$C_p - C_V = \left\{ p + \left(\frac{\partial U}{\partial V}\right)_T \right\} \left(\frac{\partial V}{\partial T}\right)_p \tag{5.61}$$

の波括弧内 { } の式が以下のように書けることを示せ：

$$p + \left(\frac{\partial U}{\partial V}\right)_T = T\left(\frac{\partial p}{\partial T}\right)_V. \tag{5.62}$$

ヒント：(5.11) 式より $p = -\left(\frac{\partial F}{\partial V}\right)_T$ である．

(2)　次式が成り立つことを示せ：

$$\left(\frac{\partial p}{\partial T}\right)_V = -\left(\frac{\partial p}{\partial V}\right)_T \left(\frac{\partial V}{\partial T}\right)_p . \tag{5.63}$$

ヒント：第1章末の演習問題1.2で求めた偏微分の性質を表す(1.45)式と(1.47)式を利用せよ．

(3)　物質が安定に存在するには以下の不等式

$$\left(\frac{\partial p}{\partial V}\right)_T \leq 0 \tag{5.64}$$

が成り立たなければならないことを示せ．

ヒント：気体を入れたピストン付きのシリンダが大気圧下に置かれているとする．シリンダの内圧と外圧（大気圧）は等しく，ピストンは静止している．ここで(5.64)式が成立しないと仮定して，ピストンをわずかに引っ張ると何が起こるかを考えてみよ．

(4)　$C_p - C_V \geq 0$ であることを示せ．

第6章 エントロピー増大の法則と平衡状態

平衡状態に向かって変化する系の振る舞いを理解する．まず断熱系でのエントロピー増大の法則を学ぶ．断熱された系の状態変化が可逆であるか，不可逆であるかはこの法則により決定される．次に平衡状態に向かって変化している系の熱力学関数が増加するか，または減少するかを調べる．さらに平衡状態に到達していることを示す条件を学ぶ．最後にこれまで学んできた熱力学を応用して，固体，液体，そして気体に変化する水の三態（三相）の性質を理解する．

6.1 エントロピー増大の法則

エントロピー変化 dS は最大吸熱量 $\delta Q_{最大}$ を温度 T で割ったものである．実際の吸熱量 δQ は最大吸熱量以下 $\delta Q \leq \delta Q_{最大}$ であり，一般に以下の不等式が成り立つことになる：

$$dS = \frac{\delta Q_{最大}}{T} \geq \frac{\delta Q}{T}.$$

断熱変化の場合は $\delta Q = 0$ を代入して

$$\textbf{断熱変化の場合：} \quad dS \geq 0. \tag{6.1}$$

(6.1) 式は断熱変化におけるエントロピー変化の性質を表すものであり，**エントロピー増大の法則**とよばれる：

法則 6.1（エントロピー増大の法則） 断熱変化する系のエントロピーは，増加することはあっても減少することはない．

法則 6.1 を簡単な例を挙げて考えてみよう．断熱準静的な変化の軌跡を表す断熱線の上で，エントロピーは同じ値をもつ．このことを強調するため，断熱線のことを本節では「等エントロピー線」とよぶことにする．

導入 例題 6.1

ピストン付きの断熱容器に，定積熱容量が正の定数（$C_V > 0$）である気体を n モル閉じ込めた．以下の設問に答えよ．

(1)　図には気体の等エントロピー線が2本描かれている．それぞれがもつエントロピーの値は，図に示されたように S_1，および S_2 である．S_1 と S_2 の大小関係は $S_1 < S_2$ であることを示せ．

ヒント：エントロピーと定積熱容量を関連付ける (4.24) 式を使って S_2 を S_1 で表せ．

(2)　体積と物質量は同じで温度が異なる (T_1, V, n) の状態1と (T_2, V, n) の状態2を考える．$T_1 < T_2$ であれば小問 (1) の答えより $S(T_1, V, n) < S(T_2, V, n)$ である．エントロピー増大の法則によれば 状態2 → 状態1 の向きの変化，すなわち「最終的には体積と物質量は変化していないが，温度は低くなっている」ような断熱変化は実現できない．その逆の「最終的には体積と物質量は変化していないが，温度は上昇している」ような断熱変化は可能である．後者の断熱変化を実現するためには，具体的にどのようにすればよいかを考えよ．

【解答】　(1)　体積を V に固定したまま，温度を準静的に T_1 から T_2（$> T_1$）に上昇させると，(4.24) 式より

$$S_2 = S_1 + \int_{T_1}^{T_2} \frac{C_V}{T}\, dT = S_1 + C_V \ln \frac{T_2}{T_1}. \tag{6.2}$$

$C_V > 0$ かつ $T_1 < T_2$ より，$S_2 - S_1 = C_V \ln \frac{T_2}{T_1} > 0$ である．

(2)　例えば，図に示したように断熱容器に取り付けられたピストンを激しく動かせば，摩擦熱を発生させることができる．最後にピストンを最初の位置に戻せば，体積は初期状態と同じで温度は上昇している状態を作ることができる．

断熱された系に対して，以下の変化が可能であると仮定する：

$$(T, V, n) \xrightarrow{\text{断熱}} (T', V', n). \tag{6.3}$$

このとき初期状態と終状態を入れ替えた

$$(T', V', n) \xrightarrow{\text{断熱}} (T, V, n) \tag{6.4}$$

という変化を実現することも可能であれば，(6.3) 式の変化は可逆である．エントロピー増大の法則を使うと，断熱された系の状態変化が可逆であるか，そうでないかを知ることができる．

導入 例題 6.2

状態 (T, V, n) から状態 (T', V', n) への断熱変化が可逆

$$(T, V, n) \xleftrightarrow{\text{断熱}} (T', V', n) \tag{6.5}$$

であるための条件は，変化の前後でエントロピーが変化しないことである：

$$S(T, V, n) = S(T', V', n). \tag{6.6}$$

これをエントロピー増大の法則から示せ．

【解答】 (6.5) 式は，(6.3) 式と (6.4) 式の断熱変化が共に実現可能ということである．そのための条件はエントロピー増大の法則より

$$S(T, V, n) \le S(T', V', n) \quad \text{かつ} \quad S(T', V', n) \le S(T, V, n).$$

すなわち，可逆であるための条件は

$$S(T, V, n) = S(T', V', n)$$

ということである．■

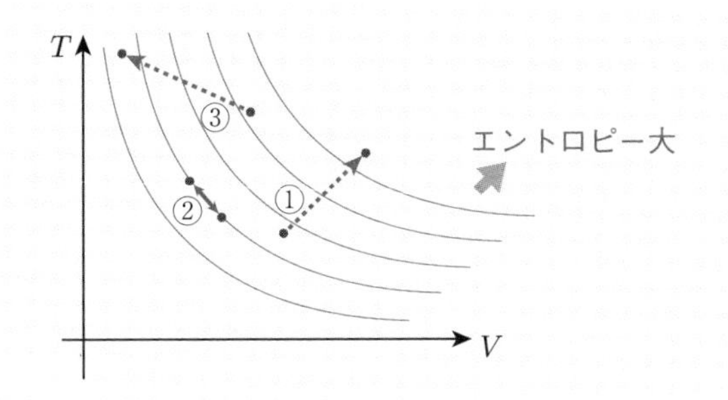

① 実現可能であるが不可逆な断熱変化．② 等エントロピー線に沿った可逆的な断熱変化．③ 実現不可能な断熱変化．

エントロピー増大の法則 6.1 により，断熱変化は以下の 3 種類に分類される：

(1)　**実現可能で不可逆な断熱変化（エントロピーは増加する）**

この場合は図の点線①のように，エントロピーの低い方から高い方に状態は変化することになる．これまでに見てきた例では

(a)　理想気体の断熱自由膨張 ♠[1]（導入例題 4.2）

(b)　異なる温度の固体の接触 ♠[2]（導入例題 4.3）

(c)　体積を変化させずに温度だけ上昇させる断熱変化（準静的ではない断熱変化の例，導入例題 6.1 (2)）

がこの場合に当てはまる．

(2)　**実現可能で可逆な断熱変化（エントロピーは変化しない）**

図の実線②で描かれた断熱準静的変化は，エントロピーが変化しない可逆な断熱変化である．

(3)　**実現不可能な断熱変化（エントロピーは減少する）**

矢印③のように，エントロピーが減少する向きに進むような断熱変化は実現

♠1　断熱自由膨張は本章末の演習問題 6.1 でもう一度考えてみることにする．

♠2　断熱変化が可逆か不可逆であるかの判定条件である (6.6) 式は，変化の前後でそれぞれ単一の温度を想定している．他方，導入例題 4.3 の固体の接触の例では，初期状態に異なる温度の物体が 2 つ存在している．ただこの場合も (6.6) 式による判定は可能である．なぜならば

$$(T_1, V_1, n_1), (T_2, V_2, n_2) \xrightarrow{\text{断熱準静的}} (T_1, V_1, n_1), (T_1, V_2', n_2)$$

のように断熱準静的変化を使って温度を統一してしまえば，エントロピーを変化させずに単一温度の系に変えられるからである．

できない．導入例題 6.1 で見た，体積と物質量を変えないで温度だけ下げるような断熱変化がこれに当てはまる．

等温準静的変化も逆行は可能である．ところで，カルノー熱機関の等温準静的膨張では，熱機関は δQ (>0) の熱量を温度 T の熱浴から受け取るため，エントロピーは $\frac{\delta Q}{T}$ (>0) だけ増加している．これはエントロピー増大の法則と矛盾しているのではないだろうか．

導入 例題 6.3

（カルノー熱機関の等温準静的変化）　可逆だけれども膨張時にエントロピーが増加するカルノー熱機関の等温準静的膨張は，エントロピー増大の法則と矛盾していないことを説明せよ．

【解答】　エントロピー増大の法則 6.1 は，「断熱系」ではエントロピーは等しいか増加することを言っている．カルノー熱機関の等温準静的膨張では熱機関と熱浴を合わせた合成系が 1 つの断熱系をなす．この合成系でエントロピー増大の法則 6.1 が成立するということである．熱機関は熱浴から δQ (>0) の熱を受け取り，エントロピーは $\frac{\delta Q}{T}$ だけ増加する．他方で熱浴は δQ の熱量を失ってエントロピーは $\frac{\delta Q}{T}$ だけ減少する（図）．よって合成系でのエントロピー変化は

$$\begin{aligned}\delta S &= \delta S_{\text{熱機関}} + \delta S_{\text{熱浴}} \\ &= \frac{\delta Q}{T} - \frac{\delta Q}{T} = 0\end{aligned}$$

のように零ということになり，エントロピー増大の法則 6.1 と矛盾しない．

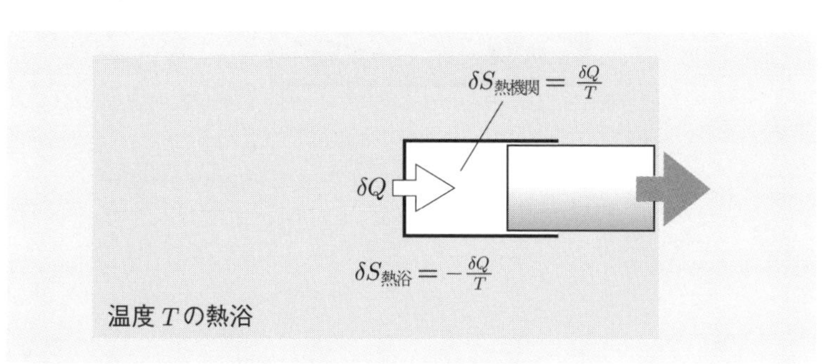

熱浴と熱機関を足したものが断熱系をなす．

6.2　平衡への緩和と平衡の条件

孤立系が熱平衡状態に緩和するとき，どのような変化が生じるかを調べてみよう．断熱された密閉容器に気体が入れられている．容器内は仕切りで 2 つの領域に分けられており，一方（領域 1）は温度，体積，物質量が (T, V_1, n_1)，他方（領域 2）は (T, V_2, n_2) でそれぞれ熱平衡状態にあった（図）．仕切りは

- 両側の圧力に差がある場合には，高圧側から低圧側にスライドする
- 両側で密度が異なる場合には，高密度側から低密度側に物質が透過できる部分がある

ように作られている．はじめ，仕切りには動かないようにストッパーがかけられており，物質も透過できないように蓋(ふた)がしてあった．このストッパーと蓋を除去すると，仕切りは圧力差のために動き出し，また濃度の違いに起因して物質が仕切りを透過し始めた．そしてしばらく待つと全体が平衡状態に落ち着いた．そのとき 2 つの領域の状態は，それぞれ (T, V_1', n_1') と (T, V_2', n_2') であった．

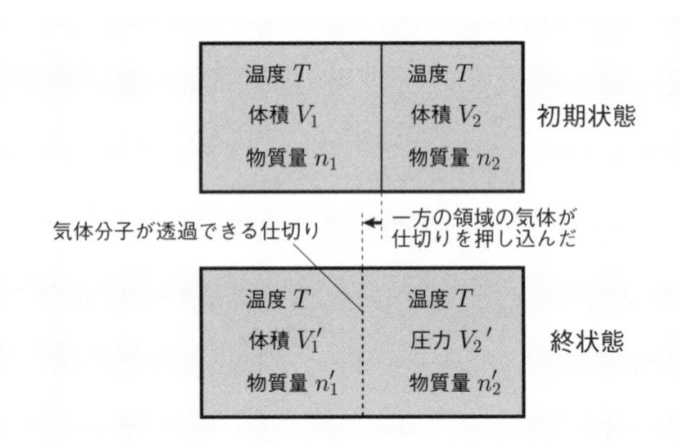

導入 例題 6.4

領域 1 と 2 のヘルムホルツの自由エネルギーを，それぞれ F_1 と F_2 で表す．初期状態と終状態での容器全体のヘルムホルツの自由エネルギーは，以下のように表される：

$$\textbf{初期状態：}\quad F_1(T,V_1,n_1)+F_2(T,V_2,n_2),$$

$$\textbf{終状態：}\quad F_1(T,V_1',n_1')+F_2(T,V_2',n_2').$$

全体のヘルムホルツの自由エネルギーは，終状態では初期状態と比べて大きくなっているか，それとも小さくなっているかを答えよ．

ヒント：5.2 節で説明したように，ヘルムホルツの自由エネルギーは外界にすることができる仕事の最大値であった．また今回，容器全体は孤立系である．すなわち外界から仕事をされていないし，外界に仕事をすることもない．熱量の受け渡しもない．全体の内部エネルギーは，初期状態から終状態まで一貫して一定のままである．

【解答】 初期状態で外界にすることができたはずの仕事は，終状態に緩和する間に失われることはあっても，増加することはあり得ない．すなわち終状態のヘルムホルツの自由エネルギーは，初期状態に比べると

$$F_1(T,V_1,n_1)+F_2(T,V_2,n_2)\geq F_1(T,V_1',n_1')+F_2(T,V_2',n_2') \tag{6.7}$$

のように等しいか，または減少していなければならない．■

“均一でない” ことは変化が起こるための “燃料” である．そして生じる変化を外界にする仕事に変換することが可能になる．圧力差により体積が増加すれば物体を押す力学的な仕事をする．温度や体積に変化がなくても濃度の違いがあるだけでも仕事をすることができる．例えば “塩漬け” は塩水の浸透圧[♠3]を利用した脱水という仕事を行っている．さらに海水と真水の浸透圧の違いを利用した発電も実用化に向けた研究が行われている．ただし物質の状態が一様な平衡状態に緩和してしまうと，仕事を取り出すことができなくなってしまう．すなわち，何らかの仕組みを通して取り出すことのできる最大仕事であるヘル

♠3 濃度の違いに起因して生じる圧力のこと．

ムホルツの自由エネルギーは，平衡状態への緩和で減少してしまうのである.

孤立系ではヘルムホルツの自由エネルギーは減少するということは，エントロピーは増大するということである．このことを確認してみよう.

確認 例題 6.1

導入例題 6.4 の緩和過程で，容器全体のエントロピーの増減について述べよ.

【解答】 導入例題 6.4 のヒントで指摘されているように，容器全体では内部エネルギー U は一定のままである．温度 T は一定であり，内部エネルギーの変化は零（$\Delta U = 0$）なので，ヘルムホルツの自由エネルギーの定義式 (5.9) より

$$\Delta F = \Delta(U - TS) = \Delta U - T\,\Delta S$$

$$\iff \quad \Delta S = -\frac{\Delta F}{T}. \tag{6.8}$$

導入例題 6.4 の答えより $\Delta F \leq 0$ であり，また $T > 0$ なので $\Delta S \geq 0$ である．すなわち容器全体のエントロピー S は緩和過程では等しいままか，または増加することになる. ■

それぞれが異なる温度で熱平衡状態にあった 2 つの物体が，接触して（熱的に相互作用すると）最終的に同じ温度に達すると，その間にエントロピーは増大することは既に見てきた．確認例題 6.1 は体積変化（力学的な相互作用）や物質の交換（化学的な相互作用）による緩和でも，最終的に達成される平衡状態ではエントロピーが増加する向きに進むことを示している．**孤立系のエントロピー S は平衡状態に向かう間に減少することはない**のである.

それでは「平衡状態に達しているかどうか」はどのように判定すればよいだろうか．平衡状態にあるための条件を求めてみよう．n モルの気体が体積 V に固定された断熱容器に入れられている．内部エネルギーは U とする．この孤立系を 2 つの領域に仮想的に分割してみる（図）．このとき，共に平衡状態にある一方の領域（領域 1）と残りの領域（領域 2）は

$$\bigl\{(U_1^*, V_1^*, n_1^*),\ (U_2^*, V_2^*, n_2^*)\bigr\} \tag{6.9}$$

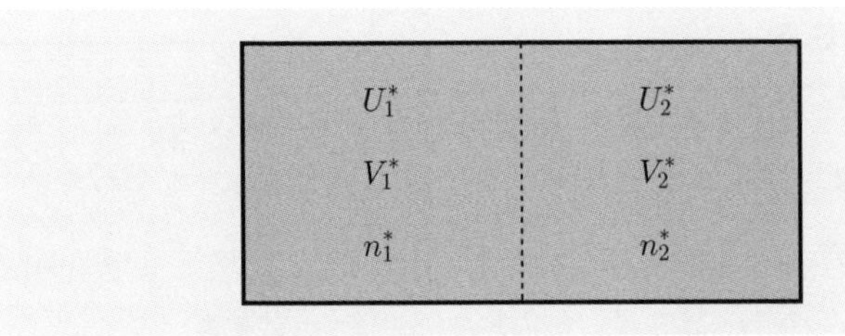

平衡状態にある孤立系を仮想的に 2 つの領域に分割する.

という状態にあったとする．(6.9) 式内の 6 つの量 U_1^*，V_1^*，n_1^*，U_2^*，V_2^*，n_2^* は，孤立系全体の内部エネルギー U，体積 V および物質量 n（U，V，n はいずれも定数）と，以下の関係にあることになる：

$$U = U_1^* + U_2^*, \quad V = V_1^* + V_2^*, \quad n = n_1^* + n_2^*. \tag{6.10}$$

ここで内部エネルギーの値だけが平衡状態の値からずれた

$$\{(U_1, V_1^*, n_1^*),\ (U - U_1, V_2^*, n_2^*)\} \tag{6.11}$$

という状態を考えてみよう．全系の内部エネルギーは U で一定なので, (6.11) 式では領域 2 の内部エネルギー U_2 を $U_2 = U - U_1$ としている．S_1 を領域 1，S_2 を領域 2 のエントロピーとすると，全系のエントロピーは

$$S_1(U_1, V_1^*, n_1^*) + S_2(U - U_1, V_2^*, n_2^*) \tag{6.12}$$

のように表すことができる．(6.11) 式の状態を放置すると，孤立系は (6.9) 式で表される平衡状態に戻り，その過程でエントロピーは増加する．変数 U_1 が平衡状態である $U_1 = U_1^*$ から正の向きにずれても，負の向きにずれてもエントロピーは減少することになる．言い換えると (6.12) 式は $U_1 = U_1^*$ で最大値をとるということである．**エントロピーは平衡状態で最大値をとる**のである．

導入 例題 6.5

平衡状態にある条件を求めてみよう．以下の設問に答えよ．

(1) (6.12) 式のエントロピーは $U_1 = U_1^*$ で最大である．すなわち

$$\frac{\partial}{\partial U_1}\left\{S_1(U_1, V_1^*, n_1^*) + S_2(U - U_1, V_2^*, n_2^*)\right\}\bigg|_{U_1=U_1^*} = 0. \quad (6.13)$$

(6.13) 式が平衡状態であることの条件式である．この条件式は

$$\frac{\partial S_1(U_1, V_1^*, n_1^*)}{\partial U_1}\bigg|_{U_1=U_1^*} = \frac{\partial S_2(U_2, V_2^*, n_2^*)}{\partial U_2}\bigg|_{U_2=U_2^*} \quad (6.14)$$

と同じであることを示せ．

(2) (6.14) 式の条件は**熱平衡状態では領域1と領域2の温度が等しい**，と言い換えることができることを示せ．

【解答】 (1) 全体の内部エネルギー U は定数であり，領域1と2のそれぞれの内部エネルギーである U_1 と U_2 は，$U = U_1 + U_2$ の関係を保つ．すると (6.13) 式左辺の S_2 に関する項は

$$\frac{\partial}{\partial U_1} S_2(U - U_1, V_2^*, n_2^*)\bigg|_{U_1=U_1^*} = -\frac{\partial S_2(U_2, V_2^*, n_2^*)}{\partial U_2}\bigg|_{U_2=U_2^*} \quad (6.15)$$

のように変数 U_2 の微分で書けることになる．($U_2 = U - U_1$ の関係より U_1 の微分から U_2 の微分に変更することで符号が変わることと，$U_1 = U_1^*$ のとき $U_2 = U_2^*$ であることを使った.）ここで (6.15) 式を (6.13) 式に代入すれば，(6.14) 式を得ることができる．

(2) 平衡状態に達した後の領域1の温度を T_1^*，領域2の温度を T_2^* とすると，エントロピー $S(U, V, n)$ から温度を求める式 (5.48) より

$$\frac{\partial S_1(U_1, V_1^*, n_1^*)}{\partial U_1}\bigg|_{U_1=U_1^*} = \frac{1}{T_1^*}, \quad \frac{\partial S_2(U_2, V_2^*, n_2^*)}{\partial U_2}\bigg|_{U_2=U_2^*} = \frac{1}{T_2^*}.$$

つまり平衡の条件式 (6.14) は $T_1^* = T_2^*$ と同じである． ■

導入例題 6.5 により「熱平衡状態にある系を2つの領域に分割したとき，それぞれの領域の温度は等しい」ことが示された．どこで分割したとしても同じ結論なので，これは**熱平衡状態にある系はいたるところで温度が等しい**という

ことを意味しているのである．

体積 V に関する平衡の条件を同様の考えで求めると，以下が導かれる：

$$\left.\frac{\partial S_1(U_1^*, V_1, n_1^*)}{\partial V_1}\right|_{V_1=V_1^*} = \left.\frac{\partial S_2(U_2^*, V_2, n_2^*)}{\partial V_2}\right|_{V_2=V_2^*}. \tag{6.16}$$

領域 1 と 2 の温度と圧力をそれぞれ (T_1, p_1) と (T_2, p_2) とすれば，(6.16) 式は (5.48) 式より，以下と同等である：

$$\frac{p_1}{T_1} = \frac{p_2}{T_2}. \tag{6.17}$$

同様に物質量 n に関する平衡の条件は

$$\left.\frac{\partial S_1(U_1^*, V_1^*, n_1)}{\partial n_1}\right|_{n_1=n_1^*} = \left.\frac{\partial S_2(U_2^*, V_2^*, n_2)}{\partial n_2}\right|_{n_2=n_2^*},$$

または領域 1 と 2 の化学ポテンシャルをそれぞれ μ_1 と μ_2 とすれば

$$\frac{\mu_1}{T_1} = \frac{\mu_2}{T_2} \tag{6.18}$$

ということになる．以上より，領域 1 と 2 が平衡に達している条件は

$$T_1 = T_2, \quad p_1 = p_2, \quad \mu_1 = \mu_2 \tag{6.19}$$

が成立しているということである．**平衡状態にある系はいたるところで温度，圧力，および化学ポテンシャルが等しい**のである．すなわち

温度が等しい $\Longrightarrow$ **熱的平衡**

圧力が等しい $\Longrightarrow$ **力学的平衡**

化学ポテンシャルが等しい $\Longrightarrow$ **化学的平衡**

ということである．

ここまでは孤立系に話を限定してきた．ここでエネルギーや物質が系に流れ込むとき，熱力学関数がどう変化するかを見てみよう．特にヘルムホルツの自由エネルギー $F(T, V, n)$ と，ギブズの自由エネルギー $G(T, p, n)$ に注目する．これらは自然な変数が温度 T，体積 V，および圧力 p といった測定可能な物理量であるため，熱力学関数の中でもとりわけ実用的な存在なのである．

熱力学第 1 法則 $dU = \delta Q - p\,dV + \mu\,dn$ を考える．ここに現れる吸熱量 δQ は最大吸熱量 $\delta Q_{最大}$（$= T\,dS$）以下なので，一般には以下の不等式が成り立つことになる：

$$dU \leq T\,dS - p\,dV + \mu\,dn. \tag{6.20}$$

導入 例題 6.6

(6.20) 式は熱平衡状態に緩和する間に，物理量 U，S，V，n に生じる変化量の関係を表している．以下の設問に答えよ．

(1) (6.20) 式から dU を消去し，ヘルムホルツの自由エネルギーの無限小変化 dF に関する不等式に書き換えよ．

ヒント：$F = U - TS$ の無限小変化を使え．

(2) 温度 T，体積 V，および物質量 n が一定の条件下では，系の状態はヘルムホルツの自由エネルギー F が減少する向きに変化することを示せ．すなわち**等温等積下ではヘルムホルツの自由エネルギーが最小値の状態が熱平衡状態として実現される**ということである．

(3) 温度 T，圧力 p，および物質量 n が一定の条件下では，系の状態はギブズの自由エネルギー G $(= U - TS + pV)$ が減少する向きに変化することを示せ．すなわち**等温等圧下ではギブズの自由エネルギーが最小値の状態が熱平衡状態として実現される**ということである．

【解答】 (1) $F = U - TS$ の無限小変化は $dF = dU - S\,dT - T\,dS$ である．この式と不等式 (6.20) を使うと

$$
\begin{aligned}
dF &= dU - S\,dT - T\,dS \\
&\leq T\,dS - p\,dV + \mu\,dn - S\,dT - T\,dS \\
\Longrightarrow \quad dF &\leq -S\,dT - p\,dV + \mu\,dn.
\end{aligned}
\tag{6.21}
$$

(2) 温度 T，体積 V，および物質量 n が一定の条件下では，$dT = dV = dn = 0$ である．このとき (6.21) 式より $dF \leq 0$ である．これはヘルムホルツの自由エネルギーは等しいままか，減少することを表している．

(3) ギブズの自由エネルギーの微小変化は

$$
dG = dU - S\,dT - T\,dS + V\,dp + p\,dV.
$$

ここで不等式 (6.20) を使うと

$$
\begin{aligned}
dG &\leq T\,dS - p\,dV + \mu\,dn - S\,dT - T\,dS + V\,dp + p\,dV \\
\Longrightarrow \quad dG &\leq -S\,dT + V\,dp + \mu\,dn.
\end{aligned}
\tag{6.22}
$$

温度 T，圧力 p，および物質量 n が一定の条件下では，$dT = dp = dn = 0$ であり，このとき (6.22) 式より $dG \leq 0$ である．■

平衡への緩和と平衡の条件のまとめ

- 熱平衡状態に向かう間の，熱力学関数の変化：
  - 孤立系，断熱変化
    エントロピーは変化しないか増加し（$dS \geq 0$），
    平衡状態で最大値に達する．
  - 等温等積変化
    ヘルムホルツの自由エネルギーは変化しないか減少し（$dF \leq 0$），
    平衡状態で最小値に達する．
  - 等温等圧変化
    ギブズの自由エネルギーは変化しないか減少し（$dG \leq 0$），
    平衡状態で最小値に達する．
- 物質が熱平衡状態に到達すると：
  温度，圧力，および化学ポテンシャルは物質全体で均一になる．

6.3 水の相転移

我々のよく知る水（H_2O）は条件に応じて，氷，（液体の）水，そして水蒸気へと形態を変える．物質の物理的な構造や性質が区別される状態のことを熱力学では**相**とよぶ．氷を**固相**，液体の水を**液相**，水蒸気を**気相**のようにいう．そして相が変化することを**相転移**とよぶ．ここまでに学んだ熱力学を使って，水の 3 つの相と相転移における特徴を調べてみよう．

まずは馴染みのある大気圧下での水の振る舞いを考えてみよう．水を張った容器を冷蔵庫の冷凍室に入れてしばらく待つと，容器内の水はすべて氷に変わる．大気圧下，常温での熱平衡状態は水（液相）であったものが，冷凍室内の温度では氷（固相）の方が**安定**に存在できるということである．いずれの場合も等温等圧下で実現される熱平衡状態である．前節で学んだ熱力学関数の観点からいえば，ギブズの自由エネルギー，または (5.31) 式が示すように 1 モル当たりのギブズの自由エネルギーである化学ポテンシャルが最小値をとる状態が実現される．すなわち常温領域では水の化学ポテンシャル $\mu_{水}$ の方が，氷の化

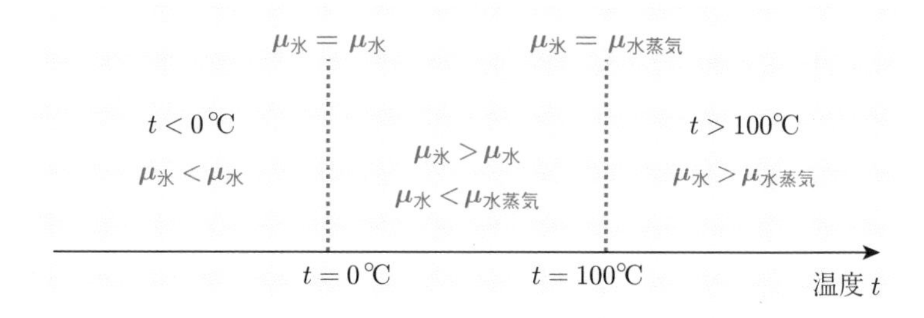

大気圧下における水の化学ポテンシャルの変化

学ポテンシャル $\mu_{氷}$ よりも小さい（$\mu_{氷} > \mu_{水}$）ということである．反対に 0 ℃以下になると，$\mu_{氷} < \mu_{水}$ のように化学ポテンシャルの大小関係が反転し，水よりも氷の方が安定に存在できるように変わる．

図は大気圧下での 3 つの相の化学ポテンシャルの大小関係を表したものである．氷点下から温度を上げていき，ちょうど 0 ℃になると氷と水の化学ポテンシャルは一致（$\mu_{氷} = \mu_{水}$）し，氷と水は**共存**できることになる．温度をさらに上げていくと $\mu_{氷} > \mu_{水}$ のように逆転して液相の状態の方が安定になり，それが 100 ℃まで続く．そして 100 ℃を超えると，今度は水に代わって水蒸気が安定になるのである．

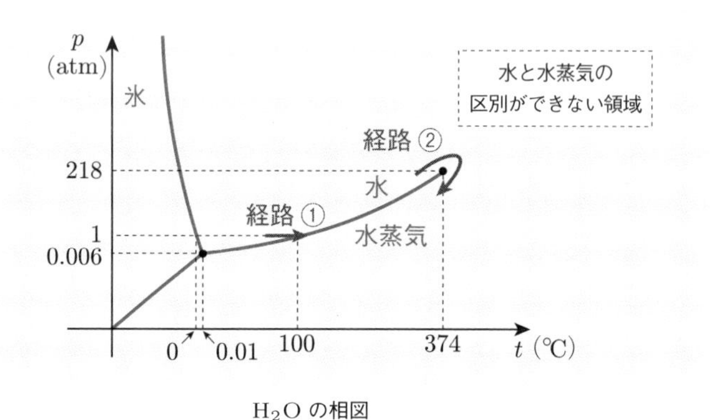

H_2O の相図

図は温度 t と圧力 p の両方が変わるときに実現される水の相を表した**相図**である ♠4．固相は主に低温，液相は主に高温高圧，気相は主に低圧の領域で安定

♠4 絶対温度でなく摂氏温度で表しているので小文字 t を用いた．

的に存在できることがわかる．2 つの相を分ける線は**共存線**とよばれる．例えば，氷と水の領域を分ける共存線の位置にある温度と圧力を選べば，氷と水が共に存在できる環境を作ることができる．大気圧下の摂氏零度（0 °C, 1 atm）も，この線上に乗っている．また 3 本の共存線が交わる状態（0.01 °C, 0.006 atm）は，3 つの相が等しく共存できる点を表しており **3 重点**とよばれる．

導入　例題 6.7

2 相が共存できる状態は t–p 平面上の<u>線</u>で，3 相が共存できる状態は t–p 平面上の<u>点</u>で表される理由を述べよ．

【解答】　例えば液相と気相の 2 相が共存できるための条件は以下である：

$$\mu_{\text{液相}}(t,p) = \mu_{\text{気相}}(t,p). \tag{6.23}$$

(6.23) 式から圧力 p の温度依存性 $p(t)$ が決定される．この $p(t)$ で決まる曲線 $p = p(t)$ 上で 2 相が共存できることになる．3 相が共存できるための条件は

$$\mu_{\text{固相}}(t,p) = \mu_{\text{液相}}(t,p) = \mu_{\text{気相}}(t,p) \tag{6.24}$$

である．式が 2 つあるので $\mu_{\text{固相}}(t,p) = \mu_{\text{液相}}(t,p)$ と $\mu_{\text{液相}}(t,p) = \mu_{\text{気相}}(t,p)$ の関係から決まる 2 つの共存線の交点として，3 重点が t–p 平面上の 1 点として決定される．■

相図に再び目を向けよう．我々が日常生活で見る水の沸騰は，相図の経路①に沿った状態変化により，水が 100 °C に達して気化が始まるものである．大気圧よりも圧力が高くなれば，沸点も上昇することが共存線を追うことで確認できる．圧力をさらに上げていくと，液相と気相の領域を分ける共存線は，途中でぷっつりと切れていることが見てとれる．共存線が切れる位置は**臨界点**とよばれている．臨界点が存在しているため，経路②のように最初は水であったものが，次第に水だか水蒸気だか区別のつかない状態に変化し，いつの間にか水蒸気になっていた，という相の変化も可能になる．自由に動き回る H_2O 分子がバラバラに集まって構成されているのが水と水蒸気であり，物質としてそれらは似たもの，大した違いはないことの現れが臨界点の存在なのである．他方，氷は規則性のある結晶構造をもっていて，水や水蒸気とは質的に異なっている．固相と液相の領域を分ける共存線は，切れずに伸び続いていると考えられている．

共存線の傾き $\frac{dp}{dT}$ と状態量を結び付つける公式を導いてみよう．図は液相と気相の共存線を拡大したものである．左側の液相側から右側の気相の方に共存線を越えると沸騰が起こる．このとき化学ポテンシャル，圧力，および温度は連続的に変化する．他方，体積は急激に（不連続に）変化することになる．共存線上の2点，(T,p) と $(T+dT,p+dp)$ での化学ポテンシャルの変化量を調べることにする．ただし温度をさらに ε だけずらした位置での変化量を考える．化学ポテンシャルの無限小変化は

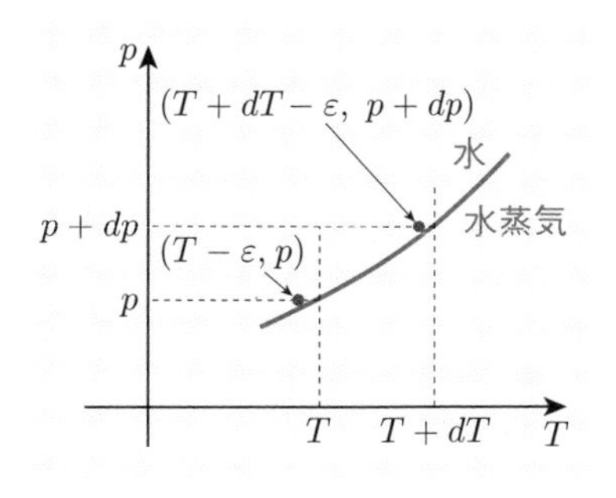

$$\begin{aligned} d\mu &= \mu(T+dT-\varepsilon, p+dp) - \mu(T-\varepsilon, p) \\ &= \frac{\partial \mu(T-\varepsilon, p)}{\partial T}\, dT + \frac{\partial \mu(T-\varepsilon, p)}{\partial p}\, dp. \end{aligned} \tag{6.25}$$

(6.25) 式について，ε を正の側から零に近付ければ，共存線の液相側での化学ポテンシャルの無限小変化 $\lim_{\varepsilon\searrow 0} d\mu = d\mu_{液相}$ が求まることになる．化学ポテンシャルの微分は (5.52) 式より $\frac{\partial \mu(T,p)}{\partial T} = -s$ $\frac{\partial \mu(T,p)}{\partial p} = v$ のように1モル当たりのエントロピー s と体積 v を与えるので，沸騰直前にある液相の1モル当たりのエントロピーを $s_{液相}$，1モル当たりが占める体積を $v_{液相}$ とすれば，(6.25) 式より

$$\begin{aligned} \lim_{\varepsilon\searrow 0} d\mu &= \lim_{\varepsilon\searrow 0} \left\{ \frac{\partial \mu(T-\varepsilon, p)}{\partial T}\, dT + \frac{\partial \mu(T-\varepsilon, p)}{\partial p}\, dp \right\} \\ \Longrightarrow \quad & d\mu_{液相} = -s_{液相}\, dT + v_{液相}\, dp. \end{aligned} \tag{6.26}$$

同様に ε を負の側から零に近付ければ，沸騰直後の気相の1モル当たりのエントロピーを $s_{気相}$，1モル当たりが占める体積を $v_{気相}$ として以下が求まる：

$$d\mu_{気相} = -s_{気相}\, dT + v_{気相}\, dp. \tag{6.27}$$

共存線上では化学ポテンシャルは等しい（$d\mu_{水} = d\mu_{水蒸気}$）ので，(6.26) 式と (6.27) 式を等しいとおけば，以下の関係式が得られる：

$$\frac{dp}{dT} = \frac{s_{気相} - s_{液相}}{v_{気相} - v_{液相}}. \tag{6.28}$$

(6.28) 式を**クラウジウス–クラペイロンの式**とよぶ．(6.28) 式右辺の分母分子

それぞれに温度 T をかけると，クラウジウス–クラペイロンの式を以下のように書き換えることができる：

$$\frac{dp}{dT}=\frac{T(s_{\text{気相}}-s_{\text{液相}})}{T(v_{\text{気相}}-v_{\text{液相}})}=\frac{\Delta h_{\text{蒸発}}}{T(v_{\text{気相}}-v_{\text{液相}})}, \quad \text{ただし} \quad \Delta h_{\text{蒸発}}=T\left(s_{\text{気相}}-s_{\text{液相}}\right). \tag{6.29}$$

$\Delta h_{\text{蒸発}}$ は**蒸発エンタルピー**または**蒸発熱**とよばれる．

導入 例題 6.8

蒸発エンタルピー $\Delta h_{\text{蒸発}}$ は液体 1 モルが気化するときに外界から吸収する熱量を表すことを示せ．

【解答】 1 モルあたりのエンタルピーを h とする．導入例題 5.4 小問 (1) の答えで見たように $\mu=h-Ts$ の関係があるので，液相と気相の領域それぞれで

$$\mu_{\text{液相}}=h_{\text{液相}}-Ts_{\text{液相}}, \quad \mu_{\text{気相}}=h_{\text{気相}}-Ts_{\text{気相}}.$$

共存線上では化学ポテンシャルが等しい（$\mu_{\text{液相}}=\mu_{\text{気相}}$）ので，2 つの式を等しいとおけば

$$h_{\text{気相}}-h_{\text{液相}}=T\left(s_{\text{気相}}-s_{\text{液相}}\right).$$

これは蒸発エントロピー $\Delta h_{\text{蒸発}}$ に等しい．等圧力下では (5.38) 式で見たように，エンタルピーは外界から吸収する熱量を表す．すなわち $\Delta h_{\text{蒸発}}$ は，液相から気相へ相が変化するときに 1 モルの液体が外界から吸収する熱量である．■

蒸発熱のように相が変わるときに物質が外界から吸収したり，外界に放出する熱を**潜熱**とよぶ．夏の暑いときに打ち水をすると涼しく感じるのは，撒いた水が気化するときに周りから熱を奪うからである．

固相と液相の共存線に関するクラウジウス–クラペイロンの式も同様に求まる：

$$\frac{dp}{dT}=\frac{\Delta h_{\text{融解}}}{T(v_{\text{液相}}-v_{\text{固相}})}. \tag{6.30}$$

$\Delta h_{\text{融解}}$ は**融解エンタルピー**または**融解熱**とよばれ，固相が液相に変化するときに物質が外界から吸収する熱量である．氷が溶けて水になるときは，氷は正の熱量を外界から吸収する（$\Delta h_{\text{融解}}>0$）．また氷は水に比べるとわずかに膨張している（$v_{\text{水}}-v_{\text{氷}}<0$）．つまり氷と水に関しては，共存線は T–p 面で負の傾き $\frac{dp}{dT}<0$ をもつことになる．

第6章　演習問題

6.1 【理想気体の断熱自由膨張が不可逆であること】 理想気体の断熱自由膨張が不可逆であることを，V–T 面上での状態変化を見ながら理解してみよう．気体を初期状態 (T, V_0, n) から断熱自由膨張させたところ，(T, V, n) という熱平衡状態になったとする（図）．以下の設問に答えよ．

(1)　終状態 (T, V, n) から，断熱準静的圧縮により体積を初期状態の V_0 まで戻すと温度は T' になった．この間の状態変化の軌跡を実線で，また状態 (T', V_0, n) を黒丸で図に書き込め．

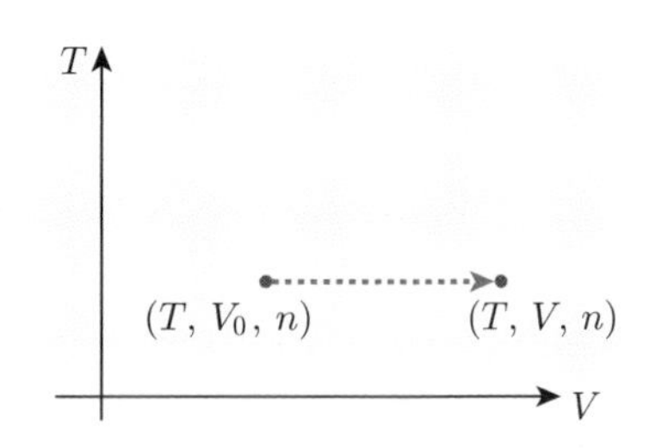

(2)　理想気体のように熱容量が正の定数であれば，導入例題 6.1 の (6.2) 式として求めたように，エントロピーは温度に関する単調増加関数になる：

$$T_1 < T_2 \quad のとき \quad S(T_1, V, n) < S(T_2, V, n). \tag{6.31}$$

小問 (1) の答えと (6.31) 式から，断熱自由膨張後のエントロピーは初期状態に比べて以下のように増加していることを示せ：

$$S(T, V_0, n) < S(T, V, n). \tag{6.32}$$

(3)　状態 (T', V_0, n) から初期状態である (T, V_0, n) に断熱的に変化させることができれば，断熱自由膨張は可逆ということになるが，そうすることは不可能である．その理由を説明せよ．

6.2 【沸点上昇】 クラウジウス–クラペイロンの式 (6.29) を使って，大気圧下（1 atm）で 100 °C の水の沸点が，圧力変化に伴ってどの程度変化するかを順を追って見積もってみよう．

(1)　1 モル分の水の質量 $m_{水}$ を求めよ．

ヒント：水素原子の原子量はほぼ 1，酸素原子はほぼ 16 である．原子量は物質量 1 モルのグラム数にほぼ等しい．

(2)　1 モル分の水の体積 $v_{水}$ と 100 °C の水蒸気の体積 $v_{水蒸気}$ を求めよ．水の密度は $\rho_{水} = 1.00 \times 10^3\ \mathrm{kg \cdot m^{-3}}$，100 °C の水蒸気では $\rho_{水蒸気} = 5.98 \times 10^{-1}\ \mathrm{kg \cdot m^{-3}}$ である．

(3)　大気圧下，100 °C での水と水蒸気の共存線の傾き $\frac{dp}{dT}$ を求めよ．蒸発エンタルピーは $\Delta h_{蒸発} = 4.07 \times 10^4\ \mathrm{J \cdot mol^{-1}}$ で計算せよ．

(4)　圧力を $\Delta p = 1\ \mathrm{atm}$ 上昇させたときの沸点の上昇温度 ΔT を，$\frac{\Delta p}{\Delta T} \simeq \frac{dp}{dT} \Longrightarrow \Delta T = \Delta p \div \frac{dp}{dT}$ として見積もれ．

第7章 統計力学の導入

統計力学は確率と統計を使って物理的な状態を理解する学問である．本書では，まずコイン投げを題材として確率と統計の基礎を勉強する．次に熱平衡状態にある物質のエネルギー分布を表すカノニカル分布を学ぶ．理想気体の状態方程式や単原子分子理想気体の内部エネルギーの表式が，カノニカル分布から導かれることになる．

7.1 コイン系の確率と統計

本節でコイン投げを題材にして確率と統計の基礎を説明する．コイン1枚を放り投げると転がったり，くるくる回転した後，最終的には表か裏を向いた状態で静止し続けることになる．この「表を向く」か「裏を向く」を（1枚の）コインが最終的にとる状態と見なすことにする．

いま複数のコインがあり，その数を N で表すことにする（N 枚のコイン系）．すべてのコインを放り投げた後，最終的に何枚のコインが表を向くかに注目してみよう．表を向くコインの数はコイン系全体がどのような状態にあるかを特徴付ける量の1つであり，これを「表コイン数」と言うことにする．$N=1$ では表か裏かの2通りの状態があるのに対して，$N=2$ では

状態	{表, 表}	{表, 裏}	{裏, 表}	{裏, 裏}
表コイン数	2	1	1	0

という合計4通りの状態が存在することになる．4つの内訳は表コイン数0と2がそれぞれ1通り，表コイン数1が2通りである．そして4つの組合せの中のいずれか1つが実現されることになる．

導入 例題 7.1

$N=3$ の場合に実現される可能性のあるすべての状態と，そのときの表コイン数を書き下せ．

【解答】 コイン1枚につき表か裏の2通りの状態が存在するので，$N=3$ では

以下に示すように合計 $2 \times 2 \times 2 = 8$ 通りの状態が存在することになる：

状態	{表, 表, 表}	{表, 表, 裏}	{表, 裏, 表}	{裏, 表, 表}
表コイン数	3	2	2	2
状態	{表, 裏, 裏}	{裏, 表, 裏}	{裏, 裏, 表}	{裏, 裏, 裏}
表コイン数	1	1	1	0

表コイン数 0 と 3 はそれぞれ 1 通り，表コイン数 1 と 2 はそれぞれ 3 通り存在していることになる． ■

表コイン数を記号 X で表すことにする．複数個のコインを放り投げると，“コインのそれぞれがどのように表か裏を向くか” が決まり，表コイン数はある値 $X = m$ に定まる．しかし，コインを実際に投げてみなければ X の値は定まらない．このような X を**確率変数**という．

$X = m$ になるような**確率**はどのように表されるだろうか．実物のコイン投げでは，表を向くか裏を向くかはほぼ “半々” で実現される．コインが表を向くか裏を向くかの確率は，共にほぼ $\frac{1}{2}$ ということである．ただし，ここからは話を一般化して「表を向く確率は p，裏を向く確率は q」であるようなコインが存在すると仮定する．コインが向くのは表か裏かのどちらかなので，それらの起こる確率の和は $p + q = 1$ ということになる．

このコイン N 個を放り投げるとする．このとき表コイン数 X は $0, 1, 2, \ldots, N$ のいずれかの値をとることになり，$X = m$ となる確率 $P_N(m)$ は以下の式で与えられる：

$$P_N(m) = \frac{N!}{m!\,(N-m)!}\, p^m\, q^{N-m} \quad (m = 0, 1, 2, \ldots, N). \tag{7.1}$$

ただし $N! = N \times (N-1) \times \cdots \times 2 \times 1$ であり，これは自然数 N の**階乗**とよばれる．（ただし $0! = 1$ とする．）表コイン数が m となる確率が m ごとにどのように分布しているかを表すものが (7.1) 式であり，これを**確率分布関数**，または単に**確率分布**とよぶ．特に (7.1) 式は確率 p で発生する事象が N 回中 m 回起こる確率を表すもので**二項分布**とよばれている．

例えば総コイン数が 2 $(N = 2)$ のときに，表コイン数が 2 $(m = 2)$ である確率は明らかに $p \times p = p^2$ である．これを (7.1) 式で表すと，$N = m = 2$ として

$$P_2(2) = \frac{2!}{2!\,(2-2)!}\, p^2\, q^{2-2} = p^2$$

ということになる．同様に $N=3$ のときに，$m=2$ である確率は，{ 表, 表, 裏 } の組合せが生じる確率が $p \times p \times q$，{ 表, 裏, 表 } が $p \times q \times p$，{ 裏, 表, 表 } が $q \times p \times p$ であり，それらの和である $3p^2q$ で与えられることになる．これが (7.1) 式では，$N=3$，$m=2$ として，以下のように求まる：

$$P_3(2) = \frac{3!}{2!\,(3-2)!}\,p^2\,q^{3-2} = 3p^2q.$$

以上より，二項分布の式のもつ意味は次のように解釈される：まず (7.1) 式右辺の最初の因子は，高校の数学で習った組合せの数

$${}_N\mathrm{C}_m = \frac{N!}{m!\,(N-m)!}$$

である．これは N 個のコインの中で m 個が表を向くときの組合せの数である．次に "表裏がある決まった並び" で実現される確率は $p^m q^{N-m}$ である．つまりそれら 2 つの積である (7.1) 式が N 個のコイン系で表コイン数が $X=m$ になる確率を与える，ということである．

導入 例題 7.2

二項分布の式 (7.1) を表コイン数がとり得る値のすべてについて，以下のように和をとると

$$\sum_{m=0}^{N} P_N(m) = 1$$

となることを示せ．一般に関数の和や積分が 1 になっているとき，**規格化**されているという．確率の総和は 1 でなければならないので，確率は規格化されていなければならないことになる．

ヒント：x，y を実数，n を自然数としたとき

$$(x+y)^n = \sum_{k=0}^{n} \frac{n!}{k!\,(n-k)!}\,x^{n-k}\,y^k \tag{7.2}$$

が成り立つ．(7.2) 式を**二項定理**とよぶ．

【解答】　二項定理の式を使うと，確率 $P_N(m)$ の和は

$$\sum_{m=0}^{N} P_N(m) = \sum_{m=0}^{N} \frac{N!}{m!\,(N-m)!}\,p^m\,q^{N-m} = (p+q)^N.$$

$p+q=1$ なので $(p+q)^N = 1^N = 1$ である．すなわち確率 $P_N(m)$ は規格化

されていることが示された. ■

最も出現しやすい表コイン数は

$$\langle m \rangle = \sum_{m=0}^{N} m\, P_N(m) \tag{7.3}$$

で与えられる**平均値**(**期待値**)である♠1. 1 枚のコインが表を出す確率は p なので, N 個あるコインの中で表を出す枚数は, 平均的に $\langle m \rangle = p \times N = pN$ であることが期待される. $N = 2$ であれば $\langle m \rangle = 2 \times p = 2p$ が期待される. これを (7.3) 式で計算すると

$$\begin{aligned} \langle m \rangle &= \sum_{m=0}^{2} mP_2(m) = 0 \times P_2(0) + 1 \times P_2(1) + 2 \times P_2(2) \\ &= 1 \times \frac{2!}{1!\,(2-1)!}\, p^1\, q^{2-1} + 2 \times \frac{2!}{2!\,(2-2)!}\, p^2\, q^{2-2} \\ &= 2pq + 2p^2 = 2p(q+p). \end{aligned}$$

ここで $p + q = 1$ を代入すれば, $\langle m \rangle = 2p$ を得る.

導入 例題 7.3

平均値を求める式 (7.3) に二項分布の式 (7.1) を代入して, 平均値が $\langle m \rangle = pN$ であることを確かめよ.

【解答】 平均値を求める式 (7.3) は

$$\langle m \rangle = \sum_{m=0}^{N} m\, P_N(m) = \sum_{m=0}^{N} m\, \frac{N!}{m!\,(N-m)!}\, p^m\, q^{N-m}.$$

$m = 0$ の項の寄与は $m \times P_N(m) = 0 \times P_N(0) = 0$ なので, 和を $m = 1$ から開始してもよいことになる. さらに $m \times \frac{1}{m!} = \frac{1}{(m-1)!}$, $N! = N \times (N-1)!$ と $p^m = p \times p^{m-1}$ を代入すると

$$\langle m \rangle = \sum_{m=1}^{N} \frac{N \times (N-1)!}{(m-1)!\,(N-m)!}\, p \times p^{m-1}\, q^{N-m}$$

♠1 $\langle m \rangle$ のように山括弧 $\langle\ \rangle$ で囲まれている記号は, 平均値を表すものとする.

$$= pN \sum_{m=1}^{N} \frac{(N-1)!}{(m-1)!\,(N-m)!}\, p^{m-1}\, q^{N-m}.$$

ここで新しい変数 $k = m - 1$ を導入すれば

$$\langle m \rangle = pN \left\{ \sum_{k=0}^{N-1} \frac{(N-1)!}{k!\,(N-1-k)!}\, p^{k}\, q^{N-1-k} \right\}. \tag{7.4}$$

(7.4) 式右辺の波括弧部分は二項定理により $(p+q)^{N-1}$ に等しい．よって $\langle m \rangle = pN(p+q)^{N-1}$．再び $p+q=1$ を代入すると，$\langle m \rangle = pN$ を得る．■

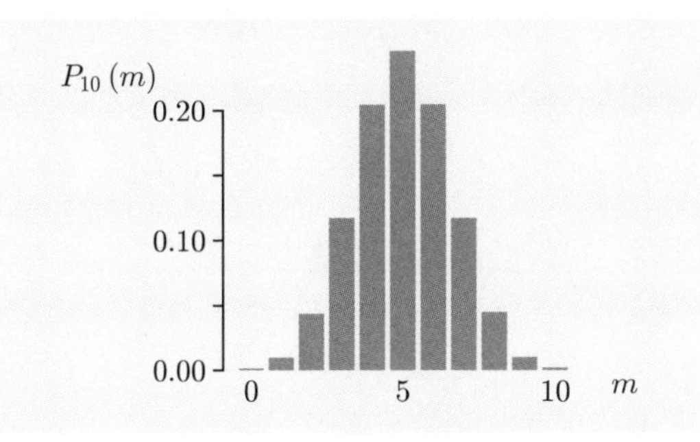

二項分布：$N = 10,\ p = q = \frac{1}{2}$

図に $N = 10$，$p = q = \frac{1}{2}$ の場合の確率分布関数 $P_{10}(m)$ を示す．$\langle m \rangle = 5$ に最大値をもち，$m = 5$ から離れるにつれて緩やかに減少する確率分布であることが確認できる．

実現される表コイン数は平均値である $\langle m \rangle = pN$ に近い値をとることが期待されるが，実際には平均値からずれた値も生じることになる．表コイン数は平均値を中心に揺らいでいるのである．**揺らぎ**の大きさを与える目安としては

$$\sigma^2 \equiv \left\langle (m - \langle m \rangle)^2 \right\rangle = \sum_{m=0}^{N} \bigl(m - \langle m \rangle\bigr)^2 P_N(m) \tag{7.5}$$

で定義される**分散**，または分散の平方根である**標準偏差**

$$\sigma \equiv \sqrt{\sigma^2} \tag{7.6}$$

が挙げられる．いずれの値も**平均値 $\langle m \rangle$ からのずれの大きさの平均値**を表す量である．分散は以下の式から具体的に求めることができる：

$$\sigma^2 = \langle m^2 \rangle - \langle m \rangle^2 . \tag{7.7}$$

分散は 2 乗の平均値 $\langle m^2 \rangle$ から平均値の 2 乗 $\langle m \rangle^2$ を引き算すれば求まる．なぜならば $\langle m \rangle$ は変数ではなく，ただの数であることを念頭におけば

$$\sigma^2 = \left\langle (m - \langle m \rangle)^2 \right\rangle = \left\langle m^2 - 2m \langle m \rangle + \langle m \rangle^2 \right\rangle$$
$$= \langle m^2 \rangle - 2 \langle m \rangle \langle m \rangle + \langle m \rangle^2 = \langle m^2 \rangle - \langle m \rangle^2$$

という計算が成り立つからである．2 乗の平均値は二項分布に関しては，

$$\langle m^2 \rangle = (pN)^2 + pqN \tag{7.8}$$

のように計算される♠2．すると分散と標準偏差はそれぞれ以下のように求まる：

$$\sigma^2 = \langle m^2 \rangle - \langle m \rangle^2 = (pN)^2 + pqN - (pN)^2$$
$$\iff \sigma^2 = pqN, \quad \sigma = \sqrt{pqN}. \tag{7.9}$$

分散 σ^2 や標準偏差 σ は，実現される状態が平均値の周りにどの程度“ばらついて”分布しているかの目安を与える．平均値と同じ単位をもつ標準偏差の大きさはコインの総数 N の平方根 $\sqrt{N}$ に比例しているので，平均値に対する“ばらつき具合”（標準偏差）の大きさは以下に示す程度ということになる：

$$\frac{\sigma}{\langle m \rangle} = \frac{\sqrt{pqN}}{pN} \sim \frac{1}{\sqrt{N}}.$$

これはコインの総数 N が大きくなると，実現される表コイン数は平均値 $\langle m \rangle = pN$ からはほとんどずれなくなることを表している．図に $N = 10^5$，$p = q = \frac{1}{2}$

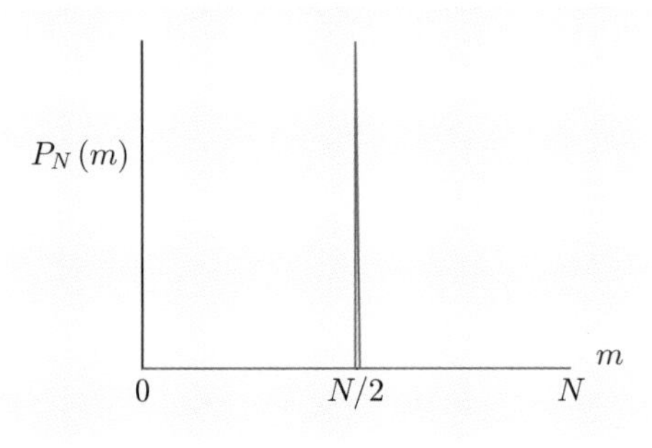

二項分布：$N = 10^5$，$p = q = \frac{1}{2}$

♠2 章末の演習問題 7.1 参照.

の場合の分布関数 $P_N(m)$ を示す．実現される表コイン数は平均値 $\langle m\rangle = \frac{N}{2}$ に集中していることが確認できる．

我々は今後アボガドロ定数程度（$\sim 10^{23}$）の分子からなる物質の性質を調べることになる．そこでコインの総数 N が非常に大きくなる場合についても考えてみることにしよう．図に $p = 0.6$ に対する $N = 64$ と $N = 1024$ の 2 つの二項分布を示す．N が増加するほどに確率分布の形は滑らかに変化することになる．そこでもともとは 0 から N の間の整数値であった m を，ここから先は連続的に変化するものと見なし，確率 $P_N(m)$ も m に対して滑らかに変化するものと仮定する．

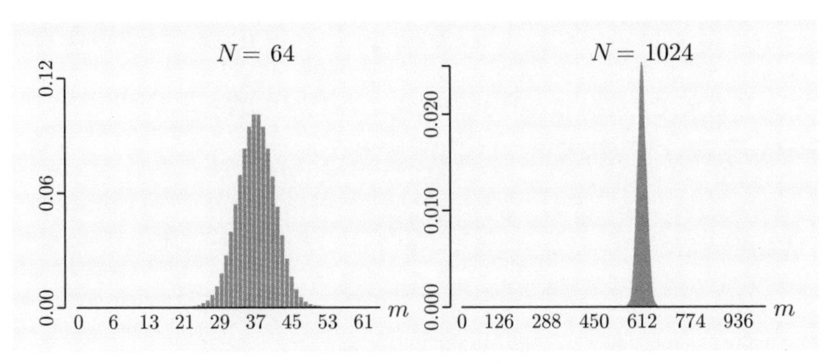

$p = 0.6$ の二項分布

大きな N を考えるので階乗 $N!$ はさらに莫大な数になる．このような場合は，階乗 $N!$ そのものよりもその対数をとる方が扱いやすい．このとき，以下の**スターリングの公式**とよばれる近似式が役に立つ：

$$\ln N! \simeq N \ln N - N. \tag{7.10}$$

この公式を使うと二項分布の式の対数は

$$\begin{aligned}
\ln P_N(m) &\simeq N\ln N - N - m\ln m + m - (N-m)\ln(N-m) + (N-m) \\
&\quad + m\ln p + (N-m)\ln q \\
&= N\ln N - m\ln m - (N-m)\ln(N-m) \\
&\quad + m\ln p + (N-m)\ln q
\end{aligned} \tag{7.11}$$

のように展開される．関数 $P_N(m)$ は平均値 $m = pN$ に鋭いピークをもつ関数であった．そこで $\ln P_N(m)$ を $m = pN$ の周りで，以下のように $(m - pN)$

の2次の項までテイラー展開した近似式として表してみる：

$$\ln P_N(m) = \ln P_N(pN) + \left.\frac{d}{dm}\ln P_N(m)\right|_{m=pN}(m-pN) + \frac{1}{2!}\left.\frac{d^2}{dm^2}\ln P_N(m)\right|_{m=pN}(m-pN)^2. \tag{7.12}$$

導入 例題 7.4

(7.12) 式について，以下の設問に答えよ．

(1) $\ln P_N(m)$ は $m = pN$ に最大値をもつので

$$\left.\frac{d}{dm}\ln P_N(m)\right|_{m=pN} = 0 \tag{7.13}$$

となるはずである．(7.13) 式が成立することを確認せよ．

(2) $\ln P_N(m)$ の2階微分を (7.12) 式に代入して，以下となることを導け：

$$P_N(m) = P_N(pN)\exp\left\{-\frac{(m-pN)^2}{2pqN}\right\}. \tag{7.14}$$

【解答】 (1) $\ln P_N(m)$ の導関数は (7.11) 式より

$$\frac{d}{dm}\ln P_N(m) = -\ln m + \ln(N-m) + \ln p - \ln q. \tag{7.15}$$

$m = pN$ と $1 - p = q$ を使うと

$$\left.\frac{d}{dm}\ln P_N(m)\right|_{m=pN} = -\ln pN + \ln(N-pN) + \ln p - \ln q$$
$$= \ln\frac{1-p}{p} + \ln\frac{p}{q} = \ln\frac{q}{p} + \ln\frac{p}{q} = 0.$$

(2) $\ln P_N(m)$ の2階微分は

$$\frac{d^2}{dm^2}\ln P_N(m) = -\frac{1}{m} - \frac{1}{N-m} = -\frac{N}{m(N-m)}. \tag{7.16}$$

よって

$$\left.\frac{d^2}{dm^2}\ln P_N(m)\right|_{m=pN} = -\frac{N}{pN(N-pN)} = -\frac{1}{p(1-p)N} = -\frac{1}{pqN}. \tag{7.17}$$

(7.13) 式と (7.17) 式を (7.12) 式に代入すると

$$\begin{aligned}\ln P_N(m) &= \ln P_N(pN) - \frac{(m-pN)^2}{2pqN} \\ &= \ln P_N(pN) + \ln\left[\exp\left\{-\frac{(m-pN)^2}{2pqN}\right\}\right] \\ &= \ln\left[P_N(pN)\exp\left\{-\frac{(m-pN)^2}{2pqN}\right\}\right].\end{aligned}$$

ここで両辺の指数関数をとれば (7.14) 式が導かれる. ■

ここで以下の新しい変数 x を導入する：

$$x = \frac{m-pN}{\sqrt{2pqN}}.$$

変数 x がとる範囲は，下限が $m=0$ のときの $x=-\sqrt{\frac{pN}{2q}}$ であり，上限は $m=N$ のときの $x=\sqrt{\frac{qN}{2p}}$ までである．この範囲は N が大きな値になるほど全範囲に広がっていくことになる．そこで $N \gg 1$ の場合を考えているので，x がとる範囲を負の無限大から正の無限大までの実数全体 $(-\infty,\infty)$ であると見なそう．これに伴って m の方も負の値を含む実数全体をとるものとする．この条件下で (7.14) 式を規格化してみよう．$P_N(pN)$ は定数なので，この値を改めて C とおき直すと，規格化の条件は以下の積分で与えられることになる：

$$\int_{-\infty}^{\infty} P_N(m)\,dm = \int_{-\infty}^{\infty} C\exp\left\{-\frac{(m-pN)^2}{2pqN}\right\}dm = 1. \tag{7.18}$$

(7.18) 式が満たされるように定数 C を決定すれば，連続変数 m に対する確率分布 $P_N(m)$ の具体的な関数形が求まることになる．

$$x = \frac{m-pN}{\sqrt{2pqN}} \quad\Longrightarrow\quad dm = \sqrt{2pqN}\,dx$$

の関係を使い，変数 x の積分に変換すると，(7.18) 式は

$$C\sqrt{2pqN}\int_{-\infty}^{\infty} e^{-x^2}\,dx = 1. \tag{7.19}$$

ここで，以下の**ガウス積分**♠3 の公式

$$I = \int_{-\infty}^{\infty} e^{-ax^2}\, dx = \sqrt{\frac{\pi}{a}} \tag{7.20}$$

で $a = 1$ とすれば，$\int_{-\infty}^{\infty} e^{-x^2}\, dx = \sqrt{\pi}$ なので，C は以下に決まる：

$$C = \frac{1}{\sqrt{2\pi pqN}}.$$

$\mu = pN$ および $\sigma^2 = pqN$ とおいて ♠4，これを (7.14) 式に代入すると

$$P_N(m) = \frac{1}{\sqrt{2\pi\sigma^2}} \exp\left\{-\frac{(m-\mu)^2}{2\sigma^2}\right\}. \tag{7.21}$$

変数 m が m と $m + dm$ の間の値をとる確率は $P_N(m)\, dm$ で与えられる．N が大きくなると二項分布は (7.21) 式に近付くことになる．(7.21) 式は平均 μ，分散 σ^2 の**正規分布**（または**ガウス分布**，**ガウシアン**）とよばれる．

和を計算して平均値を求めた二項分布に対して，正規分布の式 (7.21) では積分を使って平均値を計算することになる．例えば m と m^2 の平均値を求めるには，それぞれ以下の積分を計算すればよい：

$$\langle m \rangle = \int_{-\infty}^{\infty} m P_N(m)\, dm, \tag{7.22}$$

$$\langle m^2 \rangle = \int_{-\infty}^{\infty} m^2 P_N(m)\, dm. \tag{7.23}$$

実は (7.21) 式に現れる μ と σ^2 は，それぞれ正規分布の平均値と分散を表している．すなわち $\langle m \rangle = \mu$，$\langle m^2 \rangle = \sigma^2 + \mu^2$ ということである．

導入 例題 7.5

正規分布の平均値と分散に関して，以下の設問に答えよ．

(1) (7.22) 式の積分を計算して，$\langle m \rangle = \mu$ であることを示せ．

(2) (7.23) 式の積分を計算し，$\langle m^2 \rangle = \sigma^2 + \mu^2$ であることを示せ．

ヒント：巻末の積分公式 (D.10) を使え．

♠3 付録 D.2 参照．

♠4 μ は平均値を表す記号としてよく使われるものであり，化学ポテンシャルを表す μ とは無関係である．

【解答】　(1)　$x = m - \mu$ という変数を導入すると，(7.22) 式は

$$\begin{aligned}\langle m \rangle &= \frac{1}{\sqrt{2\pi\sigma^2}} \int_{-\infty}^{\infty} (x+\mu) \exp\left(-\frac{x^2}{2\sigma^2}\right) dx. \\ &= \frac{1}{\sqrt{2\pi\sigma^2}} \left\{ \int_{-\infty}^{\infty} x e^{-\frac{x^2}{2\sigma^2}}\, dx + \mu \int_{-\infty}^{\infty} e^{-\frac{x^2}{2\sigma^2}}\, dx \right\}. \end{aligned} \tag{7.24}$$

波括弧 $\{\}$ 内の第 1 項は奇関数 $xe^{-\frac{x^2}{2\sigma^2}}$ を全範囲で積分するので，その値は零である．残りの積分をガウス積分の公式 (7.20) を使って計算すると

$$\langle m \rangle = \frac{\mu}{\sqrt{2\pi\sigma^2}} \int_{-\infty}^{\infty} e^{-\frac{x^2}{2\sigma^2}}\, dx = \frac{\mu}{\sqrt{2\pi\sigma^2}} \sqrt{2\pi\sigma^2} = \mu.$$

(2)　小問 (1) と同様に変数 $x = m - \mu$ を導入すると，(7.23) 式は

$$\begin{aligned}\langle m^2 \rangle &= \frac{1}{\sqrt{2\pi\sigma^2}} \int_{-\infty}^{\infty} (x+\mu)^2 \exp\left(-\frac{x^2}{2\sigma^2}\right) dx \\ &= \frac{1}{\sqrt{2\pi\sigma^2}} \int_{-\infty}^{\infty} (x^2 + 2\mu x + \mu^2) e^{-\frac{x^2}{2\sigma^2}}\, dx. \end{aligned} \tag{7.25}$$

(7.25) 式の被積分関数のうち，x と指数関数の積を含む項は奇関数であり積分は零，μ^2 と指数関数の積の項は小問 (1) と同じ計算を行うと μ^2 を与える．残った x^2 と指数関数の積の積分は，積分公式 (D.10) を使うと

$$\begin{aligned}\langle m^2 \rangle &= \frac{1}{\sqrt{2\pi\sigma^2}} \int_{-\infty}^{\infty} x^2 e^{-\frac{x^2}{2\sigma^2}}\, dx + \mu^2 = \frac{1}{\sqrt{2\pi\sigma^2}} \times \frac{1}{2}\sqrt{(2\sigma^2)^3\pi} + \mu^2 \\ &= \sigma^2 + \mu^2 \end{aligned}$$

と計算される．■

コイン系の確率と統計のまとめ

- 二項分布の式 (7.1) は，確率 p で発生する事象が N 回中 m 回発生する確率を与える．
- コインの総数 N が大きな値になると，二項分布は (7.21) 式で与えられる正規分布という連続的な分布に近付く．
- 平均値は最も起こりやすい事象を，分散は平均値からのずれを表す量であり，その大きさは平均値も分散もコインの総数 N に比例する．

7.2 エネルギーと状態数

物質は**微視的**なサイズの原子や分子から構成される．統計力学では，これら小さな粒子のもつ個々の力学的状態に注目する．そして力学的な物理量の平均値を統計の手法を使って計算し，平衡状態にある物質全体の**巨視的**な状態量を導く．そのため熱力学で使っていた物質量 n の代わりに，これからは系に含まれる粒子数 N を使う．例えば第2章の (2.10) 式に示した n モルの単原子分子理想気体に対する内部エネルギーの表式は

$$U = \frac{3}{2}nRT = \frac{3}{2}Nk_{\mathrm{B}}T \tag{7.26}$$

のように粒子数 N を使った形に書き換えて使うことになる．(7.26) 式右辺に現れる定数 k_{B} は，以下で定義される**ボルツマン定数**である：

$$k_{\mathrm{B}} = 1.380649 \times 10^{-23}\ \mathrm{J \cdot K^{-1}}. \tag{7.27}$$

気体定数 R が1モル当たりの熱エネルギー（単原子分子理想気体の場合は1モルあたり $\frac{3}{2}RT$）を表すのに対して，ボルツマン定数は1粒子当たりの熱エネルギー $\frac{3}{2}k_{\mathrm{B}}T$ を表すための定数である．物質量 n，粒子数 N，気体定数 R，およびボルツマン定数 k_{B} は，アボガドロ定数 N_{A} を加えて

$$n = \frac{N}{N_{\mathrm{A}}}, \quad R = N_{\mathrm{A}}k_{\mathrm{B}}$$

のように関係付いていることになる．

今後，我々は粒子のもつ力学的エネルギーに注目する．本書は特に**自由粒子**を考えることにする．他の粒子と相互作用しない自由に運動できる粒子を自由粒子とよぶ．「他の粒子と相互作用しない」とは，他の粒子との衝突やクーロン力などによるポテンシャルエネルギーを考える必要がない場合を指す．すなわち，系の力学的エネルギーは運動エネルギーのことを指し，特に断らなければ単に「エネルギー」と記すことにする．

エネルギーを表す記号には E や，または添え字 l を付けた E_l といったものを使う．添え字を付けるのは

$$E_l = E_1,\ E_2,\ E_3,\ \ldots$$

のようにとびとびの離散的な値をもつ量子力学的なエネルギーを扱うためであ

る．**量子力学**とは，ニュートンの力学（**古典力学**）では説明できない超高温，極低温，または超高圧といった極端な状況にある現象を矛盾なく説明するために20世紀初頭に誕生した物理学の体系である．量子力学には

$$h = 6.62607015 \times 10^{-34} \quad (\mathrm{J \cdot s}), \tag{7.28}$$

またはそれを 2π で割った

$$\hbar = \frac{h}{2\pi} \tag{7.29}$$

という**プランク定数**とよばれる定数が登場する♠5．対象とする物理量のスケールが，プランク定数と同程度のスケールをもつときは量子力学を使わなければならない．物理量が連続的でないとびとびの値しかとらないとき，「(物理量は)**離散的**である」という．特に離散的なエネルギーの値のことを**エネルギー準位**とよぶ．記号 E_l の添え字 l は準位を表すレベル（level）の頭文字をとっている．古典力学では対象とする物理系として，プランク定数よりもずっと大きな物体を想定している．よって，物体のもつエネルギーはエネルギー準位の間隔に比べて非常に大きく，エネルギー値は連続的に変化できるものとして扱えるのである．今後，離散的なエネルギーを扱うときは添え字付きの記号 E_l を，連続的なエネルギーのときは E を使うことにする．

エネルギーが離散的であるという事実から**状態数**が定義できる．例えば，ある

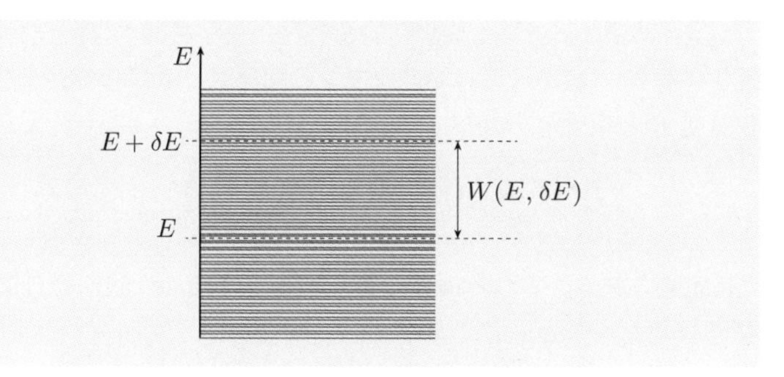

細い横線は密に分布するエネルギー準位を表す．エネルギー E〜$E+\delta E$ の区間に含まれるエネルギー準位の数 W は，このエネルギー範囲に含まれる状態の数（状態数）である．

♠5 h も $\hbar$ も共にプランク定数とよばれる．$\hbar$ は「エイチバー」や「エイチスラッシュ」などと発音される．

系のエネルギーが E から $E+\delta E$ の範囲にあるとする．すると，この範囲の中に存在するエネルギー準位の数を $W(E,\delta E)$ で表せば，$W(E,\delta E)$ は系のもつ状態の数（状態数）ということになる（図）．E 近傍のエネルギー準位の数密度のことを**状態密度** $D(E)$ とよぶ．状態密度 $D(E)$ を使うと，状態数 $W(E,\delta E)$ は以下のように表される：

$$W(E,\delta E) = D(E)\delta E. \tag{7.30}$$

エネルギー $E\sim E+\delta E$
体積 V
粒子数 N

熱平衡状態にある N 個の粒子からなる孤立系

統計力学では，エントロピーは状態数または状態密度の対数として定義される．図に示すように体積 V の断熱された容器に，N 個の粒子を閉じ込めたとする．この孤立系に含まれる粒子のエネルギーの和（熱力学の内部エネルギーにあたる）が E から $E+\delta E$ の間にあるとき，系のエントロピーは

$$S(E,V,N) = k_{\mathrm{B}} \ln W(E,\delta E,V,N) = k_{\mathrm{B}} \ln D(E,V,N) \tag{7.31}$$

と定義される♠6．(7.31) 式は**ボルツマンの関係式**とよばれる．また統計力学における温度 T と化学ポテンシャル μ は

$$\frac{\partial S(E,V,N)}{\partial E} = \frac{1}{T}, \quad \frac{\partial S(E,V,N)}{\partial N} = -\frac{\mu}{T} \tag{7.32}$$

のように定義される．これらは熱力学で勉強した (5.48) 式の物質量 n を粒子数 N に置き換えたものと同じである．

♠6 エネルギー準位の間隔は系の体積 V や粒子数 N にも依存するので，状態数や状態密度も $W(E,\delta E,V,N)$ や $D(E,V,N)$ のように体積や粒子数に依存する．また，(7.31) 式は正確には $\ln W = \ln D + \ln \delta E$ でなければならない．ただ，状態数と状態密度の対数 $\ln W$ や $\ln D$ は，共に粒子数 N（$\sim 10^{23}$）に比例するのに対して，たとえエネルギー幅が $\delta E \sim 10^{23}$ のように粒子数 N に比例する大きさであってもその対数の大きさは $\ln \delta E \sim 10^2$ 程度である．つまり $\ln \delta E$ は無視してよいのである．

7.3 カノニカル分布

体積 V の容器に入れられ，周りを熱浴ですっぽりと囲まれて温度 T の熱平衡状態にある気体をこれから考える（図）．容器と熱浴の間では，粒子の交換は生じないものとする[♠7]．気体は容器の表面を通して，容器の外側の熱浴から，あるときはエネルギー受け取り，またあるときは熱浴にエネルギーを取られる，というように系と熱浴は常にエネルギーを交換していると考える．つまり気体のエネルギーは時々刻々と変化していることになる．

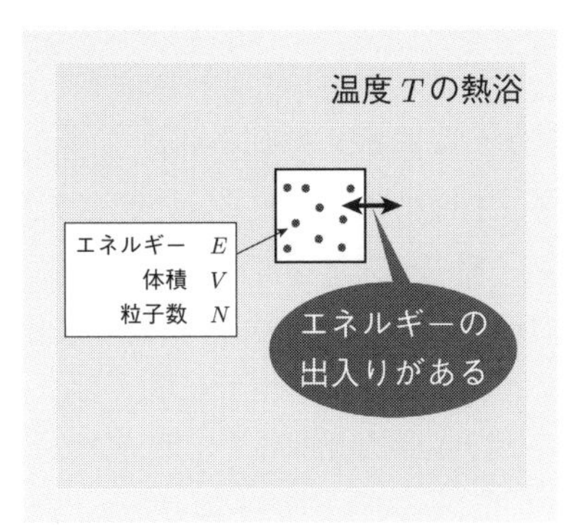

中央にある容器内の気体は，体積と粒子数は固定されているが，周りを囲まれた熱浴との間でエネルギーのやりとりがある．

まずは容器の中で質量 m の粒子が1つ（$N=1$）だけ運動している場合を考える（図）．ボルツマン定数と温度の積の逆数を

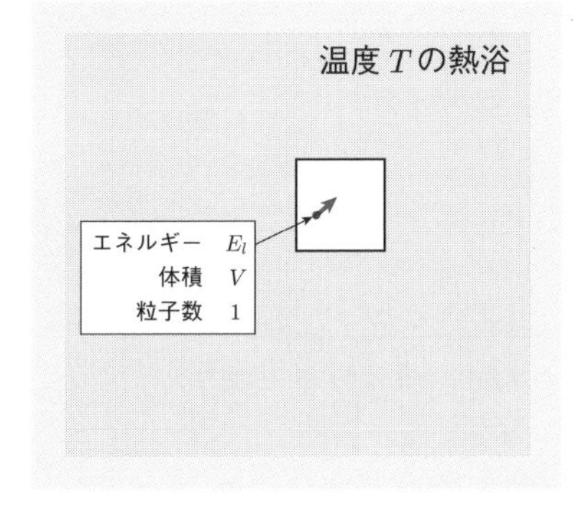

$$\beta = \frac{1}{k_{\mathrm{B}}T} \tag{7.33}$$

という記号（ベータ）で表すと，粒子がエネルギー E をもつ確率 $P(E)$ は

$$P(E) \propto e^{-\beta E} \tag{7.34}$$

という比例関係をもつ[♠8]．$e^{-\beta E}$ を**ボルツマン因子**とよぶ．$P(E)$ は確率を表すので，E がとり得るすべての値についての和は1になるように規格化されなければならない．具体的にはエネルギーが離散的な場合と連続的な場合とで，それぞれ以下のように定数 Z を設定して規格化を行う[♠9]：

♠7 熱浴との間で粒子も交換される場合は，次章で説明する．

♠8 付録B参照．

♠9 確率の規格化では，よく $P(E)=CD(E)\,e^{-\beta E}$ のような定数 C が設定されるけれども，統計力学では伝統的に (7.35) 式に見られる $\frac{1}{Z}$ という表記を使うことになっている．

$$P(E_l) = \frac{1}{Z}\, g(E_l)\, e^{-\beta E_l}, \quad P(E) = \frac{1}{Z}\, D(E)\, e^{-\beta E}. \tag{7.35}$$

(7.35) 式の形で与えられる確率分布を**カノニカル分布**，または**正準分布**とよぶ．$g(E_l)$ は系がエネルギー $E = E_l$ をとるときの状態の数（多重度）を表している．1つのエネルギー値に対して，複数の状態が存在していることを**縮退**とよぶ．縮退の簡単な例は既にコインの話で見ている．N 個のコイン系ではある表コイン数 m に対して，表裏の組合せが ${}_N\mathrm{C}_m = \frac{N!}{m!\,(N-m)!}$ 通りだけ存在していた．つまりエネルギー準位 E_l，多重度 $g(E_l)$，およびボルツマン因子 $e^{-\beta E_l}$ をコイン系と比べると，以下のように対応していることになる：

$$E_l \leftrightarrow m, \quad g(E_l) \leftrightarrow \frac{N!}{m!\,(N-m)!}, \quad e^{-\beta E_l} \leftrightarrow p^m q^{N-m}.$$

規格化のための定数 Z は離散的なエネルギーの場合は

$$Z = \sum_l g(E_l)\, e^{-\beta E_l} \tag{7.36}$$

のような和によって計算される．連続的なエネルギーの場合，定数 Z は

$$Z = \int D(E)\, e^{-\beta E}\, dE \tag{7.37}$$

のように積分で計算される．E から $E+dE$ の間にある状態の数である $D(E)\,dE$ をかけたボルツマン因子を，全範囲で積分すればよい．

Z の値が (7.36) 式，または (7.37) 式から決定されると，確率は

$$\sum_l P(E_l) = 1, \quad \int P(E)\, dE = 1$$

のように規格化される．規格化因子 Z はすべてのエネルギー状態の和であり**状態和**とよばれる．または，全体がどのような比率で E_l または E の状態に分けられるかを表すことから**分配関数**ともよばれている．

熱力学の内部エネルギー U はエネルギーの平均値に等しい． この値はエネルギーが離散値 E_l をもつか連続値 E をもつかによって，それぞれ

$$U = \langle E_l \rangle = \sum_l E_l P(E_l), \quad U = \langle E \rangle = \int E P(E)\, dE \tag{7.38}$$

のように計算される．ここで内部エネルギー U は，(7.38) 式に示された 2 つの式のいずれであっても

$$U = -\frac{1}{Z}\frac{\partial Z}{\partial \beta} \quad \left(または\, U = -\frac{\partial}{\partial \beta}\ln Z\right) \tag{7.39}$$

のように分配関数 Z から求まることを示してみよう．

導入　例題 7.6

以下の等式を利用して (7.39) 式を導け：

$$ED(E)e^{-\beta E} = -\frac{\partial}{\partial \beta}D(E)\,e^{-\beta E}.$$

【解答】　(7.38) 式の 2 番目の式に (7.35) 式を代入すると

$$U = \int EP(E)\,dE = \frac{1}{Z}\int ED(E)\,e^{-\beta E}\,dE$$
$$= \frac{1}{Z}\int\left(-\frac{\partial}{\partial \beta}\right)D(E)\,e^{-\beta E}\,dE.$$

ここで積分と微分の順序を変えると

$$U = -\frac{1}{Z}\frac{\partial}{\partial \beta}\int D(E)\,e^{-\beta E}\,dE = -\frac{1}{Z}\frac{\partial Z}{\partial \beta}$$

のように (7.39) 式が得られる．（エネルギーが離散的な場合の証明も同様．）■

内部エネルギーの値を具体的に計算してみよう．分配関数 Z さえ求まれば，(7.39) 式から内部エネルギー U の表式を得ることができる．まずはエネルギーが離散値をもつときの分配関数，すなわち (7.36) 式を求めてみよう．

いま，我々は体積 V の容器の中を運動する質量 m の自由粒子を考えている．容器は 1 辺の長さが L の立方体（$V = L^3$）であると仮定しよう．粒子と容器の壁との衝突は弾性的で力学的エネルギーは一定とする．この系の力学的エネルギーは，古典力学では運動量を $\boldsymbol{p}$ として $\frac{\boldsymbol{p}^2}{2m}$ で与えられるが，量子力学では**量子数**とよばれる自然数 n_x，n_y，n_z の関数として

$$E_{n_x,n_y,n_z} = \frac{\hbar^2}{2m}\frac{\pi^2}{L^2}\left(n_x^2 + n_y^2 + n_z^2\right) \tag{7.40}$$

という形で与えられる．(7.40) 式は古典力学の力学的エネルギーを**量子化**した

ものである．量子数 n_x，n_y，n_z はいずれも自然数である．$n_x = n_y = n_z = 1$ は最も低いエネルギー状態を表し，**基底状態**とよばれている．量子数が増加するにつれ，系はより高いエネルギーをもつことになる．エネルギー準位の式を (7.36) 式に代入すると

$$\begin{aligned} Z_1 &= \sum_{n_x, n_y, n_z} e^{-\beta E_{n_x, n_y, n_z}} \\ &= \sum_{n_x=1}^{\infty} \sum_{n_y=1}^{\infty} \sum_{n_z=1}^{\infty} \exp\left\{ -\frac{\hbar^2 \pi^2}{2mL^2 k_B T} \left(n_x^2 + n_y^2 + n_z^2\right) \right\} \end{aligned} \tag{7.41}$$

という式により分配関数が求まることになる♠10．**分配関数の計算では，とにかくすべてのエネルギー準位について和をとればよい**．エネルギーが増加するにつれてボルツマン因子は急激に減衰するため，無限個の状態の和（無限和）であっても分配関数は有限値に収束することになる．

具体的な計算に移ろう．分配関数を求めるにはすべての自然数 n_x，n_y，n_z についての和を求めればよい．ただし今回は別の方法で計算してみる．次のように考えてみよう：まず我々が考えている容器の長さ L はプランク定数 $\hbar$ の大きさよりも遥かに大きいとする．これはエネルギー E_{n_x, n_y, n_z} は，正確には離散的に変化しているけれども，変化の大きさはとても小さいことを意味する．そこでエネルギーを連続的に変化しているものと見なす．エネルギーの表記も添え字を除去して E と表すことにする．そして (7.40) 式からエネルギーが E～$E + dE$ の範囲にあるときの状態数 $D(E)\,dE$ を求めることができれば，あとは以下の積分から分配関数 Z_1 を求めることができる：

$$Z_1 = \int_0^{\infty} D(E)\, e^{-\beta E}\, dE. \tag{7.42}$$

そのためには $D(E)$ の具体的な形を求めなければならない．そこで今度はエネルギーが E 以下の状態数 $\Omega(E)$ を数えることにする．$\Omega(E)$ がわかれば，E から $E + dE$ の間の状態数は以下のように求まる：

$$\Omega(E + dE) - \Omega(E) = \frac{d\Omega(E)}{dE}\, dE.$$

すなわち状態密度 $D(E)$ は，$\Omega(E)$ の微分を計算すれば求まるのである：

♠10 Z_1 の添え字の1は1粒子系の分配関数であることを示している．

$$D(E) = \frac{d\Omega(E)}{dE}. \tag{7.43}$$

$\Omega(E)$ を求めよう．エネルギーが E 以下にある条件は (7.40) 式より，量子数の組合せ (n_x, n_y, n_z) が以下の不等式を満たすことである：

$$n_x^2 + n_y^2 + n_z^2 \leq \frac{2mL^2}{\pi^2\hbar^2} E. \tag{7.44}$$

(7.44) 式は n_x，n_y，n_z を座標とする空間の半径 $\sqrt{\frac{2mL^2}{\pi^2\hbar^2}E}$ の球面の内部である．この球面内部に存在する格子点（座標が整数であるような点）が E 以下である (n_x, n_y, n_z) の組合せであり，その数が $\Omega(E)$ を与えることになる．格子点は単位体積の立方体の 1 つあたりに 1 つ存在している．よって $\Omega(E)$ は半径 $\sqrt{\frac{2mL^2}{\pi^2\hbar^2}E}$ の球の体積に等しいということになる．ただし量子数は自然数なので，正確には球の体積の $\frac{1}{8}$ が状態数 $\Omega(E)$ である．すなわち

$$\Omega(E) = \frac{1}{8} \times \frac{4}{3}\pi \left(\sqrt{\frac{2mL^2}{\pi^2\hbar^2}E}\right)^3 = \frac{V}{6\pi^2}\left(\sqrt{\frac{2m}{\hbar^2}E}\right)^3.$$

これより状態密度 $D(E)$ は以下のように求まる：

$$D(E) = \frac{d\Omega(E)}{dE} = \frac{V}{4\pi^2}\left(\frac{2m}{\hbar^2}\right)^{3/2}\sqrt{E}. \tag{7.45}$$

導入 例題 7.7

以下の設問に答えよ．

(1)　(7.42) 式に状態密度 $D(E)$ の表式 (7.45) を代入して，分配関数 Z_1 が以下で表されることを示せ：

$$Z_1 = \left(\frac{mk_\mathrm{B}T}{2\pi\hbar^2}\right)^{3/2} V. \tag{7.46}$$

(2)　小問 (1) で求めた分配関数を (7.39) 式に代入して，1 自由粒子系の内部エネルギーの表式を求めよ．

【解答】 (1) (7.42) 式は

$$Z_1 = \int_0^\infty D(E)\, e^{-\beta E}\, dE = \frac{V}{4\pi^2}\left(\frac{2m}{\hbar^2}\right)^{3/2}\int_0^\infty \sqrt{E}\, e^{-\beta E}\, dE. \quad (7.47)$$

新しい変数 $\varepsilon^2 = E$ を導入すると，(7.47) 式の積分は

$$\int_0^\infty \sqrt{E}\, e^{-\beta E}\, dE = \int_{-\infty}^\infty \varepsilon^2 e^{-\beta\varepsilon^2}\, d\varepsilon. \quad (7.48)$$

(7.48) 式の最後の等式では，被積分関数が偶関数であることを利用して，積分範囲を $-\infty$ から ∞ までに広げている．公式 (D.10) を使うと (7.48) 式の積分は $\frac{1}{2}\sqrt{\frac{\pi}{\beta^3}}$ と計算される．これを (7.47) 式に代入すると

$$Z_1 = \frac{V}{4\pi^2}\left(\frac{2m}{\hbar^2}\right)^{3/2}\frac{1}{2}\sqrt{\frac{\pi}{\beta^3}} = \left(\frac{mk_{\mathrm{B}}T}{2\pi\hbar^2}\right)^{3/2} V. \quad (7.49)$$

これは (7.46) 式に他ならない．

(2) Z_1 の表式を (7.39) 式に代入すると

$$\begin{aligned} U &= -\frac{1}{Z_1}\frac{\partial Z_1}{\partial\beta} = \frac{1}{V}\left(\frac{2\pi\hbar^2}{mk_{\mathrm{B}}T}\right)^{3/2}\frac{\partial}{\partial\beta}\left(\frac{m}{2\pi\hbar^2\beta}\right)^{3/2} V \\ &= -\beta^{3/2}\frac{\partial}{\partial\beta}\beta^{-3/2} = \frac{3}{2}\beta^{-1} = \frac{3}{2}k_{\mathrm{B}}T. \end{aligned} \quad (7.50)$$

これは単原子分子理想気体の1分子あたりの内部エネルギーに等しい． ■

同じ問題を今度は古典力学の力学的エネルギーを用いて解いてみよう．ここで**位相空間**とよばれる抽象的（数学的）空間を導入する．例えば1次元中を運動する1つの粒子では，粒子の位置 q と運動量 p がわかれば力学的状態は決定されることになる♠11．言い換えると，位置 q と運動量 p を直交する2つの軸とする2次元の q–p 平面を考えて，その平面内の「各点 (q,p)」がその瞬間に粒子が「どのように動き回っているか」を，つまり粒子の力学的状態を表していることになる．この位置と運動量を軸とする空間のことを位相空間とよぶのである．

3次元中を運動する自由粒子の力学的エネルギーを，位相空間の変数で表すと

$$H(\boldsymbol{q},\boldsymbol{p}) = \frac{\boldsymbol{p}^2}{2m} \quad (7.51)$$

♠11 運動量は通常 p で表されるので，それに合わせて位置は q で表すことにする．3次元空間中では $\boldsymbol{p} = (p_1, p_2, p_3)$ なので，位置ベクトル (x, y, z) も以下では $\boldsymbol{q} = (q_1, q_2, q_3)$ と書くことにする

となる．力学的エネルギーを位相空間の変数である位置 $\boldsymbol{q}$ と運動量 $\boldsymbol{p}$ で表したものを**ハミルトニアン**とよんでいる．(7.51) 式でエネルギーの記号に H を使っているのはこのためである．ただし，いまはポテンシャルエネルギーの分がない場合を考えているので位置 $\boldsymbol{q}$ にはよらない．

(7.51) 式のハミルトニアン $H(\boldsymbol{q},\boldsymbol{p})$ を (7.37) 式の E の部分にそのまま代入して分配関数を計算すればよい．具体的には

$$Z_1 = \int \frac{d\boldsymbol{q}\, d\boldsymbol{p}}{(2\pi\hbar)^3}\, e^{-\beta H(\boldsymbol{q},\boldsymbol{p})} \tag{7.52}$$

という積分から計算されることになる．(7.52) 式の積分に現れる因子 $\frac{d\boldsymbol{q}\, d\boldsymbol{p}}{(2\pi\hbar)^3}$ は，(7.37) 式の $D(E)\, dE$ に当たるもので，位相空間内の無限小体積

$$d\boldsymbol{q}\, d\boldsymbol{p} = dq_1\, dq_2\, dq_3\, dp_1\, dp_2\, dp_3$$

の中に見出される状態数を表している．古典力学で記述するにしても，位相空間中の微小体積 $d\boldsymbol{q}\, d\boldsymbol{p}$ の中には，量子力学の考えからすれば多くの状態が含まれているわけである．実は 1 粒子が 3 次元空間を運動する場合，位相空間内の $(2\pi\hbar)^3$ という小さな体積素片が 1 つの状態を表しているのである．つまり $\frac{d\boldsymbol{q}\, d\boldsymbol{p}}{(2\pi\hbar)^3}$ は微小体積 $d\boldsymbol{q}\, d\boldsymbol{p}$ の中に含まれる体積素片 $(2\pi\hbar)^3$ の個数であり，それが状態数に等しいということになるのである．

ちょっと寄り道　位相空間の体積と状態数

1 次元空間を運動する粒子では位相空間は q–p 平面，つまり 2 次元である．このときは微小面積 $dq\, dp$ を $2\pi\hbar$ で割った値が状態数となる．2 次元中を運動する場合は微小体積 $d\boldsymbol{q}\, d\boldsymbol{p} = dq_1\, dq_2\, dp_1\, dp_2$ を $(2\pi\hbar)^2$ で割り算すると状態数を求められる．これは次のように解釈することができる．ハイゼンベルクの**不確定性原理**によれば，粒子の状態を測定するとき，その精度には限界が存在している．1 次元を運動する物体の位置 q と運動量 p を測定することを考えてみる．測定値には位置では Δq の，運動量では Δp の大きさの誤差が必ず含まれている．このとき，いくら頑張って精度を上げたとしても

$$\Delta q\, \Delta p \geq h\ (= 2\pi\hbar)$$

のように，2 つの誤差の積をプランク定数より小さくすることはできない．これが不確定性原理の主張することである．位置と運動量を同時に正確に，すなわち同時に $\Delta q = \Delta p = 0$ となるように測定することは不可能なのである．ここで位相空間内に

縦横の線を引き，1つあたりの面積がプランク定数hに等しくなるような“細胞”に切り分けてみる（図）．不確定性原理が主張することを言い換えると，図に示された**1つ1つの細胞が識別可能な最小の単位を表す**ということになる．すなわち，図に描かれた細胞の1つ1つが，それぞれ1つの状態に該当していて，位相空間のある領域に含まれる細胞の総数である $\frac{dq\,dp}{2\pi\hbar}$ がその領域での状態数を表す，ということである．

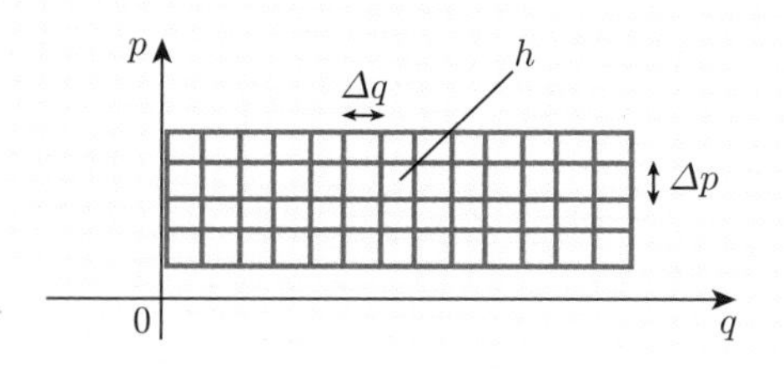

□

(7.52) 式の積分を計算して分配関数を求めよう．位置$\boldsymbol{q}$に関する積分は$\int d\boldsymbol{q} = V$のように単に系の体積Vを与える．また分配関数はボルツマン因子の全エネルギー範囲についての和なので，運動量$\boldsymbol{p}$の積分範囲も全範囲ということになる．つまり分配関数は以下の3重積分から計算されることになる：

$$\begin{aligned} Z_1 &= \int \frac{d\boldsymbol{q}\,d\boldsymbol{p}}{(2\pi\hbar)^3}\, e^{-\beta H(\boldsymbol{q},\boldsymbol{p})} \\ &= \frac{V}{(2\pi\hbar)^3} \int_{-\infty}^{\infty} dp_1 \int_{-\infty}^{\infty} dp_2 \int_{-\infty}^{\infty} dp_3\, e^{-\beta H(\boldsymbol{q},\boldsymbol{p})}. \end{aligned} \tag{7.53}$$

導入 例題 7.8

(7.53) 式の分配関数Z_1が，量子化されたエネルギー準位から計算した分配関数である (7.46) 式に等しいことを示せ．

ヒント：指数関数の性質$e^{x+y} = e^x\, e^y$を使うと，以下のような2重積分は1変数の積分の2乗で表される：

$$\int dx\,dy\, e^{-(x^2+y^2)} = \int_{-\infty}^{\infty} dx\, e^{-x^2} \cdot \int_{-\infty}^{\infty} dy\, e^{-y^2} = \left(\int_{-\infty}^{\infty} e^{-x^2}\, dx\right)^2.$$

【解答】 ハミルトニアンの中にある運動量の2乗は$\boldsymbol{p}^2 = p_1^2 + p_2^2 + p_3^2$と書けるので，ボルツマン因子は

$$e^{-\beta H(\boldsymbol{q},\boldsymbol{p})} = \exp\left(-\frac{\beta p_1^2}{2m}\right)\exp\left(-\frac{\beta p_2^2}{2m}\right)\exp\left(-\frac{\beta p_3^2}{2m}\right). \tag{7.54}$$

(7.54) 式を (7.53) 式に代入すると

$$Z_1 = \frac{V}{(2\pi\hbar)^3}\left\{\int_{-\infty}^{\infty}\exp\left(-\frac{\beta p_1^2}{2m}\right)dp_1\right\}^3 \tag{7.55}$$

のように，3 重積分を 1 変数の積分の 3 乗に変えることができる．公式 (D.5) を使って (7.55) 式の積分を計算すると

$$\int_{-\infty}^{\infty}\exp\left(-\frac{\beta p_1^2}{2m}\right)dp_1 = \sqrt{\frac{2m\pi}{\beta}}.$$

これを (7.55) 式に代入すると

$$Z_1 = \frac{V}{(2\pi\hbar)^3}\left(\frac{2m\pi}{\beta}\right)^{3/2} = \left(\frac{2m\pi}{4\pi^2\hbar^2\beta}\right)^{3/2}V = \left(\frac{mk_{\mathrm{B}}T}{2\pi\hbar^2}\right)^{3/2}V.$$

これは (7.46) 式に他ならない． ■

ここで自由粒子の数が N 個になるとどうなるかを考えてみよう．N 個の自由粒子に対する分配関数 Z_N は，1 自由粒子系の分配関数 Z_1 を使って

$$Z_N = \frac{1}{N!}Z_1^N \tag{7.56}$$

のように求まる．Z_N は Z_1 を N 乗した後，さらに $N!$ で割り算をしなければならない．この Z_N を例えば (7.39) 式に代入してみると

$$U = -\frac{\partial}{\partial\beta}\ln Z_N = -\frac{\partial}{\partial\beta}\left(\ln Z_1^N - N!\right) = N\left(-\frac{\partial}{\partial\beta}\ln Z_1\right)$$

$$\Longrightarrow \quad U = \frac{3}{2}Nk_{\mathrm{B}}T$$

のように N 粒子系の内部エネルギーを得ることができる．

N 粒子系の分配関数が (7.56) 式の形になる理由は，以下のように説明される．

まず 1 粒子あたり運動量成分は 3 つあり，それが N 粒子分あるので，N 粒子系のハミルトニアンは

$$H(\boldsymbol{q},\boldsymbol{p}) = \frac{p_1^2}{2m} + \frac{p_2^2}{2m} + \frac{p_3^2}{2m} + \cdots + \frac{p_{3N-1}^2}{2m} + \frac{p_{3N}^2}{2m} \tag{7.57}$$

のように $3N$ 個の運動量成分の和として表される．分配関数は，このハミルトニアンを代入したボルツマン因子を，運動量変数について $3N$ 重積分したもの

である．1粒子系の分配関数の計算で見たように，指数関数の性質から $3N$ 重積分は1変数の積分の $3N$ 乗で表すことができる．結果，N 粒子系の分配関数は

$$\int e^{-\frac{\beta \boldsymbol{p}^2}{2m}}\,d\boldsymbol{p} = \left\{\int_{-\infty}^{\infty} e^{-\frac{\beta p_1^2}{2m}}\,dp_1\right\}^{3N} = \left[\left\{\int_{0}^{\infty} e^{-\frac{\beta p_1^2}{2m}}\,dp_1\right\}^{3}\right]^{N} \propto Z_1^N$$

のように Z_1 の N 乗に比例した形をもつことになるのである．

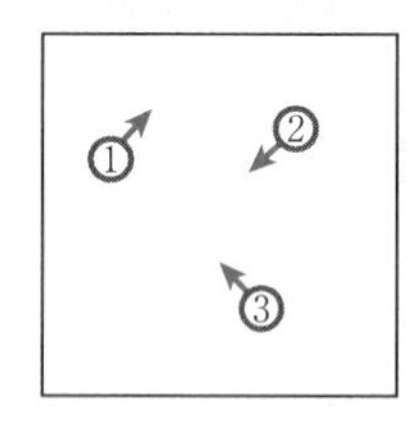

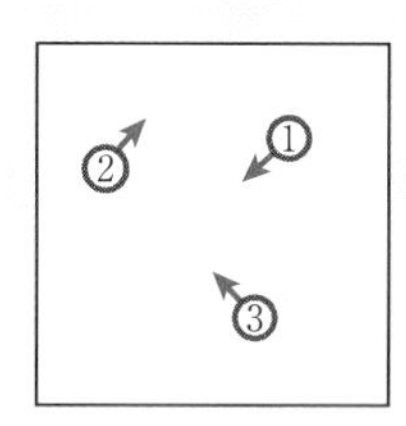

3つの自由粒子からなる系．粒子1と2を入れ替えたものは同じ状態として数える必要がある．3粒子系では全部で $3 \times 2 \times 1 = 3!$ 通りの入れ替え方が存在し，これらはすべて同じ状態と見なさなければならない．

次に $\frac{1}{N!}$ という因子が必要になる理由を考えてみよう．これは量子力学によって要請される「同種の粒子は区別することができない」という制約に由来している♠[12]．この制約は「ある状態から2つの粒子を入れ替えた状態」は同じ状態として数えなければならない，と言い換えることもできる（図）．N 粒子系の分配関数を $Z_N = Z_1^N$ のように1粒子系の分配関数 Z_1 を単に N 乗しただけだと，個々の粒子の状態数がそのまま掛け算されているため，粒子を交換した状態を異なる状態と見なす“数えすぎ”が生じるのである．これを避けるために，N 個の粒子を入れ替える組合せの数である $N!$ で割っておかなければならない，ということなのである．事実，この $N!$ による割り算が存在しなければ，熱力学とは矛盾する結果がもたらされてしまう．

ヘルムホルツの自由エネルギーを例に，因子 $\frac{1}{N!}$ の必要性を確認してみよう．ヘルムホルツの自由エネルギー F（$= U - TS$）は，分配関数から

♠[12] このことは量子力学では「状態は波動関数で表される」ということに起因する．例えば位置 $\boldsymbol{q}_1$ と $\boldsymbol{q}_2$ にある同種2粒子系が，波動関数 $\Psi(\boldsymbol{q}_1, \boldsymbol{q}_2)$ で表されていたとしよう．2粒子を入れ替えると $\Psi(\boldsymbol{q}_2, \boldsymbol{q}_1)$ ということになるが，これは関数の引数を入れ替えただけで，波動関数 Ψ そのもの（正確にはその絶対値の2乗 $|\Psi|^2$）には何の変化もない．よって「波動関数で表される状態」は同種粒子の入れ替えで変わらないということになる．

$$F = -k_{\mathrm{B}} T \ln Z_N \tag{7.58}$$

のように導くことができる[♠13].

確認 例題 7.1

N 粒子系の分配関数 Z_N から導かれるヘルムホルツの自由エネルギーについて，以下の設問に答えよ．

(1)　分配関数 Z_N と Z_1 の表式（それぞれ (7.56) 式と (7.46) 式）をヘルムホルツの自由エネルギー F を求める式 (7.58) に代入して，F が示量性をもつことを確かめよ．

(2)　分配関数 Z_N の表式から因子 $\frac{1}{N!}$ を除去して，小問 (1) と同じことを行え．F は示量性をもつかどうかを確かめよ．

【解答】　(1)　ヘルムホルツの自由エネルギーの定義式 (7.58) に分配関数 Z_N と Z_1 を代入し，スターリングの公式 (7.10) を使うと

$$\begin{aligned} F &= -k_{\mathrm{B}} T \ln Z_N = -k_{\mathrm{B}} T \ln \left\{ \frac{V^N}{N!} \left(\frac{m k_{\mathrm{B}} T}{2\pi\hbar^2} \right)^{3N/2} \right\} \\ &= -k_{\mathrm{B}} T \left\{ N \ln V - N \ln N + N + \frac{3}{2} N \ln \left(\frac{m k_{\mathrm{B}} T}{2\pi\hbar^2} \right) \right\} \\ \Longleftrightarrow \quad F &= N \left[k_{\mathrm{B}} T \left\{ -\ln \frac{V}{N} - 1 - \frac{3}{2} \ln \left(\frac{m k_{\mathrm{B}} T}{2\pi\hbar^2} \right) \right\} \right]. \end{aligned} \tag{7.60}$$

示強性の変数 T と $\frac{V}{N}$ だけの関数である (7.60) 式のかぎ括弧 [ ] 内は，系の規模によらない 1 粒子あたりのヘルムホルツの自由エネルギーであり，その N 倍が系全体のヘルムホルツの自由エネルギー F を表している．すなわち.F は示量

♠13　状態密度 $D(E)$ を (7.31) 式のエントロピー S を使って表すと $D(E) = e^{S/k_{\mathrm{B}}}$．すると分配関数は，以下のように表される：

$$Z_N = \int D(E)\, e^{-\beta E}\, dE = \int e^{S/k_{\mathrm{B}}}\, e^{-\beta E}\, dE = \int e^{-\beta(E-TS)}\, dE. \tag{7.59}$$

次章で説明するが，エネルギー E の分布はほとんど平均値 $E = \langle E \rangle$ に集中している．つまり (7.59) 式は，以下のように近似して構わない：

$$Z_N = e^{-\beta(\langle E \rangle - TS)}.$$

この式の対数をとり，$\langle E \rangle$ を U に置き換えたものが (7.58) 式である．

性をもつということである．

(2) 分配関数から因子 $\frac{1}{N!}$ を除去して，同じ計算を行うと

$$F = N\left[k_{\mathrm{B}}T\left\{-\ln V - \frac{3}{2}\ln\left(\frac{mk_{\mathrm{B}}T}{2\pi\hbar^2}\right)\right\}\right] \tag{7.61}$$

が導かれる．(7.61) 式のかぎ括弧内は体積 V に依存しているため，導かれたヘルムホルツの自由エネルギー F は示量性をもたない． ■

ここまでに考察した系は，熱浴の温度 T，容器の体積 V，および容器に入れた粒子数 N により状態が決定されていた．すなわち分配関数は $Z_N(T,V)$ のように T，V，N の関数であり，(7.58) 式から導かれるヘルムホルツの自由エネルギーも同じ独立変数をもつ関数 $F(T,V,N)$ である．

基本 例題 7.1

ヘルムホルツの自由エネルギーの表式 (7.60) を，圧力を求める (5.11) 式に代入し，系の圧力 p，温度 T，および体積 V の関係を求めよ．ただし (5.11) 式の物質量 n は粒子数 N で置き換えよ．

【解答】 圧力を計算すると

$$p = -\frac{\partial F(T,V,N)}{\partial V} = Nk_{\mathrm{B}}T\,\frac{\partial}{\partial V}\ln V = \frac{Nk_{\mathrm{B}}T}{V}$$

$$\Longrightarrow \quad pV = Nk_{\mathrm{B}}T \ (= nRT) \tag{7.62}$$

のように理想気体の状態方程式が導かれる． ■

カノニカル分布のまとめ

- 系がエネルギー E をとる確率はボルツマン因子 $e^{-\beta E}$ に比例する．
- 規格化因子である分配関数 Z から，系の内部エネルギーは $U = -\frac{1}{Z}\frac{\partial Z}{\partial \beta}$，ヘルムホルツの自由エネルギーは $F = -k_{\mathrm{B}}T\ln Z$ のように求まる．

第7章　演習問題

7.1　【二項分布の2乗平均】 (7.1) 式の二項分布について，表コイン数 m の2乗の平均値は

$$\langle m^2 \rangle = \sum_{m=0}^{N} m^2 P_N(m) = (pN)^2 + pqN \tag{7.63}$$

であることを示せ．

ヒント：$m^2 = m(m-1) + m$ を使って導入例題 7.3 と同様に計算すればよい．

7.2　【ポアソン分布】 非常にまれにしか発生しない事象を考えてみよう．具体的には (7.1) 式の二項分布で $p \ll 1$，$m \ll N$ という条件を考える．すると二項分布に含まれる因子の1つは，次のように近似される：

$$\frac{N!}{(N-m)!} = N(N-1)\cdots(N-m+1) \simeq N^m.$$

また $p \ll 1$ より $e^{-p} \simeq 1-p$ と近似式できるので

$$q^{N-m} = (1-p)^{N-m} \simeq \left(e^{-p}\right)^{N-m} \simeq e^{-pN}.$$

これら2つの近似式を二項分布の式 (7.1) に代入すると

$$P_N(m) \simeq \frac{N^m}{m!}\, p^m\, e^{-pN} = \frac{(pN)^m}{m!}\, e^{-pN}.$$

$\lambda = pN$ とすると，二項分布の式は以下の形に近似されることになる：

$$P(m) = \frac{\lambda^m}{m!}\, e^{-\lambda}. \tag{7.64}$$

ポアソン分布とよばれる (7.64) 式について，以下の設問に答えよ．

(1)　ポアソン分布は「非常に起こりにくい事象だが，試行回数を非常に多くした結果 m 回発生する確率」を表す．ここで“平均的に”100回に1回の割合で生じる事象があると仮定する．試行回数が300回であるときに，この事象が起こる回数の確率分布を近似するポアソン分布のパラメータ λ の値を答えよ．

(2)　変数 m は零から無限大までをとるものとして，(7.64) 式が規格化されていることを確かめよ．

(3)　ポアソン分布の平均値と分散を求めよ．

第8章 統計力学の展開

前章で導入したカノニカル分布の，さまざまな対象への応用を学ぶ．まず平衡状態でのエネルギー揺らぎの大きさを計算する．次にカノニカル分布から導かれるマクスウェルの速度分布やエネルギー等分配則を学び，2原子分子理想気体の熱力学的性質の理解につなげる．またエネルギーと粒子数の両方が変化するときの確率分布を与えるグランドカノニカル分布を学ぶ．グランドカノニカル分布を使って粒子数の揺らぎも計算する．

8.1 エネルギーの揺らぎ

容器の中の粒子は常に熱浴とエネルギーを交換しているため，系のエネルギーは固定値ではなく時々刻々と変化する“揺らいでいる量”である．カノニカル分布を使えば，エネルギー揺らぎの大きさを平均値からのずれとして計算することができる．J（ジュール）の単位をもつエネルギーの標準偏差を「エネルギーの揺らぎ」と見なして，以下で求めてみよう．

内部エネルギー U の分散を σ_U^2 で表す．この後に証明するが

$$\sigma_U^2 \equiv \langle E^2 \rangle - \langle E \rangle^2 = C_V k_B T^2 \tag{8.1}$$

のように，σ_U^2 を定積熱容量 C_V によって表すことができる．(8.1) 式によれば，定積熱容量 C_V は (7.35) 式のカノニカル分布 $P(E)$ を使って

$$C_V = \frac{1}{k_B T^2}\left[\int E^2 P(E)\,dE - \left\{\int EP(E)\,dE\right\}^2\right] \tag{8.2}$$

のように表せるということである．

導入 例題 8.1

(8.2) 式の関係を，以下の誘導に従って導け．

(1) 次の等式が成り立つことを示せ：

$$C_V = \frac{\partial}{\partial T} \frac{\int E D(E)\, e^{-\beta E}\, dE}{Z}. \tag{8.3}$$

ヒント：定積熱容量は $C_V = \left(\frac{\partial U}{\partial T}\right)_V$ である．

(2) 温度 T と変数 β $\left(= \frac{1}{k_{\mathrm{B}} T}\right)$ の微分演算の間に

$$\frac{d}{dT} = -\frac{1}{k_{\mathrm{B}} T^2} \frac{d}{d\beta} \tag{8.4}$$

の関係があることを示せ．

(3) (8.3) 式の微分を計算して，(8.2) 式を導け．

ヒント：T に関する偏微分を β の偏微分に変更せよ．β はボルツマン因子 $e^{-\beta E}$ と分配関数 $Z = Z(\beta)$ に含まれている．

【解答】 (1) 定積熱容量の式 $C_V = \left(\frac{\partial U}{\partial T}\right)_V$ に $U = \langle E \rangle = \int E P(E)\, dE$ を代入し，カノニカル分布の式 (7.35) を代入すると

$$C_V = \frac{\partial}{\partial T} \int E P(E)\, dE = \frac{\partial}{\partial T} \frac{\int E D(E)\, e^{-\beta E}\, dE}{Z}.$$

(2) $\beta = \frac{1}{k_{\mathrm{B}} T}$ の両辺を T で微分すると $\frac{d\beta}{dT} = -\frac{1}{k_{\mathrm{B}} T^2}$．よって

$$\frac{d}{dT} = \frac{d\beta}{dT} \frac{d}{d\beta} = -\frac{1}{k_{\mathrm{B}} T^2} \frac{d}{d\beta}.$$

(3) 温度 T に関する偏微分を β の偏微分に変更すると

$$C_V = \frac{\partial}{\partial T} \frac{\int E D(E)\, e^{-\beta E}\, dE}{Z} = -\frac{1}{k_{\mathrm{B}} T^2} \frac{\partial}{\partial \beta} \frac{\int E D(E)\, e^{-\beta E}\, dE}{Z}.$$

β を含むのはボルツマン因子 $e^{-\beta E}$ と分配関数 $Z(\beta)$ の部分なので

$$C_V = -\frac{1}{k_{\mathrm{B}} T^2} \frac{Z \frac{\partial}{\partial \beta} \int E D(E)\, e^{-\beta E}\, dE - \left\{ \int E D(E)\, e^{-\beta E}\, dE \right\} \frac{\partial}{\partial \beta} Z}{Z^2}.$$

右辺の分子に

$$\frac{\partial}{\partial \beta} \int E D(E)\, e^{-\beta E}\, dE = -\int E^2 D(E)\, e^{-\beta E}\, dE,$$

$$\frac{\partial Z}{\partial \beta} = -\int ED(E)\, e^{-\beta E}\, dE$$

を代入すると

$$C_V = \frac{1}{k_B T^2}\left\{\int E^2 \frac{D(E)\, e^{-\beta E}}{Z}\, dE - \left(\int E \frac{D(E)\, e^{-\beta E}}{Z}\, dE\right)^2\right\}$$

を得る．これは (8.2) 式に他ならない．■

内部エネルギー U も熱容量 C_V も粒子数 N に比例する．つまり系のエネルギー平均値 U に対する揺らぎ（標準偏差）の大きさは

$$\frac{\sqrt{\sigma_U^2}}{U} = \frac{\sqrt{C_V k_B T^2}}{U} \propto \frac{1}{\sqrt{N}} \tag{8.5}$$

のように $N^{-1/2}$ に比例することになる．粒子数 N はアボガドロ定数程度の大きさをもつので，エネルギーの平均値に対する揺らぎの大きさは 10^{-12} 程度ということである．すなわち，揺らぎは実効的に零と見なしてよいのである．系のエネルギーは厳密には定数ではないけれども，平衡状態におけるエネルギーの値は，平均値に正確に一致していると考えて構わないのである．

8.2　マクスウェル速度分布とエネルギー等分配則

温度 T で熱平衡状態にある粒子の速度分布について調べてみよう．体積 V の3次元容器の中に質量 m の自由粒子が N 個運動している．粒子はさまざまな速度でバラバラの向きに運動しているが，いまは自由粒子を考えているので，個々の粒子の運動は独立であり，その統計的な性質も同じである．そこである1つの粒子に注目し，それがどのような速度分布をもつかを調べることにする．注目する粒子の位置は $\boldsymbol{q}$ と $\boldsymbol{q}+d\boldsymbol{q}$，運動量は $\boldsymbol{p}$ と $\boldsymbol{p}+d\boldsymbol{p}$ の間にあったとする．粒子がこの状態をとる確率 $f(\boldsymbol{q},\boldsymbol{p})\, d\boldsymbol{q}\, d\boldsymbol{p}$ は，以下に示す状態数とボルツマン因子の積に比例する：

$$f(\boldsymbol{q},\boldsymbol{p})\, d\boldsymbol{q}\, d\boldsymbol{p} \propto \frac{d\boldsymbol{q}\, d\boldsymbol{p}}{(2\pi\hbar)^3}\, e^{-\frac{\beta \boldsymbol{p}^2}{2m}}. \tag{8.6}$$

今回は運動量 $\boldsymbol{p}$ の分布に興味があるので，(8.6) 式を位置座標 $\boldsymbol{q}$ に関して容器全体にわたって積分し，変数 $\boldsymbol{q}$ の方は消去してしまえばよい．そうすると，運動量が $\boldsymbol{p}$ と $\boldsymbol{p}+d\boldsymbol{p}$ の間にある確率 $f(\boldsymbol{p})\, d\boldsymbol{p}$ は，規格化のための定数を C とし

て，以下の形で書けることになる：

$$f(\boldsymbol{p})\,d\boldsymbol{p} = C\,\frac{V}{(2\pi\hbar)^3}\,e^{-\frac{\beta \boldsymbol{p}^2}{2m}}\,d\boldsymbol{p}. \tag{8.7}$$

導入 例題 8.2

定数 C を計算し，$f(\boldsymbol{p})\,d\boldsymbol{p}$ が以下で与えられることを示せ：

$$f(\boldsymbol{p})\,d\boldsymbol{p} = \frac{1}{(2\pi m k_{\mathrm{B}} T)^{3/2}}\,e^{-\frac{\boldsymbol{p}^2}{2mk_{\mathrm{B}}T}}\,dp_1\,dp_2\,dp_3. \tag{8.8}$$

ヒント：規格化の条件式 $\int f(\boldsymbol{p})\,d\boldsymbol{p} = 1$ から定数 C が決まる．運動量 $\boldsymbol{p} = (p_x, p_y, p_z)$ の各成分の積分範囲は全範囲（$-\infty$ から $+\infty$ まで）である．

【解答】 (8.7) 式右辺を運動量 $\boldsymbol{p}$ で積分すると 1 になるので

$$\begin{aligned} C\int \frac{V\,d\boldsymbol{p}}{(2\pi\hbar)^3}\,e^{-\frac{\beta \boldsymbol{p}^2}{2m}} &= C\,\frac{V}{(2\pi\hbar)^3}\int_{-\infty}^{\infty} dp_x \int_{-\infty}^{\infty} dp_y \int_{-\infty}^{\infty} dp_z\, e^{-\frac{\beta(p_x^2+p_y^2+p_z^2)}{2m}} \\ &= C\,\frac{V}{(2\pi\hbar)^3}\left(\int_{-\infty}^{\infty} e^{-\frac{\beta}{2m}p_x^2}\,dp_x\right)^3 = 1. \end{aligned} \tag{8.9}$$

(8.9) 式の最後の等式を，ガウス積分の公式 (7.20) を使って計算すると

$$C\,\frac{V}{(2\pi\hbar)^3}\,(2\pi m k_{\mathrm{B}}T)^{3/2} = 1 \iff C = \frac{(2\pi\hbar)^3}{V}\,(2\pi m k_{\mathrm{B}}T)^{-3/2}.$$

C の値を (8.7) 式に代入すると，(8.8) 式を導くことができる． ■

速度 $\boldsymbol{v} = (v_x, v_y, v_z)$ と，運動量 $\boldsymbol{p} = m\boldsymbol{v} = (mv_x, mv_y, mv_z)$ の関係を使うと，(8.8) 式から速度の確率分布を得ることができる：

$$f(\boldsymbol{v})\,d\boldsymbol{v} = \left(\frac{m}{2\pi k_{\mathrm{B}}T}\right)^{3/2} e^{-\frac{m}{2k_{\mathrm{B}}T}(v_x^2+v_y^2+v_z^2)}\,dv_x\,dv_y\,dv_z. \tag{8.10}$$

この式をさらに v_y と v_z について全範囲で積分すると

$$f(v_x)\,dv_x = \int_{-\infty}^{\infty} dv_y \int_{-\infty}^{\infty} dv_z\, f(\boldsymbol{v})\,dv_x = \sqrt{\frac{m}{2\pi k_{\mathrm{B}}T}}\,e^{-\frac{m}{2k_{\mathrm{B}}T}v_x^2}\,dv_x \tag{8.11}$$

のように v_x に関する速度分布が求まる．**ある向きに注目したときの自由粒子の速度分布は，平均値が零（$\mu = 0$），分散が $\sigma^2 = \frac{k_{\mathrm{B}}T}{m}$ の正規分布に従う．**

粒子の速さ $v = |\boldsymbol{v}| = \sqrt{v_x^2 + v_y^2 + v_z^2}$ の分布はどのように求まるだろうか．速さが v から $v + dv$ の間にある確率は，速度分布の式 (8.10) を図に示すような体積 $4\pi v^2\,dv$ の球殻領域にわたって足し合わせたものである．粒子は3方向に偏りなく運動しているので，速度分布の確率はこの球殻内部で一様である．すなわち速さ v の分布は，速度分布の式 (8.10) の右辺を

$$v_x^2 + v_y^2 + v_z^2 = v^2,$$
$$dv_x\,dv_y\,dv_z = 4\pi v^2\,dv$$

のように置き換えた次式で与えられる：

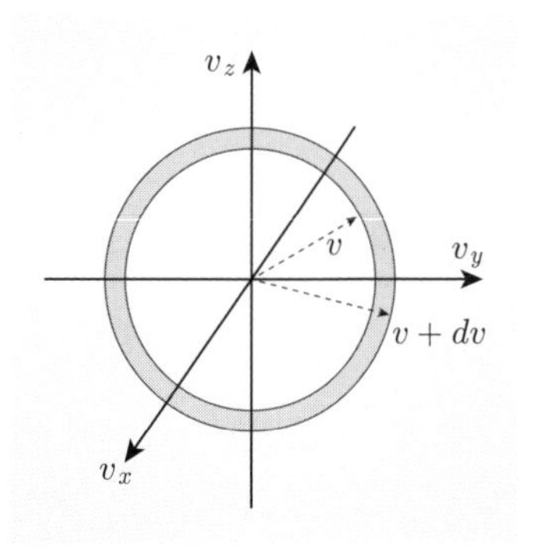

粒子の速さが v〜$v + dv$ の間にある領域は，(v_x, v_y, v_z) 空間における体積 $4\pi v^2\,dv$ の球殻内部である．

$$f(v)\,dv = 4\pi v^2 \left(\frac{m}{2\pi k_{\mathrm{B}}T}\right)^{3/2} e^{-\frac{m}{2k_{\mathrm{B}}T}v^2}\,dv. \tag{8.12}$$

(8.12) 式は**マクスウェルの速度分布**とよばれている．

基本 例題 8.1

自由粒子の速さ v の確率分布を与える (8.12) 式が，規格化されていることを確かめよ．v の範囲は零から無限大である．

ヒント：付録 D.2 の積分公式 (D.10) を使え．

【解答】 $\int_0^\infty f(v)\,dv = 1$ を示す．まず被積分関数が偶関数であることを利用して，積分範囲を以下のように $-\infty$ から ∞ の積分に変更する：

$$\int_0^\infty f(v)\,dv = 4\pi \left(\frac{m}{2\pi k_{\mathrm{B}}T}\right)^{3/2} \int_0^\infty v^2\,e^{-\frac{m}{2k_{\mathrm{B}}T}v^2}\,dv$$
$$= 2\pi \left(\frac{m}{2\pi k_{\mathrm{B}}T}\right)^{3/2} \int_{-\infty}^\infty v^2\,e^{-\frac{m}{2k_{\mathrm{B}}T}v^2}\,dv.$$

次に積分公式 (D.10) を使うと

$$\int_0^\infty f(v)\,dv = 2\pi \left(\frac{m}{2\pi k_{\mathrm{B}}T}\right)^{3/2} \frac{\sqrt{\pi}}{2} \left(\frac{m}{2k_{\mathrm{B}}T}\right)^{-3/2} = 1$$

のように，確かに規格化されていることが確認できる． ■

ここでエネルギーの平均値に関する重要な法則を見てみよう：

法則 8.1（エネルギー等分配の法則） 温度 T の熱平衡状態にあるとき，変数の 2 乗の形をもつエネルギーの平均値は 1 粒子あたり $\frac{1}{2}k_{\mathrm{B}}T$ に等しい．

「変数の 2 乗の形をもつエネルギー」とは，例えば運動量 p_x の 2 乗を含む運動エネルギー $\frac{p_x^2}{2m}$ がそうであり，またはばねの伸びを x としたばね定数 k の位置エネルギー $\frac{1}{2}kx^2$ も当てはまる．このような形のエネルギーはすべて，1 粒子あたりの平均値は $\frac{1}{2}k_{\mathrm{B}}T$ になるのである．

エネルギー等分配の法則を証明してみよう．いま，力学的な変数 x があり，ある定数 b と共に，$\varepsilon = bx^2$ の形で表されるエネルギーが存在すると仮定する．温度 T の熱平衡状態にあるとき，この系がエネルギー ε をとる確率はボルツマン因子 $e^{-\beta\varepsilon}$ に比例する．ここで $\varepsilon = bx^2$ を代入して，規格化因子も考えると，その確率は

$$P(x) = \frac{e^{-\beta bx^2}}{\displaystyle\int_{-\infty}^{\infty} e^{-\beta bx^2}\,dx}$$

のように表される．すなわちエネルギーの平均値は

$$\langle\varepsilon\rangle = \int_{-\infty}^{\infty} \varepsilon(x)P(x)\,dx = \frac{\displaystyle\int_{-\infty}^{\infty} bx^2\,e^{-\beta bx^2}\,dx}{\displaystyle\int_{-\infty}^{\infty} e^{-\beta bx^2}\,dx} \tag{8.13}$$

によって求められることになる．

確認　例題 8.1

以下の誘導に従い，エネルギー等分配の法則を導け．

(1)　(8.13) 式の分子の積分を具体的に計算せよ．

(2)　(8.13) 式の分母の積分を具体的に計算せよ．

(3)　小問 (1) と (2) の答えより，(8.13) 式が $\frac{1}{2}k_{\mathrm{B}}T$ に等しいことを示せ．

【解答】 (1) (D.10) 式を使うと

$$\int_{-\infty}^{\infty} bx^2\, e^{-\beta bx^2}\, dx = \frac{b}{2}\sqrt{\frac{\pi}{(\beta b)^3}} = \frac{1}{2\beta}\sqrt{\frac{\pi}{\beta b}}. \tag{8.14}$$

(2) (D.5) 式を使うと

$$\int_{-\infty}^{\infty} e^{-\beta bx^2}\, dx = \sqrt{\frac{\pi}{\beta b}}. \tag{8.15}$$

(3) (8.14) 式と (8.15) 式を，(8.13) 式に代入すると

$$\langle \varepsilon \rangle = \frac{1}{2\beta}\sqrt{\frac{\pi}{\beta b}} \div \sqrt{\frac{\pi}{\beta b}} = \frac{1}{2\beta} = \frac{1}{2}\, k_{\mathrm{B}} T$$

が導かれる． ■

全体のエネルギーが「変数の2乗の形をもつ」ものの和だけで表されるとき，全エネルギーの平均値は $\frac{1}{2}\, k_{\mathrm{B}}T$ を項数倍した値になる．例えば質量 m のおもりをばね定数 k のばねに取り付けた1次元ばね振動子を考えてみよう．おもりの運動量を p，ばねの伸びを x とすれば，ばね振動子の力学的エネルギーは「変数の2乗の形をもつ」エネルギーを2つ含む

$$\varepsilon_{\text{振動}} = \frac{p^2}{2m} + \frac{1}{2}\, kx^2 \tag{8.16}$$

である．よって力学的エネルギーの平均値は，以下のように計算される：

$$\begin{aligned}
\langle \varepsilon_{\text{振動}} \rangle &= \frac{\displaystyle\int_{-\infty}^{\infty} dp \int_{-\infty}^{\infty} dx \left(\frac{p^2}{2m} + \frac{1}{2}\, kx^2 \right) e^{-\beta\left(\frac{p^2}{2m} + \frac{1}{2}\, kx^2\right)}}{\displaystyle\int_{-\infty}^{\infty} dp \int_{-\infty}^{\infty} dx\, e^{-\beta\left(\frac{p^2}{2m} + \frac{1}{2}\, kx^2\right)}} \\
&= \frac{\displaystyle\int_{-\infty}^{\infty} dp\, \frac{p^2}{2m}\, e^{-\frac{\beta}{2m}\, p^2}}{\displaystyle\int_{-\infty}^{\infty} dp\, e^{-\frac{\beta}{2m}\, p^2}} + \frac{\displaystyle\int_{-\infty}^{\infty} dx\, \frac{1}{2}\, kx^2\, e^{-\frac{\beta k}{2} x^2}}{\displaystyle\int_{-\infty}^{\infty} dx\, e^{-\frac{\beta k}{2}\, x^2}}.
\end{aligned} \tag{8.17}$$

(8.17) 式最右辺の第1項は運動エネルギー $\frac{p^2}{2m}$ の，第2項は位置エネルギー $\frac{1}{2}\, kx^2$ の平均値である．すなわち

$$\langle \varepsilon_{\text{振動}} \rangle = \left\langle \frac{p^2}{2m} \right\rangle + \left\langle \frac{1}{2}\, kx^2 \right\rangle = \frac{1}{2}\, k_{\mathrm{B}}T + \frac{1}{2}\, k_{\mathrm{B}}T = k_{\mathrm{B}}T$$

のように，$\frac{1}{2}\, k_{\mathrm{B}}T$ を2乗で表される項の個数倍したものになるのである．

確認 例題 8.2

3次元中を並進運動する質量 m の自由粒子からなる気体が，温度 T で熱平衡状態にある．1粒子当たりのエネルギーの平均値を求めよ．

【解答】 自由粒子の運動量を $\boldsymbol{p} = (p_x, p_y, p_z)$ とすれば，力学的エネルギーは

$$\varepsilon_{並進} = \frac{p_x^2}{2m} + \frac{p_y^2}{2m} + \frac{p_z^2}{2m}. \tag{8.18}$$

すなわちエネルギーの平均値は

$$\begin{aligned}\langle \varepsilon_{並進} \rangle &= \left\langle \frac{p_x^2}{2m} + \frac{p_y^2}{2m} + \frac{p_z^2}{2m} \right\rangle \\ &= \left\langle \frac{p_x^2}{2m} \right\rangle + \left\langle \frac{p_y^2}{2m} \right\rangle + \left\langle \frac{p_z^2}{2m} \right\rangle \\ &= \frac{1}{2} k_{\mathrm{B}} T + \frac{1}{2} k_{\mathrm{B}} T + \frac{1}{2} k_{\mathrm{B}} T = \frac{3}{2} k_{\mathrm{B}} T \end{aligned} \tag{8.19}$$

ということになる． ■

3次元の並進運動の運動エネルギーは3つの運動量成分の和で表される．そして，温度 T で熱平衡状態にあるときのエネルギー平均値は，1分子あたり $3 \times \frac{1}{2} k_{\mathrm{B}} T = \frac{3}{2} k_{\mathrm{B}} T$ になった．「ある運動を記述するために必要となる独立変数の数」のことを**自由度**とよんでいる．3次元中を並進運動する気体分子の自由度は3である．つまりエネルギー等分配則の主張することは，**温度 T の熱平衡状態にある1つの粒子について，変数が2乗の形で現れるエネルギーは1自由度あたり平均的に $\frac{1}{2} k_{\mathrm{B}} T$ だけ割り当てられる**，ということである♠[1]．

♠[1] 変数が2乗の形で現れない例としては，粒子が重力を受けながら運動する場合が挙げられる．章末の演習問題 8.1 参照．

8.3　2原子分子理想気体

2つの原子からなる分子を2原子分子という．空気の主要な成分である窒素（N_2）や酸素（O_2）は2原子分子の例である．2原子分子からなる気体を**2原子分子気体**という．2原子分子理想気体を等分配則の観点から考察しよう．

2原子分子理想気体をなす分子の力学的エネルギーは，3つの要素から構成される．まず並進運動の運動エネルギーであるが，これは前節で見た通り1分子あたりの平均値は $\frac{3}{2}k_{\mathrm{B}}T$ である．

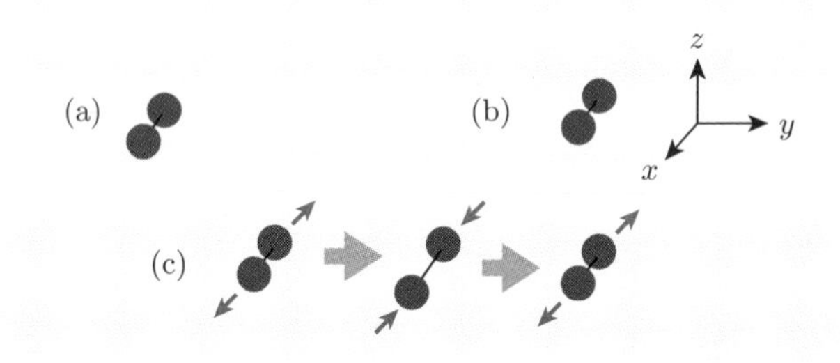

(a) 2原子分子の模式図．(b) 並進運動の自由度は3．(c) 2原子分子の振動運動．

次に2つの原子の距離が伸び縮みすることによる振動運動がある（図）．この運動は(8.16)式に示されたような，運動エネルギーと（復元力に起因する）位置エネルギーからなる自由度2の運動である．この振動エネルギーの平均値は1分子あたり $2 \times \frac{1}{2}k_{\mathrm{B}}T = k_{\mathrm{B}}T$ ということになる．

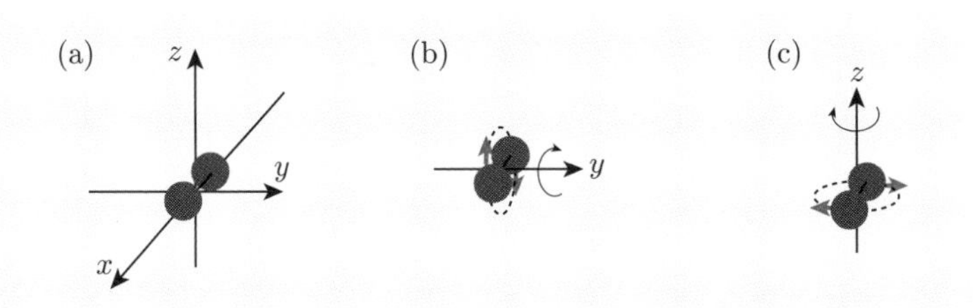

(a) 2原子分子の配置．(b) y 軸を軸にした回転．(c) z 軸を軸にした回転．

最後は分子がある軸を中心に回転することによるエネルギーである．回転のエネルギーは回転軸に関する**慣性モーメント**を I，角運動量の大きさを J としたとき $\frac{J^2}{2I}$ で与えられる．**回転運動の自由度は2**である．これは次のように理解することができる：2原子分子をなす2つの原子を図(a)に示すように，x軸に沿って並ぶように配置してみる．このとき分子はy軸を軸とする回転（図(b)）とz軸を軸とする回転（図(c)）が，それぞれ独立な回転運動となる．つまり回転運動のエネルギー平均値は1分子あたり

$$\langle \varepsilon_{\text{回転}} \rangle = 2 \times \left\langle \frac{J^2}{2I} \right\rangle = 2 \times \frac{1}{2} k_B T = k_B T \tag{8.20}$$

で与えられることになる．

以上より，並進，振動，および回転のすべての運動が生じているときの，2原子分子気体のエネルギーの平均値は，1分子あたり

$$\begin{aligned}\langle \varepsilon \rangle &= \langle \varepsilon_{\text{並進}} \rangle + \langle \varepsilon_{\text{振動}} \rangle + \langle \varepsilon_{\text{回転}} \rangle \\ &= (3+2+2) \times k_B T = \frac{7}{2} k_B T \end{aligned} \tag{8.21}$$

であることが期待される．ところが実際に観測される2原子分子気体の内部エネルギーの大きさは，(2.10)式で示したように$\langle \varepsilon \rangle = \frac{5}{2} k_B T$である．この違いは何から生じているのだろうか．実は，**常温では並進運動と回転運動だけが存在し，振動運動は生じていない**のである．すなわち常温領域における1分子あたりのエネルギーの平均値は

$$\begin{aligned}\langle \varepsilon_{\text{常温}} \rangle &= \langle \varepsilon_{\text{並進}} \rangle + \langle \varepsilon_{\text{回転}} \rangle \\ &= (3+2) \times k_B T = \frac{5}{2} k_B T \end{aligned} \tag{8.22}$$

のように計算されるのである．

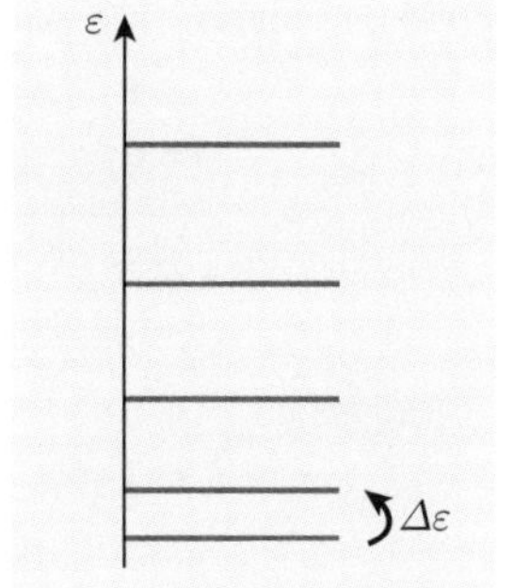

エネルギー準位の間隔（$\Delta\varepsilon \fallingdotseq k_B T_{\text{励起}}$）に匹敵する温度$T_{\text{励起}}$で，熱エネルギーを供給すると運動が励起される．

系を温めて絶対零度から徐々に温度を上げていくと，各粒子は次第に並進，回転，および振動の順に運動を始める（運動の**励起**）．ただし3つの運動が励起される温度は，それぞれ大きく異なっている．励起温度が異なるのは，運動が量子化されていることに起因している．例えばエネルギーが最も低い基底状態から，次に高い状態（**第1励起状態**）に遷移させるためには，エネルギー準位の間隔に相当するエネルギーを，熱エネルギーとして供給しなければならない（図）．2原子分子気体の振動運動を励起するには数千Kの熱エネルギーが必要であり，300K程度の常温では振動運動は生じていないのである．

ちょっと寄り道　**2原子分子の運動の励起温度**

2原子分子の並進，回転および振動の3つの運動が励起される温度は，熱の形で与えられるエネルギー $k_{\mathrm{B}}T$ の大きさが，量子化されたエネルギー準位の間隔と同程度になるときの温度として見積もることができる．3次元の並進運動をする自由粒子のエネルギー準位は(7.40)式で与えた．また量子化された回転のエネルギーは，慣性モーメントを I として

$$\varepsilon_{\text{回転}} = \frac{\hbar^2}{2I} j(j+1) \quad (j = 0, 1, 2, \ldots), \tag{1}$$

角振動数 ω の調和振動子の場合は

$$\varepsilon_{\text{振動}} = \left(n + \frac{1}{2}\right) \hbar\omega \quad (n = 0, 1, 2, \ldots), \tag{2}$$

のようにそれぞれ与えられる．これらより並進，回転，振動が励起される温度（それぞれ $T_{\text{並進}}$，$T_{\text{回転}}$，$T_{\text{振動}}$）は，以下で与えられることになる：

$$k_{\mathrm{B}}T_{\text{並進}} \simeq \frac{\hbar^2}{2m}\frac{\pi^2}{L^2}, \quad k_{\mathrm{B}}T_{\text{回転}} \simeq \frac{\hbar^2}{2I}, \quad k_{\mathrm{B}}T_{\text{振動}} \simeq \hbar\omega.$$

キッテルによる概算♠2 を以下に示す：

$$T_{\text{並進}} \simeq 10^{-14}\,\mathrm{K}, \quad T_{\text{回転}} \simeq 10\,\mathrm{K}, \quad T_{\text{振動}} \simeq 10^4\,\mathrm{K}.$$

さらに，ランダウとリフシッツの教科書♠3 に記載されている，代表的な2原子分子の回転運動と振動の励起温度を表に与える．

代表的な2原子分子の回転運動と振動の励起温度

	H_2	D_2	N_2	O_2	NO	HCl
$T_{\text{回転}}$（K）	85.4	43	2.9	2.1	2.4	15.2
$T_{\text{振動}}$（K）	6100	—	3340	2230	2690	4140

並進運動は $\mathrm{T} = 10^{-14}\,\mathrm{K}$ という極低温で運動が励起されるため，1自由度あたり $\frac{1}{2}k_{\mathrm{B}}T$ のエネルギーが割り当てられるエネルギーの等分配則はすべての温度領域で成立しているとしてよい．他方，回転運動は数Kから数十K，振動にいたっては数千K程度にならなければ運動は励起されない．これらの運動に関しては，エネルギーの等分配則が成立しない低温領域が存在しているということである．つまり常温領域である300K付近では，励起されているのは並進運動と回転運動の2つの運動であり，その結果，2原子分子理想気体の内部エネルギーは $U = \frac{5}{2}nRT$ になっている，ということである．□

♠2 キッテル『統計物理』，サイエンス社，1977.

♠3 ランダウ，リフシッツ『統計物理学』，岩波書店，1980.

8.4 グランドカノニカル分布

カノニカル分布は，熱浴と接触する系のエネルギーの確率分布であり，系の体積と粒子数は固定されていた．ただし粒子数が固定されている状況は限定的である．第5章で化学ポテンシャルを導入する際に言及したように，容器の蓋が開いていて溶液が流れ込むような場合は物質量は一定ではない．また**フェルミ粒子** ♠4 である電子は金属中を自由に動き回るため，金属中のある領域に含まれる電子数は一定ではないし，**ボース粒子**である**光子**（光の粒のこと）も，生成と消滅を繰り返すため粒子数（光子数）を固定することができない．

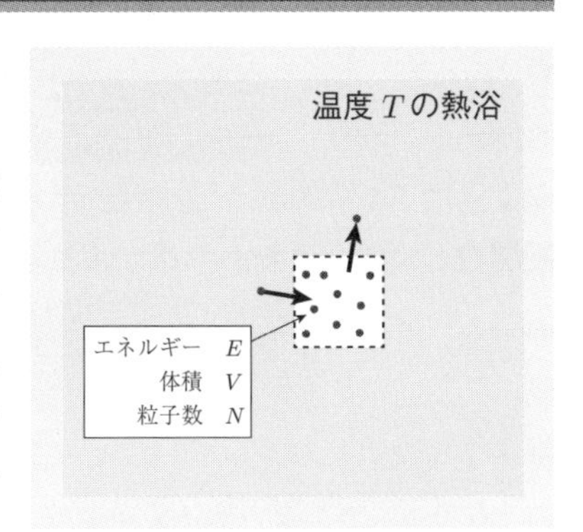

箱（点線内）の気体は，体積だけが固定されている．熱浴との間で出入りのあるエネルギー E と粒子数 N は時々刻々と変化している．

粒子の移動や変化があるとき，系の平衡状態は化学ポテンシャルによって特徴付けられる．そこで系は熱浴と温度 T の熱平衡状態にあると同時に，化学ポテンシャル μ で特徴付けられる化学的平衡状態にあるとする．このとき系のエネルギーが E で，粒子数が N である確率は以下で与えられる ♠5：

$$P(E,N) \propto \exp\{-\beta(E-\mu N)\} = e^{-\beta E}\, e^{\beta\mu N}. \tag{8.23}$$

規格化のための条件式は，エネルギーが離散的か連続的かによって

$$\sum_{N=0}^{\infty}\sum_{l} P(E_l,N) = 1, \quad \sum_{N=0}^{\infty}\int P(E,N)\, dE = 1$$

により与えられる．カノニカル分布の分配関数のような規格化因子は，縮退の重複度を $g(E_l)$ として

$$\Xi = \sum_{N=0}^{\infty}\sum_{l} g(E_l)\, e^{-\beta(E_l-\mu N)}, \tag{8.24}$$

♠4 フェルミ粒子とボース粒子は次章で説明する．

♠5 付録 B 参照．

または状態密度を $D(E)$ として

$$\varXi = \sum_{N=0}^{\infty} \int D(E)\, e^{-\beta(E-\mu N)}\, dE \tag{8.25}$$

のように $\varXi$（ギリシャ文字「クサイ」の大文字）で表すことにする．$\varXi$ を**大分配関数**とよぶ．すなわち系がエネルギー E と粒子数 N をもつ確率は

$$P(E,N) = \frac{1}{\varXi}\, D(E) \exp\bigl\{-\beta(E-\mu N)\bigr\} \tag{8.26}$$

のように与えられることになる．(8.26) 式を**グランドカノニカル分布**とよぶ．

エネルギーの平均値 $\langle E\rangle$ は，以下のように計算される：

$$\langle E\rangle = \sum_{N=0}^{\infty} \sum_{l} E_l P(E_l, N), \quad \langle E\rangle = \sum_{N=0}^{\infty} \int E P(E,N)\, dE.$$

系に見出される粒子数もいまは時々刻々と変化する量であり，その平均値 $\langle N\rangle$ と分散 σ_N^2 は以下で与えられる：

$$\langle N\rangle = \frac{k_{\mathrm{B}}T}{\varXi} \frac{\partial \varXi}{\partial \mu} \tag{8.27}$$

$$\sigma_N^2 = k_{\mathrm{B}}T \frac{\partial \langle N\rangle}{\partial \mu}. \tag{8.28}$$

導入 例題 8.3

系の粒子数 N の平均値と分散が，それぞれ (8.27) 式と (8.28) 式により与えられることを，以下の誘導に従って示せ．

(1) エネルギーが連続な場合，平均値 $\langle N\rangle$ は以下の計算で求まる：

$$\langle N\rangle = \sum_{N=0}^{\infty} \int N P(E,N)\, dE. \tag{8.29}$$

(8.29) 式に (8.26) 式を代入して，(8.27) 式を導け．

ヒント：以下の式を使え：

$$N D(E) \exp\bigl\{-\beta(E-\mu N)\bigr\} = \frac{1}{\beta} \frac{\partial}{\partial \mu} D(E) \exp\bigl\{-\beta(E-\mu N)\bigr\}.$$

(2) 以下の式を導け：

$$\langle N^2\rangle = \frac{(k_{\mathrm{B}}T)^2}{\varXi} \frac{\partial^2 \varXi}{\partial \mu^2}. \tag{8.30}$$

(3) (8.27) 式と (8.30) 式を使うと，粒子数の分散は定義より

$$\sigma_N^2 = \langle N^2 \rangle - \langle N \rangle^2 = \frac{(k_{\mathrm{B}}T)^2}{\Xi} \frac{\partial^2 \Xi}{\partial \mu^2} - \left(\frac{k_{\mathrm{B}}T}{\Xi} \frac{\partial \Xi}{\partial \mu} \right)^2. \tag{8.31}$$

(8.28) 式と (8.31) 式が等しいことを示せ.

【解答】 (1) 平均値 $\langle N \rangle$ の計算式 (8.29) に (8.26) 式を代入すると

$$\begin{aligned}\langle N \rangle &= \frac{1}{\Xi} \sum_{N=0}^{\infty} \int N D(E) \exp\bigl\{-\beta(E - \mu N)\bigr\}\, dE \\ &= \frac{1}{\Xi} \sum_{N=0}^{\infty} \int \frac{1}{\beta} \frac{\partial}{\partial \mu} D(E) \exp\bigl\{-\beta(E - \mu N)\bigr\}\, dE.\end{aligned}$$

ここで和，積分および偏微分の順番を入れ替えると

$$\langle N \rangle = \frac{1}{\beta \Xi} \frac{\partial}{\partial \mu} \sum_{N=0}^{\infty} \int D(E) \exp\bigl\{-\beta(E - \mu N)\bigr\}\, dE = \frac{1}{\beta \Xi} \frac{\partial \Xi(T, V, \mu)}{\partial \mu}.$$

これは (8.27) 式に他ならない.（エネルギーが離散的な場合も同様.）

(2) 以下の関係式を使って，小問 (1) の答えと同様のことを行えばよい：

$$N^2 D(E) \exp\bigl\{-\beta(E - \mu N)\bigr\} = \frac{1}{\beta^2} \frac{\partial^2}{\partial \mu^2} D(E) \exp\bigl\{-\beta(E - \mu N)\bigr\}.$$

(3) (8.28) 式の右辺に (8.27) 式を代入して整理すると

$$\begin{aligned}k_{\mathrm{B}}T \frac{\partial}{\partial \mu} \langle N \rangle &= k_{\mathrm{B}}\, T \frac{\partial}{\partial \mu} \left(\frac{k_{\mathrm{B}}T}{\Xi} \frac{\partial \Xi}{\partial \mu} \right) \\ &= (k_{\mathrm{B}}T)^2 \left\{ \frac{\partial}{\partial \mu} \left(\frac{1}{\Xi} \right) \cdot \frac{\partial \Xi}{\partial \mu} + \frac{1}{\Xi} \frac{\partial^2 \Xi}{\partial \mu^2} \right\}.\end{aligned} \tag{8.32}$$

ここで

$$\frac{\partial}{\partial \mu} \left(\frac{1}{\Xi} \right) = -\frac{1}{\Xi^2} \frac{\partial \Xi}{\partial \mu}$$

を (8.32) 式に代入すると，(8.31) 式が導かれる．すなわち，(8.28) 式と (8.31) 式は等しいことが示された. ■

大分配関数から導かれる以下の関数 J は**グランドポテンシャル**とよばれる：

$$J(T, V, \mu) = -k_{\mathrm{B}}T \ln \Xi(T, V, \mu). \tag{8.33}$$

系の状態を決定しているのは温度 T，体積 V，および化学ポテンシャル μ であり，大分配関数もグランドポテンシャルもこれらを独立変数とする関数である．粒子数の平均値である (8.27) 式は，グランドポテンシャルを使うと

$$\langle N\rangle = \frac{k_{\mathrm{B}}T}{\Xi}\frac{\partial \Xi}{\partial \mu} = k_{\mathrm{B}}T\,\frac{\partial}{\partial \mu}\ln \Xi$$

$$\Longleftrightarrow \quad \langle N\rangle = -\frac{\partial J(T,V,\mu)}{\partial \mu} \tag{8.34}$$

のように表すことができる．

大分配関数の計算で，エネルギー E に関する積分の部分は

$$\int D(E)\,e^{-\beta(E-\mu N)}\,dE = e^{\beta\mu N}\int D(E)\,e^{-\beta E}\,dE = e^{\beta\mu N}Z_N$$

のように N 粒子系のカノニカル分布の分配関数 Z_N を使って表すことができることに注目しよう．すなわち大分配関数を

$$\Xi(T,V,\mu) = \sum_{N=0}^{\infty} e^{\beta\mu N}Z_N \tag{8.35}$$

のように表すことができるのである．

理想気体に対しては大分配関数を具体的に求めることができる．前章で (7.46) 式として求めた1粒子系の分配関数 Z_1 は長さの次元をもつ**ド・ブロイ波長** λ_{B} を使って $Z_1 = \frac{V}{\lambda_{\mathrm{B}}^3}$ のように表すことができる♠6．これを N 粒子系の分配関数 Z_N に代入すると

$$Z_N = \frac{1}{N!}Z_1^N = \frac{1}{N!}\left(\frac{V}{\lambda_{\mathrm{B}}^3}\right)^N . \tag{8.36}$$

これを (8.35) 式に代入すると理想気体に対する大分配関数が求まる：

理想気体の大分配関数：
$$\Xi(T,V,\mu) = \sum_{N=0}^{\infty} e^{\beta\mu N}\frac{1}{N!}\left(\frac{V}{\lambda_{\mathrm{B}}^3}\right)^N . \tag{8.37}$$

(8.37) 式を使うと理想気体の平均粒子数と分散は，以下のように求まる♠7：

$$\langle N\rangle = e^{\beta\mu}\frac{V}{\lambda_{\mathrm{B}}^3}, \quad \sigma_N^2 = \langle N\rangle . \tag{8.38}$$

♠6 ド・ブロイ波長については本章末の演習問題 8.2 参照.

♠7 本章末，演習問題 8.3 参照.

理想気体は粒子数の平均値と分散が一致しているのである♠8．すなわち粒子数の平均値に対する揺らぎ（標準偏差）の比も，以下の形をもつことになる：

$$\frac{\sqrt{\sigma_N^2}}{\langle N\rangle}=\frac{1}{\sqrt{\langle N\rangle}}. \tag{8.41}$$

8.1 節で見たエネルギー揺らぎと同じく，粒子数の揺らぎも平均値に比べれば無視してよいということである．

グランドポテンシャル J とヘルムホルツの自由エネルギー F は

$$F=J+\mu N \tag{8.42}$$

のように関係付けられる．平衡状態では粒子数の揺らぎが "ほぼない" ことを考慮すると，この関係は容易に理解できる．「粒子数は $N=\langle N\rangle$ に集中して分布している」と考え，(8.35) 式の粒子数 N を平均値 $\langle N\rangle$ に置き換えてみる：

$$\Xi(T,V,\mu)=\sum_{N=0}^{\infty}e^{\beta\mu N}Z_N\simeq e^{\beta\mu\langle N\rangle}Z_{\langle N\rangle}(T,V).$$

するとグランドポテンシャルは

♠8 理想気体の粒子数分布はグランドカノニカル分布をエネルギーについて積分して

$$\begin{aligned}P(N)&=\int P(E,N)\,dE=\frac{1}{\Xi}\,e^{\beta\mu N}\int D(E)\,e^{-\beta E}\,dE\\&=\frac{1}{\Xi}\,e^{\beta\mu N}Z_N\end{aligned} \tag{8.39}$$

と求まる．(8.39) 式に理想気体の大分配関数 Ξ の表式 (8.37)

$$\begin{aligned}\Xi(T,V,\mu)&=\sum_{N=0}^{\infty}e^{\beta\mu N}\,\frac{1}{N!}\left(\frac{V}{\lambda_{\mathrm{B}}^3}\right)^N=\sum_{N=0}^{\infty}\frac{1}{N!}\left(e^{\beta\mu}\,\frac{V}{\lambda_{\mathrm{B}}^3}\right)^N\\&=\sum_{N=0}^{\infty}\frac{\langle N\rangle^N}{N!}=e^{\langle N\rangle}\end{aligned}$$

と，カノニカル分布の分配関数 Z_N の式 (8.36) を代入すると

$$\begin{aligned}P(N)&=e^{-\langle N\rangle}\,e^{\beta\mu N}\,\frac{1}{N!}\left(\frac{V}{\lambda_{\mathrm{B}}^3}\right)^N=e^{-\langle N\rangle}\,\frac{1}{N!}\left(e^{\beta\mu}\,\frac{V}{\lambda_{\mathrm{B}}^3}\right)^N\\&=e^{-\langle N\rangle}\,\frac{\langle N\rangle^N}{N!}.\end{aligned} \tag{8.40}$$

これはポアソン分布（第 7 章末，演習問題 7.2 参照）に他ならない．よって，平均値と分散は等しいことになる．

$$J = -\frac{1}{\beta}\ln \Xi(T,V,\mu) = -\frac{1}{\beta}\ln\left\{e^{\beta\mu\langle N\rangle} Z_{\langle N\rangle}(T,V)\right\}$$
$$= -\mu\langle N\rangle - \frac{1}{\beta}\ln Z_{\langle N\rangle}(T,V) = -\mu\langle N\rangle + F(T,V,\langle N\rangle)$$

のように表されることになる．ここで $\langle N\rangle$ を N に戻せば

$$J(T,V,\mu) = -\mu N + F(T,V,N)$$

の関係を得る．これは (8.42) 式に他ならない．

(8.42) 式の全微分に (5.24) 式（$dF = -S\,dT - p\,dV + \mu\,dN$）を代入すると♠9，グランドポテンシャルの全微分が以下のように求まる：

$$dJ = -N\,d\mu - \mu\,dN + dF$$
$$\Longleftrightarrow \quad dJ = -S\,dT - p\,dV - N\,d\mu. \tag{8.43}$$

グランドポテンシャル J の自然な変数は温度 T，体積 V，および化学ポテンシャル μ であり，それらの変数による微分からエントロピー S，圧力 p，および粒子数 N が求まる：

$$S = -\frac{\partial J(T,V,\mu)}{\partial T}, \quad p = -\frac{\partial J(T,V,\mu)}{\partial V}, \quad N = -\frac{\partial J(T,V,\mu)}{\partial \mu}. \tag{8.44}$$

確認 例題 8.3

グランドポテンシャルは，圧力 p と体積 V を使って

$$J = -pV \tag{8.45}$$

のように表されることを示せ．

ヒント：ギブズの自由エネルギーは $G = \mu N$ である．

【解答】 ギブズの自由エネルギーの定義式（$G = F + pV$）に (8.42) 式を代入して F を消去すると，$J = F - \mu N = G - pV - \mu N$．これに $G = \mu N$ を代入すると (8.45) 式が導かれる． ■

♠9 (5.24) 式の物質量 n は粒子数 N に置き換えている．

第8章　演習問題

8.1 【重力を受ける粒子】 質量 m の単原子分子が，無限の高さをもつ円柱容器の中を重力を受けながら運動している．q_z を鉛直上向きの座標，重力加速度の大きさを g とする．地表の位置 $q_z = 0$ を重力による位置エネルギーの基準点とすれば，粒子のハミルトニアンは以下で与えられる：

$$H = \frac{\boldsymbol{p}^2}{2m} + mgq_z. \tag{8.46}$$

円柱容器全体は温度 T の熱平衡状態にあるとして，以下の設問に答えよ．

(1)　粒子がもつエネルギーの平均値 $\langle H \rangle$ を求めよ．

(2)　大気の温度は上空まで一様に 7 °C であり，その成分は窒素分子（原子番号 14）のみと仮定する．平均の高さ $\langle q_z \rangle$ を有効数字 2 桁で求めよ．

8.2 【ザックール–テトロードの式】 量子力学の基本原理に**波と粒子の 2 重性**がある．この原理によるとすべての物質は波の性質をもち，運動量の大きさが p であれば，関連する波の波長は $\lambda_{\mathrm{B}} = \frac{h}{p}$ で与えられる．λ_{B} を**ド・ブロイ波長**とよぶ．ここでボルツマン定数を含む形のド・ブロイ波長（熱的ド・ブロイ波長）を

$$\lambda_{\mathrm{B}} = \frac{h}{\sqrt{2\pi m k_{\mathrm{B}} T}} \tag{8.47}$$

で定義することにする．1 辺がド・ブロイ波長の大きさをもつ体積 λ_{B}^3 の立方体に，粒子が平均的に 1 つ存在するような粒子数密度を考えてみよう．この数密度は

$$\rho_{\mathrm{Q}} = \frac{1}{\lambda_{\mathrm{B}}^3} \tag{8.48}$$

のように表すことができる．ρ_{Q} は**量子濃度**とよばれる．以下の設問に答えよ．

(1)　7.3 節の導入例題 7.7 で 1 粒子系の分配関数 Z_1 が (7.46) 式で表されることを導いたが，これは量子濃度を使って

$$Z_1 = \rho_{\mathrm{Q}} V \tag{8.49}$$

のように表されることを示せ．

(2)　理想気体（粒子数 N）のヘルムホルツの自由エネルギーは，量子濃度 ρ_{Q} と実際の粒子数密度 ρ $\left(= \frac{N}{V}\right)$ を使って以下で表されることを示せ：

$$F = N\left\{-k_{\mathrm{B}} T \left(\ln \frac{\rho_{\mathrm{Q}}}{\rho} + 1\right)\right\}. \tag{8.50}$$

(3)　理想気体のエントロピーは以下で表されることを示せ：

$$S = N k_{\mathrm{B}} \left(\ln \frac{\rho_{\mathrm{Q}}}{\rho} + \frac{5}{2}\right). \tag{8.51}$$

(8.51) 式を**ザックール–テトロードの式**という．

(4)　理想気体の化学ポテンシャルは次式で表されることを示せ：

$$\mu = k_{\mathrm{B}} T \ln \frac{\rho}{\rho_{\mathrm{Q}}}. \tag{8.52}$$

8.3　【理想気体の平均粒子数と粒子数揺らぎ】　体積 V の容器に入れられ，温度 T および化学ポテンシャル μ の熱浴と熱的かつ拡散的に接触しながら平衡状態にある理想気体について，以下の設問に答えよ．

(1)　(8.37) 式の大分配関数は，以下のように表されることを示せ：

$$\varXi(T, V, \mu) = \exp\left(e^{\beta\mu} \frac{V}{\lambda_{\mathrm{B}}^3} \right). \tag{8.53}$$

(2)　(8.53) 式から平均粒子数は以下であることを導け：

$$\langle N \rangle = e^{\beta\mu} \frac{V}{\lambda_{\mathrm{B}}^3}. \tag{8.54}$$

(3)　粒子数の分散は平均値 $\langle N \rangle$ に一致することを示せ．

第9章 量子統計

粒子はフェルミ粒子とボース粒子に大別される．そして極低温または超高密度といった極限的な条件下では，フェルミ粒子系とボース粒子系は全く異なる性質を示すことになる．それらの特性を記述するのが量子統計である．フェルミ粒子およびボース粒子からなる物質が，それぞれどのような熱力学的特性をもつかを本章で学ぶ．

9.1 フェルミ統計とボース統計

実在する粒子は**スピン角運動量**（または単に**スピン**）とよばれる角運動量をもっている．そしてその大きさに応じて，以下の2種類に分類されている．

- **【フェルミ粒子（フェルミオン）】**
  電子，陽子，中性子など物質を作っている素粒子や ^{3}H（ヘリウム3）♠1 など．スピンの大きさは半奇数（$\frac{1}{2}, \frac{3}{2}, \frac{5}{2}, \ldots$）．
- **【ボース粒子（ボゾン）】**
  光子やフォノン ♠2 など光や音（格子振動）の素となる粒子や ^{4}H（ヘリウム4）など．スピンの大きさは零または自然数（$0, 1, 2, 3, \ldots$）．

ここからはフェルミ粒子だけ，もしくはボース粒子だけのように同種の粒子だけからなり，相互作用なく運動する理想気体（それぞれ**理想フェルミ気体**および**理想ボース気体**とよぶことにする）を考えることにする．

フェルミ粒子には1つのエネルギー準位を占有できる粒子の数が零または1に限られるという制約が存在する．無数に存在するエネルギー準位の中の1つの準位 ε_l に注目してみる．フェルミ粒子はこの準位を占有するか，しないかの2つの状態だけが可能になる（図(a)）．他方のボース粒子にはこのような制限はなく，図(b)に示すように無数の状態が存在できることになる．

♠1 ^{3}H および ^{4}H は共にヘリウムの同位体であり，^{3}H は ^{4}H よりも中性子の数が1つ少ない．地球に存在するヘリウムのほとんどは ^{4}H であるが，^{3}H もわずかに存在する．

♠2 格子振動（結晶中の原子の振動）を量子化したものを，フォノンとよんでいる．音子，あるいは音響量子と訳されることもある．

(a) **フェルミ粒子の場合**

ε_l ———— または ——●——

(b) **ボース粒子の場合**

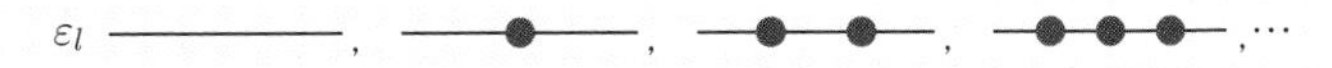

エネルギー準位 ε_l を占有する粒子．(a) 1 つのエネルギー準位を占有できるフェルミ粒子の数は 0 または 1．(b) ボース粒子の場合，1 つのエネルギー準位を占有する粒子数に制限はない．

零でないスピンをもつときは縮退を考慮に入れる必要がある．スピンの大きさが s のとき，スピンの z 成分の固有値 s_z とよばれる量が

$$s_z = -s, -(s-1), -(s-2), \ldots, s-2, s-1, s$$

という $2s+1$ 通りの値をとる．この数がスピンの縮退の多重度 g を与える：

$$g = 2s + 1. \tag{9.1}$$

例えばフェルミ粒子である電子では $s = \frac{1}{2}$ なので，多重度は $g = 2$ である．z 成分の固有値は $s_z = +\frac{1}{2}$ または $s_z = -\frac{1}{2}$ という 2 つの異なる値をとることができる．ここで一方の $+\frac{1}{2}$ をスピンアップ，他方の $-\frac{1}{2}$ をスピンダウンとよんでみよう．スピンアップとスピンダウンは異なる状態と見なされる．その結果，フェルミ粒子であっても s_z の値が異なっていれば，同じエネルギー準位を同時に占有することが可能になる（図）．

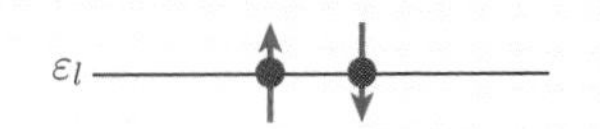

スピン $\frac{1}{2}$ をもつフェルミ粒子である電子は，アップ $\frac{1}{2}$ とダウン $-\frac{1}{2}$ の 2 重に縮退している．これらは異なる状態なので，同時に同じエネルギー準位を占有することができる．

導入 例題 9.1

フェルミ粒子である電子が，あるエネルギー準位を占有するときの実現可能なすべての状態を列挙せよ．

【解答】 図に示すように，(a) エネルギー準位は占有されない空の状態，(b) スピンアップの電子 1 つが占有する状態，(c) スピンダウンの電子 1 つが占有する

状態，(d) スピンアップとダウンの合計 2 つの電子が占有する状態 ♠3，の 4 種類の状態が実現可能である．

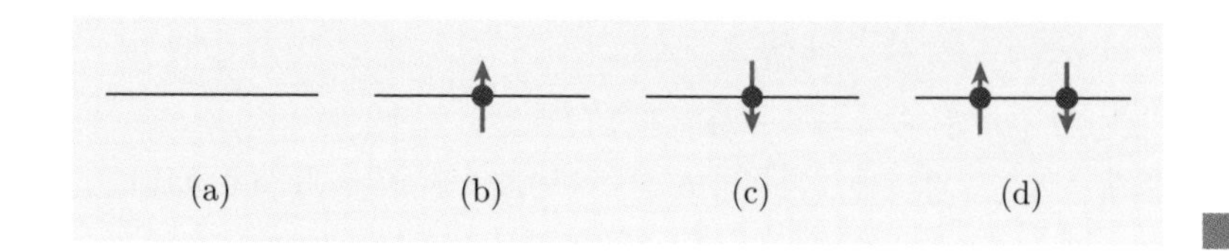

理想フェルミ気体と理想ボース気体のそれぞれの熱力学的特性を調べよう．目指すのは大分配関数を求めることである．そうすれば，グランドポテンシャルやヘルムホルツの自由エネルギーなどの熱力学関数を導くことができるからである．そのためにまずは，ある 1 つのエネルギー準位だけに着目した場合の大分配関数を導いてみることにする．

まず理想フェルミ気体から考えよう．エネルギー準位 ε_l を占有する状態はエネルギー準位を占有するか，しないかのいずれかであった．すなわち，実現される各状態をエネルギー E と粒子数 N の組合せ (E, N) として表すと，以下の 2 つの状態だけが存在できることになる ♠4：

$$(E, N) \in \big\{(0, 0), (\varepsilon_l, 1)\big\}.$$

2 つの状態の大分配関数への寄与は (8.24) 式より，占有しない状態の場合は $e^{-\beta(0-\mu\times 0)} = 1$ であり，占有するときは $e^{-\beta(\varepsilon_l-\mu\times 1)} = e^{-\beta(\varepsilon_l-\mu)}$ ということになる．よってエネルギー準位 ε_l のみを考えたときの大分配関数は以下となる：

$$\Xi_l = 1 + e^{-\beta(\varepsilon_l-\mu)}. \tag{9.2}$$

(9.2) 式より，準位 ε_l に対するグランドポテンシャルは

$$J_l(T, V, \mu) = -k_{\mathrm{B}} T \ln \Xi_l = -k_{\mathrm{B}} T \ln\big\{1 + e^{-\beta(\varepsilon_l-\mu)}\big\}. \tag{9.3}$$

準位 ε_l を占有するフェルミ粒子の平均個数 $\langle N_l \rangle$ は，(8.34) 式より

♠3　7.3 節で説明したように量子力学の要請より，スピンアップ状態の電子とスピンダウン状態の電子を入れ替えても，この 2 つの電子からなる系の状態はまったく同じものであるとする．

♠4　スピンによる多重度はここでは考えないことにする．

$$\langle N_l \rangle = -\frac{\partial J_l(T,V,\mu)}{\partial \mu} = k_\mathrm{B}T\,\frac{\beta e^{-\beta(\varepsilon_l-\mu)}}{1+e^{-\beta(\varepsilon_l-\mu)}}$$
$$\iff \langle N_l \rangle = \frac{1}{e^{\beta(\varepsilon_l-\mu)}+1}. \tag{9.4}$$

(9.4) 式は**フェルミ–ディラック分布**とよばれている♠5.

系全体を考える場合は，占有可能なすべてのエネルギー準位を考慮に入れればよい．例えば系の平均粒子数 $\langle N \rangle$ を求めるためには，(9.4) 式の両辺を添え字 l に関して和をとればよい：

$$\langle N \rangle = \sum_l \langle N_l \rangle = \sum_l \frac{1}{e^{\beta(\varepsilon_l-\mu)}+1}. \tag{9.5}$$

グランドポテンシャルも同様に (9.3) 式を l について和をとれば求めることができる．**理想フェルミ気体のグランドポテンシャル**を求める一般的な表式は

$$J(T,V,\mu) = \sum_l J_l(T,V,\mu) = -k_\mathrm{B}T\sum_l \ln\left\{1+e^{-\beta(\varepsilon_l-\mu)}\right\} \tag{9.6}$$

で与えられることになる．

次に理想ボース気体を考えてみよう．ここでもまずは1つの準位 ε_l だけに着目する．エネルギー E と粒子数 N で特徴付けられる系の状態 (E,N) として，準位 ε_l を占有するボース粒子の数が零から1つずつ増えるような

$$(E,N) \in \left\{(0,0),(\varepsilon_l,1),(2\varepsilon_l,2),\ldots,(n\varepsilon_l,n),\cdots\right\}$$

という無限個の組合せが存在することになる．このときの大分配関数は，以下の等比級数の和で表される：

$$\Xi_l = \sum_{n=0}^{\infty} e^{-\beta(n\varepsilon_l-\mu n)} = \sum_{n=0}^{\infty}\left(e^{-\beta(\varepsilon_l-\mu)}\right)^n. \tag{9.7}$$

(9.7) 式の和が発散しないための条件

$$e^{-\beta(\varepsilon_l-\mu)} < 1 \tag{9.8}$$

を仮定すると，等比級数の和の公式♠6 より，エネルギー準位 ε_l のみを考えた

♠5 エネルギー準位を占有する粒子の平均個数は，フェルミ粒子の性質から $0 \le \langle N_l \rangle \le 1$ の間に制限されているが，(9.4) 式はその制限を確かに満たしている．

♠6 定数の a と $|r| < 1$ に対して

$$\sum_{n=0}^{\infty} ar^n = \frac{a}{1-r}.$$

ときの大分配関数は以下のように求まる：

$$\Xi_l = \sum_{n=0}^{\infty}\left(e^{-\beta(\varepsilon_l-\mu)}\right)^n = \frac{1}{1-e^{-\beta(\varepsilon_l-\mu)}}. \tag{9.9}$$

(9.9) 式から準位 ε_l に対するグランドポテンシャルが

$$J_l(T,V,\mu) = k_{\mathrm{B}}T\ln\left\{1-e^{-\beta(\varepsilon_l-\mu)}\right\}, \tag{9.10}$$

すべてのエネルギー準位を考慮に入れた一般の場合のグランドポテンシャルが

$$J(T,V,\mu) = k_{\mathrm{B}}T\sum_l \ln\left\{1-e^{-\beta(\varepsilon_l-\mu)}\right\} \tag{9.11}$$

のように求まる．ε_l を占有するボース粒子の平均の粒子数は以下である：

$$\langle N_l\rangle = \frac{1}{e^{\beta(\varepsilon_l-\mu)}-1}. \tag{9.12}$$

$\langle N_l\rangle$ の値は，零から無限大までをとることができることに注意しよう．(9.12) 式は**ボース–アインシュタイン分布**とよばれる．

導入　例題 9.2

等比級数を計算したときに仮定した条件式 (9.8) は，理想ボース気体では実際に満足されなければならないものである．エネルギーの最低値（基底エネルギー）が零（$\varepsilon_0 = 0$）であると仮定する．このときすべてのエネルギー準位に対して，条件式 (9.8) が成立する条件は $\mu \leq 0$ である．すなわち**理想ボース気体では化学ポテンシャルは負（$\mu \leq 0$）でなければならないのである**．なぜならば化学ポテンシャルが正（$\mu > 0$）であると仮定すると，分布関数 (9.12) 式の解釈に不都合が生じる．どのような不都合が生じるかを説明せよ．

【解答】　$\mu > 0$ を仮定してみる．すると $0 \leq \varepsilon_l < \mu$ を満たすようなエネルギー準位に対しては $e^{\beta(\varepsilon_l-\mu)} < 1$ である．しかしこれでは (9.12) 式より $\langle N_l\rangle < 0$，すなわち非負であるべき粒子数の平均が負になってしまうという不都合が生じてしまう．■

フェルミ粒子とボース粒子の分布関数の違いを見てみよう．準位 ε_l を占有する平均粒子数をε_lの関数として$f(\varepsilon_l)$と表すことにする．すると$f(\varepsilon_l)$は，フェルミ粒子に対する(9.4)式とボース粒子の(9.12)式をまとめて

$$f(\varepsilon_l) = \frac{1}{e^{\beta(\varepsilon_l - \mu)} \pm 1} \tag{9.13}$$

のように表すことができる．右辺分母で＋記号をもつ方がフェルミ粒子に，－記号がボース粒子にそれぞれ該当している．

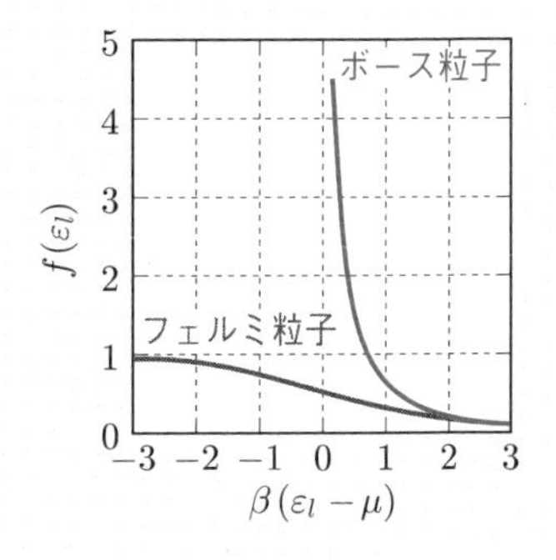

エネルギー準位ε_lを占有する，平均の粒子数

$\beta(\varepsilon_l - \mu)$を横軸にとったときの$f(\varepsilon_l)$の変化を図に示す．$\beta(\varepsilon_l - \mu)$が正の大きな値をとるときには両者の間に違いは見られない．他方，$\beta(\varepsilon_l - \mu)$の値が小さくなるにつれて大きな違いが生じてくる．

フェルミ粒子では，$\varepsilon_l < \mu$であるようなエネルギー準位を占有する平均粒子数は$T \to 0$（$\beta \to \infty$）で1に近付く．これは$\varepsilon_l < \mu$**であるようなエネルギー準位は，絶対零度に近い極低温では完全に占有されること**を意味している．エネルギーが最小となる絶対零度では，エネルギー準位はエネルギーの低い方から順番に，隙間なく占有されていくことになるのである．そしてちょうど$\varepsilon_l = \varepsilon_{\mathrm{F}} = \mu$となるようなエネルギー準位を境に

$$\lim_{T\to 0} f(\varepsilon_l) = \begin{cases} 1 & (\varepsilon_l < \varepsilon_{\mathrm{F}}), \\ 0 & (\varepsilon_l > \varepsilon_{\mathrm{F}}) \end{cases}$$

のように，占有される領域とそうでない領域とに明確に別れることになる．ε_{F}は**フェルミエネルギー**または**フェルミ準位**とよばれる．また「フェルミエネルギー以下のエネルギー準位が，すべて占有されている状態」のことを**フェルミ粒子の縮退**とよんでいる．

他方，ボース粒子では$T \to 0$の極限で基底状態を占有する平均粒子数が発散する．**極低温下ではほとんどのボース粒子は基底状態を占有する**のである．この状態は**ボース–アインシュタイン凝縮**とよばれている．

今度は反対に，(9.13)式でフェルミ粒子とボース粒子に違いが見られなくなる

$$e^{\beta(\varepsilon_l - \mu)} \gg 1 \tag{9.14}$$

の領域を考えてみよう．ここでは $f(\varepsilon_l)$ はフェルミ粒子とボース粒子共に

$$f(\varepsilon_l) \simeq e^{-\beta(\varepsilon_l - \mu)} \tag{9.15}$$

に近付くことになる．(9.15) 式右辺は (8.23) 式で $E_l = \varepsilon_l$，$N = 1$ としたものであることに注意しよう．(9.14) 式で表される条件が満たされる領域を**古典領域**とよぶことにする．$\varepsilon_l \geq 0$ であれば，古典領域にある条件は

$$e^{-\beta\mu} \gg 1 \tag{9.16}$$

である．理想気体に関しては，$e^{-\beta\mu}$ の値は（$\langle N \rangle \simeq N$ とした）(8.38) 式を使って

$$e^{-\beta\mu} = \frac{V}{\lambda_{\mathrm{B}}^3 N} = \frac{\rho_{\mathrm{Q}}}{\rho} \tag{9.17}$$

のように具体的に求まる．ρ_{Q} は前章の演習問題 8.2, (8.48) 式に定義した量子濃度である．理想気体が古典領域にあるための条件は，「系の粒子数密度 ρ $(= \frac{N}{V})$ が量子濃度 ρ_{Q} よりも $\rho \ll \rho_{\mathrm{Q}}$ のように十分に小さい」ということになる．言い換えると，粒子の平均間隔がド・ブロイ波長 λ_{B} よりも十分に大きければ，もっと簡単にいうと**密度が十分に低ければ古典領域にある**ということである．標準状態の空気では $e^{-\beta\mu} \simeq 10^6$ と見積もられている．これは十分に古典領域にあるといえる．古典領域にあるための条件は，または

$$\rho \ll \rho_{\mathrm{Q}} = \frac{1}{\lambda_{\mathrm{B}}^3} = \left(\frac{m k_{\mathrm{B}} T}{2\pi\hbar^2} \right)^{3/2} \tag{9.18}$$

のように表すことができる．固体など多くの系では粒子数密度 ρ は定数である．そのような系が**古典領域にあるためには，温度 T が十分に高ければよい**ことになる．反対に，フェルミ統計やボース統計を考慮に入れなければならない**量子領域**にあるための条件は，極低温状態ということになる．

量子統計のまとめ

- 粒子はフェルミ粒子とボース粒子に分類される．
- フェルミ粒子の統計的性質はフェルミ–ディラック分布，ボース粒子はボース–アインシュタイン分布とよばれる統計分布（量子統計）に従う．
- 超高密度や極低温の状態に対しては，系の状態は量子統計を用いて記述する必要がある．

9.2 縮退した理想フェルミ気体

本節では，理想フェルミ気体が量子領域にあるときの特性を説明する．特に以下の3つに注目する：

- **温度を絶対零度に近付けるとエントロピーは零に漸近すること**（古典領域では $T \to 0$ の極限で，エントロピーは負の無限大に発散する♠7）．
- **絶対零度付近では比熱は温度に比例すること**（古典領域ではエネルギー等分配の法則により，例えば単原子分子理想気体の内部エネルギーは $U = \frac{3}{2}Nk_\mathrm{B}T$ であり，比熱は $C = \frac{\partial U}{\partial T} = \frac{3}{2}Nk_\mathrm{B}$ のように定数である）．
- **絶対零度でも高い圧力を維持できること**（古典領域では理想気体の状態方程式 $pV = nRT$ が示すように，体積を一定に保ったまま温度を零に近付けると圧力は零に近付く）．

気体は温度 T，かつ，一様な密度をもつ熱平衡状態にあるとする．気体全体の中で体積 V を占める領域を系とする．ただし体積 V は粒子の大きさに比べて非常に大きく，その中に含まれる粒子数 N も膨大な数になると仮定する．この場合，前章の (8.41) 式に示されたように粒子数 N の揺らぎは非常に小さいものになる．そこで以降では粒子数の揺らぎは無視することにする．そして粒子数の平均値を表す式 (9.5) の記号を平均値を表す $\langle N \rangle$ から N に置き換えて，系の粒子数 N を以下のように表すことにする：

$$N = \sum_l \frac{1}{e^{\beta(\varepsilon_l - \mu)} + 1}. \tag{9.19}$$

気体をなすフェルミ粒子は質量 m をもつ自由粒子とする．さらに7.3節で自由粒子の分配関数を計算したときのように，系のもつエネルギーはエネルギー準位の間隔に比べて非常に大きく，よってエネルギーは連続的に変化するものとして計算する．このとき，粒子数 N を求める式 (9.19) のエネルギー準位 ε_l に関する和は，(7.45) 式の状態密度 $D(\varepsilon)$ を使った積分により

$$N = \int \frac{gD(\varepsilon)\, d\varepsilon}{e^{\beta(\varepsilon - \mu)} + 1}, \tag{9.20}$$

または運動量を $\boldsymbol{p} = (p_x, p_y, p_z)$ とした位相空間での積分により

♠7 例えば (6.2) 式の S_2 を定積熱容量 C_V が定数である気体の（$T = T_1$ を基準とする）エントロピーと考えれば，$T_2 \to 0$ で $S_2 \to -\infty$ となる．

$$N = \int \frac{g\,dV\,d\boldsymbol{p}}{(2\pi\hbar)^3}\frac{1}{e^{\beta(\boldsymbol{p}^2/2m-\mu)}+1} \tag{9.21}$$

のように表されることになる．(9.20) 式と (9.21) 式ではスピンの多重度 g が考慮に入れられている．また (9.21) 式に現れる dV は実空間での微小な体積を表していて，dV に関する積分は単に系の体積 V を与える．よって系の粒子数密度は以下の形をもつことになる：

$$\frac{N}{V} = \int \frac{g\,d\boldsymbol{p}}{(2\pi\hbar)^3}\frac{1}{e^{\beta(\boldsymbol{p}^2/2m-\mu)}+1}. \tag{9.22}$$

まずは絶対零度の状態から考えてみることにしよう．フェルミ分布の式 (9.4) によれば，温度が絶対零度に近付く（$T \to 0$）につれ，すなわち $\beta = \frac{1}{k_{\mathrm{B}}T} \to \infty$ となるにつれ，化学ポテンシャルよりも小さなエネルギー値をもつ準位 $\varepsilon < \mu$ を占有する粒子数は 1 に漸近し，反対に化学ポテンシャルよりも大きなエネルギー準位 $\varepsilon > \mu$ を占有する粒子数は零に漸近する．正確には化学ポテンシャルも温度に依存するので，絶対零度での化学ポテンシャルを，添字 0 をつけて μ_0 と表すことにすると，フェルミ分布の式は絶対零度の極限で

$$\lim_{T\to 0} f(\varepsilon) = \lim_{T\to 0}\frac{1}{e^{\beta(\varepsilon-\mu)}+1} = \begin{cases} 1 & (\varepsilon < \mu_0), \\ 0 & (\varepsilon > \mu_0). \end{cases}$$

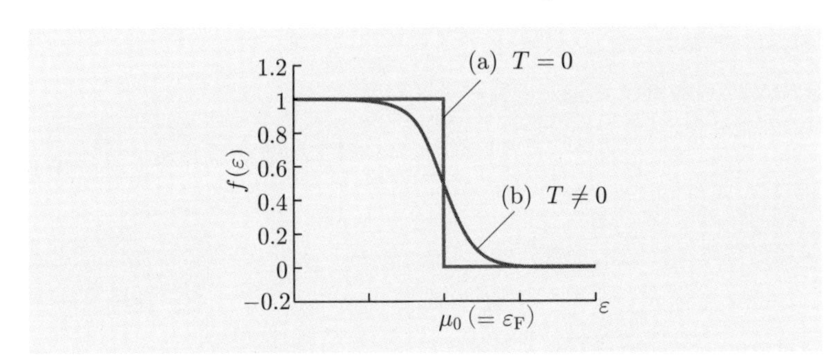

フェルミ粒子のエネルギー準位 ε に対する軌道占有率：
(a) 絶対零度（$T = 0$），(b) $T \neq 0$.

絶対温度では図の線 (a) に示されるように，$\varepsilon = \mu_0$ を境に階段状の形をもつことになる♠8．この境目となるエネルギーは前節で述べたフェルミエネルギー

♠8 $T > 0$ になると，図中の線 (a) で表される階段状の形から，線 (b) で示されるようななだらかに変化する曲線に変化する．

ε_F である．すなわち $\varepsilon_\mathrm{F} = \mu_0$ である．フェルミエネルギーに対応する運動量 $\boldsymbol{p}_\mathrm{F}$ を**フェルミ運動量**と名付けることにしよう：

$$\varepsilon_\mathrm{F} = \mu_0 = \frac{\boldsymbol{p}_\mathrm{F}^2}{2m}. \tag{9.23}$$

絶対零度ではフェルミエネルギー ε_F 以下の大きさのエネルギー準位はすべて占有されている．これは (9.22) 式の運動量の積分範囲は，絶対零度では運動量空間 (p_x, p_y, p_z) で原点を中心とする半径 p_F $(= |\boldsymbol{p}_\mathrm{F}|)$ の球の内部であることを意味している（図）．この運動量空間での球を**フェルミ球**という．

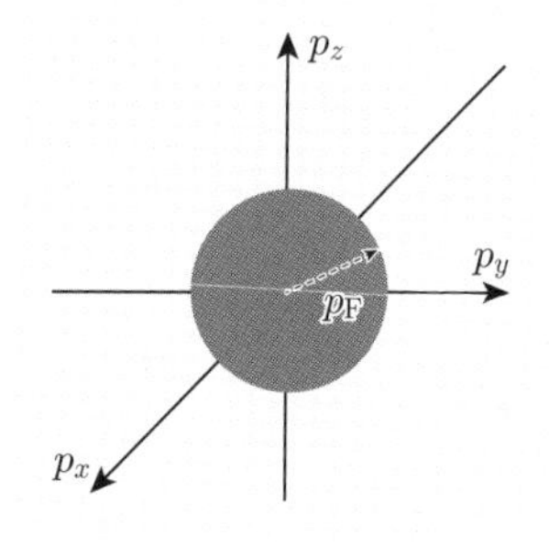

絶対零度（$T = 0$）でフェルミ粒子が到達可能な状態は，運動量空間では原点を中心とする球面（フェルミ球）の内部となる．

絶対零度の極限で (9.22) 式の積分を計算すると，フェルミエネルギーが

$$\varepsilon_\mathrm{F} = \mu_0 = \frac{\hbar^2}{2m}\left(\frac{6\pi^2}{g}\right)^{2/3}\left(\frac{N}{V}\right)^{2/3} \tag{9.24}$$

のように求まることを確かめてみよう．

導入　例題 9.3

絶対零度の極限での (9.22) 式の積分を実行し，フェルミエネルギーの表式 (9.24) を導け．以下を参考にせよ：

- (9.22) 式の被積分関数は絶対零度の極限では

$$\lim_{T\to 0}\frac{1}{e^{\beta(\boldsymbol{p}^2/2m-\mu)}+1} = \begin{cases} 1 & (\frac{\boldsymbol{p}^2}{2m} < \mu_0), \\ 0 & (\frac{\boldsymbol{p}^2}{2m} > \mu_0). \end{cases} \tag{9.25}$$

- 運動量座標に関する積分は，半径 p_F $(= |\boldsymbol{p}_\mathrm{F}|)$ のフェルミ球の内部にわたって行う．つまり $\int d\boldsymbol{p} = \int_0^{p_\mathrm{F}} 4\pi p^2\,dp$ のような，運動量の大きさ p の積分に置き換えられる．

【解答】　(9.22) 式の積分は，絶対零度では

$$\begin{aligned}\frac{N}{V} &= \lim_{T\to 0}\int \frac{g\,d\boldsymbol{p}}{(2\pi\hbar)^3}\frac{1}{e^{\beta(\boldsymbol{p}^2/2m-\mu)}+1} \\ &= \frac{g}{(2\pi\hbar)^3}\int_0^{p_\mathrm{F}} 4\pi p^2\,dp = \frac{g}{(2\pi\hbar)^3}\frac{4}{3}\pi p_\mathrm{F}^3\end{aligned}$$

のように計算される．よってフェルミ運動量は

$$p_{\mathrm{F}} = \left\{ \frac{(2\pi\hbar)^3}{g} \frac{3}{4\pi} \frac{N}{V} \right\}^{1/3} = \hbar \left(\frac{6\pi}{g} \right)^{1/3} \left(\frac{N}{V} \right)^{1/3} \tag{9.26}$$

と求まる．ここで $\varepsilon_{\mathrm{F}} = \frac{p_{\mathrm{F}}^2}{2m}$ の関係に (9.26) 式を代入して p_{F} を消去すると，(9.24) 式が求まる．■

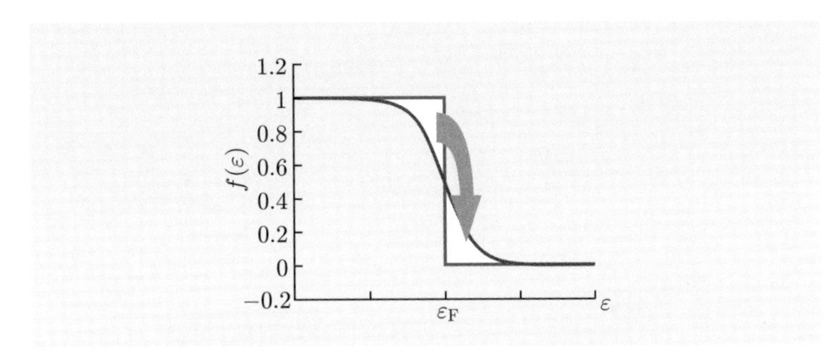

温度が有限になると，フェルミエネルギー付近を占有していた粒子から，より高いエネルギー準位に移動を始める．

絶対零度から温度を上げていくと，フェルミエネルギーよりも“より高い”エネルギー準位に移動する粒子が出現し，フェルミ縮退は解け始める．このとき，エネルギー準位を移動できる粒子はフェルミエネルギー付近を占有していたものに限られる．なぜならばフェルミ縮退が生じているとき，エネルギー準位は基底状態から順番に隙間なく占有されているため，低いエネルギーをもつ粒子は，空のエネルギー準位を見付けることができないからである（図）．これはすなわち，**フェルミエネルギーに匹敵する程度の熱エネルギーを与えなければ，フェルミ縮退は解けない**ことを意味している．フェルミ縮退を解くために必要な温度は，$\varepsilon_{\mathrm{F}} = k_{\mathrm{B}} T_{\mathrm{F}}$ という関係式から見積もることができる．T_{F} を**フェルミ温度**と名付けることにする．金属中に満ち満ちた電子を考えてみよう．電子は金属の中を自由に動きまわることができるため，しばしば**自由電子**とよばれる．（少しでも電位差があると，オームの法則に従って電流が生じるのはこのためである．）ここで金属中には自由電子という粒子からなる気体が充填されていると思って，これを**自由電子気体**とよぶことにする．自由電子気体のフェル

ミ温度は $T_{\mathrm{F}} \simeq 10^5\,\mathrm{K}$ 程度と概算される ♠9．すなわち 300 K 程度の常温では，金属中の自由電子は完全に縮退していると考えてよいのである．

$T > 0$ での理想フェルミ気体の熱力学的特性を調べてみよう．運動量 p と力学的エネルギー $\varepsilon = \frac{p^2}{2m}$ の関係より，$d\varepsilon = \frac{p}{m}\,dp$ であり，さらに

$$4\pi p^2\,dp = 4\pi p^2\,\frac{m}{p}\,d\varepsilon = 4\pi m\sqrt{2m\varepsilon}\,d\varepsilon$$

である．これを粒子数密度を求める式 (9.22) に代入し，変数を ε に変換すると

$$\begin{aligned}\frac{N}{V} &= \frac{g}{(2\pi\hbar)^3}\int_0^\infty \frac{4\pi p^2}{e^{\beta(p^2/2m-\mu)}+1}\,dp \\ &= \frac{gm^{3/2}}{\sqrt{2}\,\pi^2\hbar^3}\int_0^\infty \frac{\varepsilon^{1/2}}{e^{\beta(\varepsilon-\mu)}+1}\,d\varepsilon. \qquad (9.27)\end{aligned}$$

グランドポテンシャルを求める式は，同様に

$$\begin{aligned}J &= -k_{\mathrm{B}}T\sum_l \ln\bigl(1+e^{-\beta(\varepsilon_l-\mu)}\bigr) \\ &= -k_{\mathrm{B}}T\int \frac{gV\,d\boldsymbol{p}}{(2\pi\hbar)^3}\ln\bigl(1+e^{-\beta(\boldsymbol{p}^2/2m-\mu)}\bigr) \\ &= -\frac{gVk_{\mathrm{B}}T}{(2\pi\hbar)^3}\int 4\pi p^2\ln\bigl(1+e^{-\beta(p^2/2m-\mu)}\bigr)\,dp \\ &= -\frac{gVk_{\mathrm{B}}T}{4\pi^2\hbar^3}(2m)^{3/2}\int_0^\infty \varepsilon^{1/2}\ln\bigl(1+e^{-\beta(\varepsilon-\mu)}\bigr)\,d\varepsilon. \qquad (9.28)\end{aligned}$$

ここで (9.28) 式を部分積分することで

$$J = -\frac{gV}{6\pi^2\hbar^3}(2m)^{3/2}\int_0^\infty \frac{\varepsilon^{3/2}}{e^{\beta(\varepsilon-\mu)}+1}\,d\varepsilon \qquad (9.29)$$

という式を得ることができる ♠10．さらに内部エネルギーについても

$$\begin{aligned}U &= \sum_l \frac{\varepsilon_l}{e^{\beta(\varepsilon_l-\mu)}+1} = \int \frac{gV\,d\boldsymbol{p}}{(2\pi\hbar)^3}\,\frac{\boldsymbol{p}^2/2m}{e^{\beta(\boldsymbol{p}^2/2m-\mu)}+1} \\ \Longleftrightarrow\quad U &= \frac{gV(2m)^{3/2}}{4\pi^2\hbar^3}\int_0^\infty \frac{\varepsilon^{3/2}}{e^{\beta(\varepsilon-\mu)}+1}\,d\varepsilon \qquad (9.30)\end{aligned}$$

を得る．(9.29) 式と (9.30) 式より，理想フェルミ気体では一般に

♠9 例えば銅内部の自由電子気体に対するフェルミ温度は，約 $8.1\times 10^4\,\mathrm{K}$ 程度と計算される．章末の演習問題 9.1 参照.

♠10 (9.28) 式から (9.29) 式を求める計算の詳細は，付録 C.1 参照.

$$J = -\frac{2}{3}U \tag{9.31}$$

であることが導かれる．また確認例題 8.3 で示した関係式 (8.45)，すなわち $J = -pV$ から以下が導かれる：

$$pV = \frac{2}{3}U. \tag{9.32}$$

粒子数密度 $\frac{N}{V}$，グランドポテンシャル J，および内部エネルギー U を表す式 (9.27), (9.29)，および (9.30) は，いずれも

$$\int_0^\infty \frac{f(\varepsilon)}{e^{\beta(\varepsilon-\mu)}+1}\,d\varepsilon$$

という形の積分を含んでいる．この積分は温度 T に対して

$$\int_0^\infty \frac{f(\varepsilon)}{e^{\beta(\varepsilon-\mu)}+1}\,d\varepsilon = \int_0^\mu f(\varepsilon)\,d\varepsilon + \frac{\pi^2}{6}f'(\mu)(k_\mathrm{B}T)^2 + \frac{7\pi^4}{360}f'''(\mu)(k_\mathrm{B}T)^4 + \cdots \tag{9.33}$$

のようにべき級数展開することができる．これから公式 (9.33) を利用して $\frac{N}{V}$，J，U といった物理量の温度依存性を T^2 の精度まで計算する．T^4 といった高次の項は無視できるほど十分に低温[♠11]な場合での近似式を求めるということである．

導入 例題 9.4

粒子数密度 $\frac{N}{V}$ を表す式 (9.27) を，公式 (9.33) を使って温度 T でべき級数展開した式が，以下のように書けることを確かめよ．

$$\frac{N}{V} = \frac{gm^{3/2}}{\sqrt{2}\,\pi^2\hbar^3}\times\frac{2}{3}\mu^{3/2}\left\{1+\frac{\pi^2}{8}\left(\frac{k_\mathrm{B}T}{\mu}\right)^2+\cdots\right\}. \tag{9.34}$$

【解答】 公式 (9.33) の右辺第 1 項は，$f(\varepsilon) = \varepsilon^{1/2}$ を代入して

$$\int_0^\mu f(\varepsilon)\,d\varepsilon = \int_0^\mu \varepsilon^{1/2}\,d\varepsilon = \frac{2}{3}\mu^{3/2}$$

のように計算される．第 2 項の $(k_\mathrm{B}T)^2$ の係数は

♠11 金属中の自由電子気体は室温 $T \simeq 300\,\mathrm{K}$ であっても，フェルミ温度と比べれば十分に低温なのでここで述べる近似式は有効である．

$$\frac{\pi^2}{6}f'(\mu)=\frac{\pi^2}{6}\times\frac{1}{2}\mu^{-1/2}=\frac{\pi^2}{12\mu^{1/2}}$$

である．以上より T^2 までの展開式は

$$\begin{aligned}\frac{N}{V}&=\frac{gm^{3/2}}{\sqrt{2}\,\pi^2\hbar^3}\left\{\frac{2}{3}\mu^{3/2}+\frac{\pi^2}{12\mu^{1/2}}(k_\mathrm{B}T)^2+\cdots\right\}\\&=\frac{gm^{3/2}}{\sqrt{2}\,\pi^2\hbar^3}\times\frac{2}{3}\mu^{3/2}\left\{1+\frac{\pi^2}{8}\left(\frac{k_\mathrm{B}T}{\mu}\right)^2+\cdots\right\}\end{aligned}$$

のようになる． ■

化学ポテンシャルも一般には $\mu(T)$ のように温度に依存する．そこで μ_0, c_1, $c_2, \ldots$ を定数として，化学ポテンシャルを

$$\mu=\mu_0+c_1(k_\mathrm{B}T)+c_2(k_\mathrm{B}T)^2+\cdots \tag{9.35}$$

のようにべき級数展開してみる．絶対零度では (9.34) 式より

$$\frac{N}{V}=\frac{gm^{3/2}}{\sqrt{2}\,\pi^2\hbar^3}\times\frac{2}{3}\mu_0^{3/2}. \tag{9.36}$$

また (9.34) 式と (9.36) 式を使うと，化学ポテンシャルの展開式 (9.35) を

$$\mu=\mu_0\left\{1-\frac{\pi^2}{12}\left(\frac{k_\mathrm{B}T}{\mu_0}\right)^2+\cdots\right\} \tag{9.37}$$

のように表すことができる♠12．以上で理想フェルミ気体の温度依存性を調べる準備が整った．

グランドポテンシャルの温度依存性から調べてみよう．(9.29) 式を公式 (9.33) を使ってべき級数展開すると

$$J=-\frac{gV}{6\pi^2\hbar^3}(2m)^{3/2}\times\frac{2}{5}\mu^{5/2}\left\{1+\frac{5\pi^2}{8}\left(\frac{k_\mathrm{B}T}{\mu}\right)^2+\cdots\right\}. \tag{9.38}$$

(9.38) 式右辺の第2因子に (9.37) 式を代入すると

$$\begin{aligned}&\frac{2}{5}\mu^{5/2}\times\left\{1+\frac{5\pi^2}{8}\left(\frac{k_\mathrm{B}T}{\mu}\right)^2+\cdots\right\}\\&\simeq\frac{2}{5}\mu_0^{5/2}\left\{1-\frac{\pi^2}{12}\left(\frac{k_\mathrm{B}T}{\mu_0}\right)^2+\cdots\right\}^{5/2}\times\left\{1+\frac{5\pi^2}{8}\left(\frac{k_\mathrm{B}T}{\mu_0}\right)^2+\cdots\right\}\end{aligned}$$

♠12 (9.37) 式の導出は付録 C.2 を参照.

$$\simeq \frac{2}{5}\mu_0^{5/2}\left\{1+\frac{5\pi^2}{12}\left(\frac{k_{\rm B}T}{\mu_0}\right)^2+\cdots\right\}. \tag{9.39}$$

(9.39) 式を (9.38) 式に代入し，定義式 (9.23)（$\mu_0=\varepsilon_{\rm F}$）と (9.36) 式を使うと

$$J=-\frac{2}{5}N\varepsilon_{\rm F}\left\{1+\frac{5\pi^2}{12}\left(\frac{k_{\rm B}T}{\varepsilon_{\rm F}}\right)^2+\cdots\right\} \tag{9.40}$$

のように，グランドポテンシャル J を温度 T についてべき級数展開した式を得る．

エントロピーの温度依存性を調べてみよう．関係式 (8.42) から，ヘルムホルツの自由エネルギーは以下のように求まる．

$$F=J+\mu N=\frac{3}{5}N\varepsilon_{\rm F}\left\{1-\frac{5\pi^2}{12}\left(\frac{k_{\rm B}T}{\varepsilon_{\rm F}}\right)^2+\cdots\right\}. \tag{9.41}$$

この式から，絶対零度付近でのエントロピーの温度依存性が次のように求まる：

$$S=-\frac{\partial F(T,V,N)}{\partial T}\simeq\frac{\pi^2}{2}Nk_{\rm B}\left(\frac{k_{\rm B}T}{\varepsilon_{\rm F}}\right). \tag{9.42}$$

理想フェルミ気体の温度が絶対零度（$T\to 0$）に近づくと，エントロピーは零に漸近する（$S\to 0$）ことがわかる．

理想フェルミ気体の比熱を求めてみよう．グランドポテンシャルと内部エネルギーの関係式 (9.31) より，内部エネルギーの温度依存性は以下となる：

$$U=-\frac{3}{2}J=\frac{3}{5}N\varepsilon_{\rm F}\left\{1+\frac{5\pi^2}{12}\left(\frac{k_{\rm B}T}{\varepsilon_{\rm F}}\right)^2+\cdots\right\}. \tag{9.43}$$

(9.43) 式より，比熱の温度依存性は

$$C_{\text{フェルミ縮退}}=\frac{\partial U}{\partial T}\simeq\frac{\pi^2}{2}Nk_{\rm B}\left(\frac{k_{\rm B}T}{\varepsilon_{\rm F}}\right).$$

これを古典的な単原子分子理想気体の比熱 $C_{\text{古典}}=\frac{3}{2}Nk_{\rm B}$ と比較すると，フェルミ温度 $T_{\rm F}=\frac{\varepsilon_{\rm F}}{k_{\rm B}}$ を使って以下のように書くことができる：

$$\frac{C_{\text{フェルミ縮退}}}{C_{\text{古典}}}=\frac{\pi^2}{3}\frac{k_{\rm B}T}{\varepsilon_{\rm F}}\propto\frac{T}{T_{\rm F}}. \tag{9.44}$$

金属中の自由電子気体のフェルミ温度は 10^5 K 程度であった．つまり**古典的な理想気体と比べると，理想フェルミ気体の比熱は非常に小さいこと**を (9.44) 式は表している．これは次のように理解される：まず古典的な理想気体では，温度を $\varDelta T$ だけ上げると，1 粒子 1 自由度あたり $\frac{1}{2}k_{\rm B}\,\varDelta T$ だけのエネルギーが

全粒子に対して増加する．系全体が温度変化に応答するということである．他方，縮退した理想フェルミ気体では絶対零度付近から温度を上げていっても，フェルミ温度 T_F 程度まで温度を上昇させなければ，ほとんど変化が生じない．これは**状態変化が許されるのは，フェルミエネルギー近傍のエネルギー準位を占有している粒子に限られる**ことに起因している．縮退したフェルミ粒子系では，全体の中のごく一部の粒子だけしか温度変化に応答しないということである．

最後に理想フェルミ気体の圧力を見てみよう．(9.32) 式より，圧力を与える表式は

$$p = \frac{2}{3}\frac{U}{V} = \frac{2}{5}\frac{N}{V}\varepsilon_\mathrm{F}\left\{1 + \frac{5\pi^2}{12}\left(\frac{k_\mathrm{B}T}{\varepsilon_\mathrm{F}}\right)^2 + \cdots\right\} \tag{9.45}$$

となる．理想フェルミ気体は絶対零度の極限（$T \to 0$）でも

$$\lim_{T\to 0} p = \frac{2}{5}\frac{N}{V}\varepsilon_\mathrm{F} = \frac{\hbar^2}{5m}\left(\frac{6\pi^2}{g}\right)^{2/3}\left(\frac{N}{V}\right)^{5/3} \tag{9.46}$$

で表される大きさの圧力をもつことになる．金属中の自由電子気体に対しては，この値はおよそ 10^{10} Pa という非常に大きなものになる（章末の演習問題 9.1 参照）.

ちょっと寄り道 **フェルミ縮退と星**

地球の中心付近の圧力は 3×10^{11} Pa 程度であることが知られており，金属中の自由電子気体の圧力とほぼ同じ大きさである．星は重力によって押しつぶされないように，何らかの圧力を生む仕組みをもっている．それらはガス圧であったり，核反応による輻射圧であったりであるが，縮退したフェルミ粒子の圧力もそのうちの１つである．星は質量が大きくなりすぎると，自分自身の重さに耐えられなくなり重力崩壊を起こす．この結果生じるのが**ブラックホール**である．**中性子星**は，太陽に匹敵するほどの質量が半径 10 km 程度の範囲に収まっている．その結果，とんでもない大きさの密度をもつけれども重力崩壊には耐えている．それは同じフェルミ粒子である中性子による圧力が，重力と釣り合っているからである． □

9.3 ボース–アインシュタイン凝縮

ボース粒子である ^{4}H（ヘリウム 4）を，気体の状態から温度を下げていくと，1 気圧下では 4.2 K で液化する．液体になった状態からさらに温度を下げ続けると，2.17 K（ラムダ点）で今度は**ラムダ転移**とよばれる転移を起こし，粘性が零の流体になる．ラムダ点では，巨視的な量のヘリウム 4 が基底状態を占有する**ボース–アインシュタイン凝縮**が起きていると考えられている．本節でボース–アインシュタイン凝縮が発生する仕組みとその性質を説明する．

前節でフェルミ–ディラック分布を使ったところをボース–アインシュタイン分布に入れ替えれば，理想ボース気体の粒子数密度は以下のように求まる：

$$\begin{aligned}\frac{N}{V} &= \int \frac{g\,d\boldsymbol{p}}{(2\pi\hbar)^3}\,\frac{1}{e^{\beta(\boldsymbol{p}^2/2m-\mu)}-1}\\ &= \frac{g}{(2\pi\hbar)^3}\int_0^\infty \frac{4\pi p^2\,dp}{e^{\beta(p^2/2m-\mu)}-1}\\ \iff\quad \frac{N}{V} &= \frac{gm^{3/2}}{\sqrt{2}\,\pi^2\hbar^3}\int_0^\infty \frac{\varepsilon^{1/2}}{e^{\beta(\varepsilon-\mu)}-1}\,d\varepsilon. \end{aligned} \tag{9.47}$$

理想ボース気体の化学ポテンシャル μ がもつ温度依存性を調べてみよう．

導入 例題 9.5

粒子数密度 $\frac{N}{V}$ を一定に保ったまま，温度をゆっくりと下げていくとする．このとき化学ポテンシャル μ はどのように変化すべきかを説明せよ．

ヒント：(9.47) 式で温度 T が減少（β は増加）するとき，$\frac{N}{V}$ を一定に保つためには μ は増加すべきか，減少すべきかを考えよ．$\varepsilon \geq 0$ という範囲をもつエネルギーに対して，理想ボース気体では $\mu \leq 0$ であった．

【解答】 $\varepsilon \geq 0$ かつ $\mu \leq 0$ なので，$\varepsilon - \mu \geq 0$ である．ここで $\varepsilon - \mu$ を固定したまま温度が減少（β が増加）すると考えてみると，(9.47) 式の被積分関数の大きさは減少するため，粒子数密度 $\frac{N}{V}$ の値も減少することになる．すなわち，温度 T が減少しても粒子数密度 $\frac{N}{V}$ が一定であり続けるためには，μ が負の側から零に近付かなければならないことになる． ■

導入例題 9.5 の答えから，**理想ボース気体は密度を一定に保ちながら温度を下げていくと，化学ポテンシャルは $\mu = 0$ に近付く**ことがわかった．$\mu = 0$ に到達するときの温度を求めてみよう．新しい変数 $z = \beta\varepsilon$ を導入して (9.47) 式の積分を変数変換すると

$$\frac{N}{V} = \frac{g\,(mk_{\mathrm{B}}T)^{3/2}}{\sqrt{2}\,\pi^2\hbar^3}\int_0^\infty \frac{z^{1/2}}{e^{z-\beta\mu}-1}\,dz. \tag{9.48}$$

(9.48) 式で $\mu = 0$ とした

$$\frac{N}{V} = \frac{g\,(mk_{\mathrm{B}}T)^{3/2}}{\sqrt{2}\,\pi^2\hbar^3}\int_0^\infty \frac{z^{1/2}}{e^{z}-1}\,dz \tag{9.49}$$

を T について解くと，$\mu = 0$ に到達するときの温度 T_0 を得ることができる．T_0 を**ボース–アインシュタイン凝縮温度**と名付けることにする．ここで

$$\int_0^\infty \frac{z^{x-1}}{e^{z}-1}\,dz = \Gamma(x)\,\zeta(x) \quad (x > 1) \tag{9.50}$$

という公式を導入する．$\Gamma(x)$ は**ガンマ関数**♠13，$\zeta(x)$ は**リーマンのゼータ関数**♠14 である．この公式を使うと (9.49) 式右辺の積分は

$$\int_0^\infty \frac{z^{1/2}}{e^{z}-1}\,dz = \Gamma\left(\frac{3}{2}\right) \times \zeta\left(\frac{3}{2}\right) = \frac{\sqrt{\pi}}{2} \times 2.612 \tag{9.51}$$

のように計算される．(9.51) 式を (9.49) 式に代入すると

$$T_0 = \frac{3.31\hbar^2}{g^{2/3}mk_{\mathrm{B}}}\left(\frac{N}{V}\right)^{2/3} \tag{9.52}$$

のようにボース–アインシュタイン凝縮温度が求まる．^{4}H に対しては $T_0 \simeq 3.1\,\mathrm{K}$ となり，ラムダ転移温度に近い値を与える．

ところで温度を T_0 より低くすることも当然可能であるが，T_0 以下の温度帯では化学ポテンシャルは $\mu = 0$ のままで変化しない．すると容器に閉じ込められた気体のように粒子数 N が定数の場合でも，(9.49) 式が与える N は実際の粒子数よりも小さな値になってしまう．消えた粒子はどこにいってしまったのだろうか．実は (9.47) 式の計算では，励起状態（$\varepsilon \neq 0$）にある粒子だけが数

♠13 ガンマ関数は $\Gamma(x) = \displaystyle\int_0^\infty e^{-s}s^{x-1}\,ds$ で定義される．詳細は付録 D.3 参照．

♠14 リーマンのゼータ関数は $x > 1$ で収束する $\zeta(x) = \displaystyle\sum_{m=1}^{\infty}\frac{1}{m^x}$ という無限級数として定義される．本書では $\zeta\left(\frac{3}{2}\right) = 2.612\cdots$ と $\zeta\left(\frac{5}{2}\right) = 1.341\cdots$ の 2 つの値を利用する．

えられていて，$\varepsilon = 0$ の基底状態にある粒子は数えられていないのである．すなわち消えた粒子は基底状態を占有するボース粒子のことなのである．

ボース粒子の状態はボース–アインシュタイン凝縮温度 T_0 を挟んで以下のように変化している：

- $T \geq T_0$ の温度領域では，ほぼすべての粒子は励起状態にある．
- $T < T_0$ になると巨視的な数のボース粒子が基底状態を占有するようになる．励起状態にある粒子数は (9.49) 式の

$$N_{\text{励起}} = \frac{gV\,(mk_{\mathrm{B}}T)^{3/2}}{\sqrt{2}\,\pi^2\hbar^3}\int_0^\infty \frac{z^{1/2}}{e^z - 1}\,dz = N\left(\frac{T}{T_0}\right)^{3/2} \tag{9.53}$$

なので，基底状態の粒子数は全粒子数 N から励起状態の粒子数を引いた

$$\begin{aligned} N_{\text{基底}} &= N - N_{\text{励起}} \\ &= N\left\{1 - \left(\frac{T}{T_0}\right)^{3/2}\right\} \end{aligned} \tag{9.54}$$

によって与えられる．

温度を T_0 から下げるほど，基底状態にある粒子数は増加していくことになる．この現象がボース–アインシュタイン凝縮である．$T < T_0$ の領域での，基底状態を占める粒子と励起状態にある粒子の割合を図に示す．

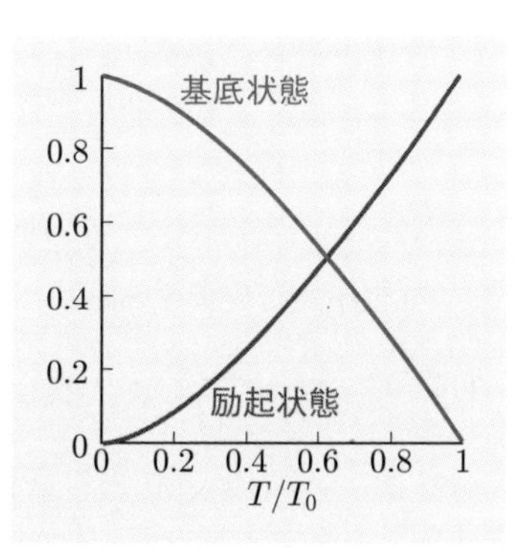

基底状態にあるボース粒子と，励起状態にあるボース粒子の割合．

T_0 より低温での熱力学的状態量をいくつか導いてみよう．この領域では常に $\mu = 0$ である．内部エネルギーは

$$\begin{aligned} U &= \int \frac{gV\,d\boldsymbol{p}}{(2\pi\hbar)^3}\,\frac{\boldsymbol{p}^2/2m}{e^{\beta p^2/2m} - 1} = \frac{gV}{2m(2\pi\hbar)^3}\int_0^\infty \frac{4\pi p^4 dp}{e^{\beta p^2/2m} - 1} \\ \Longleftrightarrow \quad U &= \frac{gV\,m^{3/2}}{\sqrt{2}\,\pi^2\hbar^3}\int_0^\infty \frac{\varepsilon^{3/2}}{e^{\beta\varepsilon} - 1}\,d\varepsilon \\ \Longleftrightarrow \quad U &= \frac{gV\,(mk_{\mathrm{B}}T)^{3/2}\,k_{\mathrm{B}}T}{\sqrt{2}\,\pi^2\hbar^3}\int_0^\infty \frac{z^{3/2}}{e^z - 1}\,dz \end{aligned} \tag{9.55}$$

で与えられる．

$$\int_0^\infty \frac{z^{3/2}}{e^z - 1}\,dz = \Gamma\left(\frac{5}{2}\right) \times \zeta\left(\frac{5}{2}\right) = \frac{3\sqrt{\pi}}{4} \times 1.341 \tag{9.56}$$

より，内部エネルギーは以下の表式で与えられる：

$$U = 0.769\, N k_{\mathrm{B}} T_0 \left(\frac{T}{T_0}\right)^{5/2}. \tag{9.57}$$

導入 例題 9.6

ボース–アインシュタイン凝縮の領域（$T < T_0$）での理想ボース気体の内部エネルギーは，(9.57) 式で与えられることを示せ．

【解答】 (9.56) 式を内部エネルギーの式 (9.55) に代入して整理すると

$$\begin{aligned} U &= \frac{gV\,(mk_{\mathrm{B}}T)^{3/2}\,k_{\mathrm{B}}T}{\sqrt{2}\,\pi^2\hbar^3} \times \frac{3\sqrt{\pi}}{4} \times 1.341 \\ &= \frac{3\sqrt{\pi}}{4} \times 1.341 \times \frac{(3.31)^{3/2}N(k_{\mathrm{B}}T)^{5/2}}{\sqrt{2}\,\pi^2}\left\{\frac{g\,m^{3/2}}{(3.31)^{3/2}\hbar^3}\,\frac{V}{N}\right\}. \end{aligned} \tag{9.58}$$

ここで，(9.52) 式の両辺を $-\frac{3}{2}$ 乗して得られる

$$\frac{1}{(k_{\mathrm{B}}T_0)^{3/2}} = \frac{g\,m^{3/2}}{(3.31)^{3/2}\hbar^3}\,\frac{V}{N}$$

を，(9.58) 式に代入すると

$$\begin{aligned} U &= \frac{3\sqrt{\pi}}{4} \times 1.341 \times \frac{(3.31)^{3/2}N(k_{\mathrm{B}}T)^{5/2}}{\sqrt{2}\,\pi^2}\,\frac{1}{(k_{\mathrm{B}}T_0)^{3/2}} \\ &= \frac{3 \times \pi^{-3/2} \times 1.341 \times (3.31)^{3/2}}{4 \times \sqrt{2}}\,N k_{\mathrm{B}} T_0 \left(\frac{T}{T_0}\right)^{5/2} \\ &= 0.76911\ldots \times N k_{\mathrm{B}} T_0 \left(\frac{T}{T_0}\right)^{5/2} \end{aligned}$$

のように (9.57) 式を導くことができる． ■

同様に定積熱容量は

$$C_V = \frac{\partial U}{\partial T} = \frac{5}{2} \times 0.769\, N k_{\mathrm{B}}\, \frac{T^{3/2}}{T_0^{3/2}} = \frac{5U}{2T} \tag{9.59}$$

のように計算される．絶対零度近傍では，熱容量は温度の $\frac{3}{2}$ 乗に比例することになる．さらに熱容量の式からエントロピーを計算することができる．絶対零度を基準点の温度に選ぶと，(4.20) 式より

$$\Delta S = \int_0^T \frac{C_V(T', V, N)}{T'}\, dT' = \left[\frac{2}{3} \times \frac{5}{2} \times 0.769\, N k_\mathrm{B}\, \frac{T'^{3/2}}{T_0^{3/2}}\right]_0^T$$

$$\iff \quad S = \frac{5}{3}\, \frac{U(T)}{T} \tag{9.60}$$

のように，ボース–アインシュタイン凝縮状態のエントロピーが求まる．エントロピーは絶対零度付近では温度の $\frac{3}{2}$ 乗に比例し，絶対零度に近付くにつれて零に漸近する：

$$S \propto T^{3/2} \to 0 \quad (T \to 0).$$

第 9 章　演習問題

9.1 【金属中の自由電子気体】 銅のように価数が 1 の金属は原子あたり 1 個の自由電子をもつ．つまりこの金属では原子と自由電子の粒子数密度は等しいということである．以下の設問に答えよ．

(1) 価数 1 の金属について，自由電子の粒子数密度を金属の密度 $\rho\, \mathrm{kg \cdot m^{-3}}$，原子量 u，およびアボガドロ定数 N_A を用いて表せ．

ヒント：原子量は 1 モルあたりのグラム数を表している．

(2) 銅の自由電子気体の粒子数密度を有効数字 2 桁で求めよ．銅の密度は $\rho = 8.96 \times 10^3\ \mathrm{kg \cdot m^{-3}}$，原子量は $u = 63.55$，アボガドロ定数は $N_\mathrm{A} = 6.02 \times 10^{23}$ である．

(3) 銅の自由電子気体のフェルミエネルギーを有効数字 2 桁で求めよ．プランク定数は $\hbar = 1.05 \times 10^{-34}\ \mathrm{J \cdot s}$，電子の質量は $m = 9.1 \times 10^{-31}\ \mathrm{kg}$ である．

(4) 銅の自由電子気体のフェルミ温度を有効数字 2 桁で求めよ．ボルツマン定数は $k_\mathrm{B} = 1.38 \times 10^{-23}\ \mathrm{J \cdot K^{-1}}$ である．

(5) 絶対零度における銅の自由電子気体の圧力を，有効数字 2 桁で求めよ．

付録A　クラウジウスの原理とトムソンの原理の等価性

A.1　等価であることの定義

2つの命題AとBがあるとする．「Aが真であればBも真である」ことを簡単に $\mathrm{A} \to \mathrm{B}$ と表記することにする．AとBに対して

$$\mathrm{A} \to \mathrm{B} \quad \text{かつ} \quad \mathrm{B} \to \mathrm{A} \tag{A.1}$$

であるとき，AとBは等価（または同値）であるという．

Aの否定を $\overline{\mathrm{A}}$ と記述することにする．例えば $\overline{\mathrm{A}} \to \overline{\mathrm{B}}$ は「AでなければBでない」ことを意味している[♠1]．するとAとBが等価であることは，以下のように表現することもできる：

$$\overline{\mathrm{A}} \to \overline{\mathrm{B}} \quad \text{かつ} \quad \overline{\mathrm{B}} \to \overline{\mathrm{A}}. \tag{A.2}$$

(A.1)と(A.2)もまた命題である．すなわち(A.1)と(A.2)は等価ということである．したがって，**命題AとBが等価であることを証明するためには，(A.1)か(A.2)のどちらかが真であることを示せばよい**ことになる．

【(A.1)と(A.2)が等価であることの証明】

(1)　**【(A.1) → (A.2)の証明】**

(a)　(A.1)が真の条件下で，$\overline{\mathrm{A}}$ が真であると仮定する．一般に

$$\overline{\mathrm{A}} \to \mathrm{B} \quad \text{または} \quad \overline{\mathrm{A}} \to \overline{\mathrm{B}} \tag{A.3}$$

のいずれかが真であることは自明である．ただし(A.3)の最初の命題は，(A.1)より $\overline{\mathrm{A}} \to \mathrm{B} \to \mathrm{A}$ となり，矛盾が生じており否定される．よって $\overline{\mathrm{A}} \to \overline{\mathrm{B}}$ が真ということになる．

(b)　(A.1)が真の条件下で，$\overline{\mathrm{B}}$ が真であると仮定する．一般に

$$\overline{\mathrm{B}} \to \mathrm{A} \quad \text{または} \quad \overline{\mathrm{B}} \to \overline{\mathrm{A}} \tag{A.4}$$

のいずれかが真であることは自明である．ただし(A.4)の最初の命題は(A.1)より $\overline{\mathrm{B}} \to \mathrm{A} \to \mathrm{B}$ となり，矛盾が生じており否定される．よって $\overline{\mathrm{B}} \to \overline{\mathrm{A}}$ が真

♠1 $\overline{\mathrm{A}} \to \overline{\mathrm{B}}$ を $\mathrm{B} \to \mathrm{A}$ の**対偶**という．

ということになる.

以上より，(A.1) が真であれば，

$$\overline{\mathrm{A}} \to \overline{\mathrm{B}} \quad \text{かつ} \quad \overline{\mathrm{B}} \to \overline{\mathrm{A}}$$

であることを示すことができた.

(2) **【(A.2) → (A.1) の証明】** は (A.1) → (A.2) の証明と同様. ■

A.2　等価であることの証明

クラウジウスの原理（これを命題 A とする）とケルビンの原理（命題 B とする）が等価であることの証明を，(A.2) の関係が成立していることを示すことにより与える．命題 $\overline{\mathrm{A}}$ および $\overline{\mathrm{B}}$ はそれぞれ以下で与えられる：

$\overline{\mathrm{A}}$：「低温熱浴から高温熱浴に熱量を移動させるだけで他に何もしない冷却機（これを冷却機 a と名付けることにする）」が存在する.

$\overline{\mathrm{B}}$：「単一の熱浴から熱量を取り出し，そのすべてを仕事に変換する熱機関（これを熱機関 b と名付けることにする）」が存在する.

冷却機 a は 1 サイクルで低温熱浴から Q（> 0）の熱量を汲み上げ，高温熱浴に Q の熱量を流し込むものとする．また熱機関 b は 1 サイクルで熱浴から同じ Q の熱量を汲み上げ，外界に $W' = Q$ の仕事をするものとする．これらに加えて，高温熱浴から Q の熱量を汲み上げ，外界に W' の仕事をし，低温熱浴に $Q - W'$（> 0）の熱量を捨てるカルノー熱機関 C を用意する.

【$\overline{\mathrm{A}} \to \overline{\mathrm{B}}$ の証明】　命題 $\overline{\mathrm{A}}$ が真，すなわち冷却機 a が存在すると仮定する．冷却機 a とカルノー熱機関 C を組み合わせた図 (a) の複合機関を作り，1 サイクル動作させると

(1) 低温熱浴は $Q - (Q - W') = W'$（> 0）の熱量を失い，

(2) 高温熱浴は $Q - Q = 0$ の熱量を失い，

(3) 複合機関は外界に W'（> 0）の仕事をする.

複合機関は図 (b) で描かれた「単一の熱浴から正の熱量を取り出し，そのすべてを仕事に変換する熱機関」と等価である．これは熱機関 b を実現していることに他ならない．以上より命題 $\overline{\mathrm{A}}$ が真であれば，命題 $\overline{\mathrm{B}}$ も真であること（$\overline{\mathrm{A}} \to \overline{\mathrm{B}}$）を示すことができた.

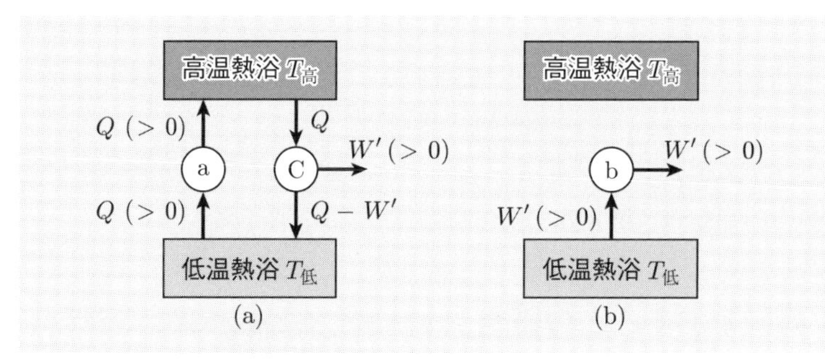

冷却機 a とカルノー熱機関を組み合わせると，
熱機関 b が実現される．

【$\overline{\mathrm{B}} \to \overline{\mathrm{A}}$ の証明】　命題 $\overline{\mathrm{B}}$ が真，すなわち熱機関 b が存在すると仮定する．熱機関 b とカルノー熱機関 C を逆回転させたカルノー冷却機 $\overline{\mathrm{C}}$ を組み合わせ，図 (c) のような複合機関を作る．複合機関を 1 サイクル動作させると

(1)　低温熱浴は $Q+W'$（>0）の熱量を失い，

(2)　高温熱浴は $Q+W'$ の熱量を受け取り，

(3)　複合機関は外界に $W'-W'=0$ の仕事をする．

複合機関は図 (d) で描かれたような「低温熱浴から高温熱浴に熱量を移動させるだけで他に何もしない冷却機」と等価である．これは冷却機 a を実現していることに他ならない．以上より命題 $\overline{\mathrm{B}}$ が真であれば，命題 $\overline{\mathrm{A}}$ も真であること（$\overline{\mathrm{B}} \to \overline{\mathrm{A}}$）を示すことができた．

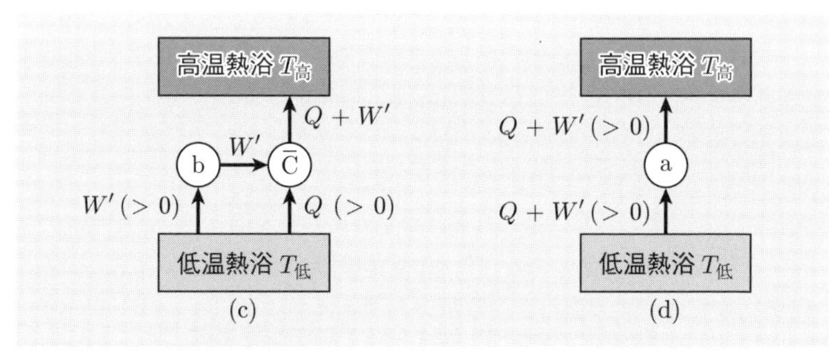

熱機関 b とカルノー冷却機を組み合わせると，
冷却機 a が実現される．

付録B ボルツマン因子の導出

力学的エネルギーが E_0 と $E_0 + \delta E_0$ の範囲にある，体積 V_0，粒子数 N_0 の孤立系が熱平衡状態にあった（図）．孤立系の状態数を $W(E_0, \delta E_0, V_0, N_0)$ とすると，エントロピーは (7.31) 式に示したように，以下で与えられる：

$$S(E_0, V_0, N_0) = k_{\mathrm{B}} \ln W(E_0, \delta E_0, V_0, N_0). \quad \text{(B.1)}$$

エネルギー　$E_0 \sim E_0 + \delta E_0$
体積　V_0
粒子数　N_0

熱平衡状態にある N_0 個の自由粒子からなる孤立系

E_0，V_0，N_0 はいずれも定数である．

この孤立系を体積 V と粒子数 N をもつ非常に小さな領域と，それ以外の 2 つに分け（図），小さな方に注目し，これを以降，系とよぶことにする．系以外の孤立系のほとんどを占める領域は熱浴の役割を果たす．

まず系の体積 V と粒子数 N を固定する．すなわち，系は体積 V の容器で囲まれていて，粒子は熱浴に出ていくことも，熱浴から入ってくることもできない．つまりエネルギーだけが系と熱浴の間で交換される場合を考える．エネルギーの交換は常に行われ，系のエネルギーは時々刻々と変化しているものとする．

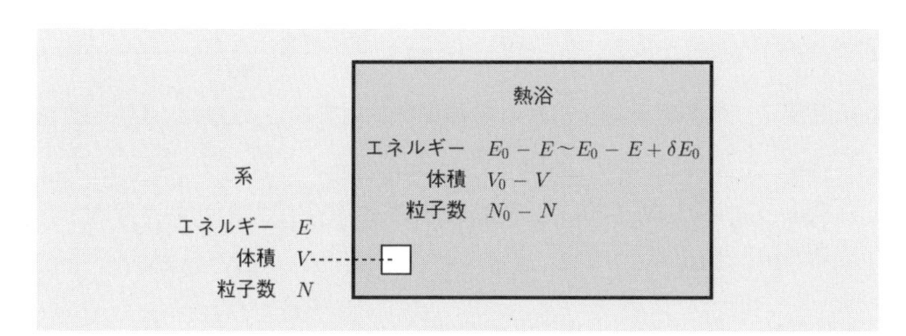

孤立系を小さな系と熱浴に分ける．

系がエネルギー E をとる確率 $P(E)$ を求めたい．系のエネルギーが E のとき，熱浴のエネルギーは $E_0 - E$ から $E_0 + \delta E_0 - E$ の範囲にある．そのとき，状態数は系が 1 で，熱浴は $W_{熱浴}(E_0 - E, \delta E_0, V_0 - V, N_0 - N)$ であるとする．すると系がエ

ネルギー E をとる状態数は全部で $1 \times W_{熱浴}$ 個になる．すなわち系がエネルギー E をとる確率 $P(E)$ は

$$P(E) = \frac{W_{熱浴}(E_0 - E, \delta E_0, V_0 - V, N_0 - N)}{W(E_0, \delta E_0, V_0, N_0)}, \tag{B.2}$$

つまり比例関係 $P(E) \propto W_{熱浴}(E_0 - E)$ が成り立つ．（定数 δE_0，$V_0 - V$，$N_0 - N$ の表記は省略した．）熱浴のエントロピーを $S_{熱浴}$ とすると，ボルツマンの関係式 (7.31) より

$$W_{熱浴}(E_0 - E) = \exp\left\{\frac{S_{熱浴}(E_0 - E)}{k_\mathrm{B}}\right\}. \tag{B.3}$$

熱浴は系よりもずっと大きいので $E_0 - E \simeq E_0$ である．そこで孤立系は温度 T の熱平衡状態であるとして，$S_{熱浴}$ をテイラー展開すると

$$S_{熱浴}(E_0 - E) \simeq S_{熱浴}(E_0) - \left.\frac{\partial S_{熱浴}}{\partial E}\right|_{E=E_0} E = S_{熱浴}(E_0) - \frac{E}{T}. \tag{B.4}$$

(B.4) 式の最後の等式では，(7.32) 式の最初の式（$\frac{\partial S}{\partial E} = \frac{1}{T}$）を使った．(B.3) 式と (B.4) 式を (B.2) 式に代入すると

$$P(E) \propto \exp\left\{\frac{S_{熱浴}(E_0)}{k_\mathrm{B}}\right\} \times \exp\left\{-\frac{E}{k_\mathrm{B}T}\right\} \propto e^{-\beta E} \tag{B.5}$$

のように，系がエネルギー E をとる確率 $P(E)$ はボルツマン因子 $e^{-\beta E}$ に比例することが導かれる．

次に系を囲む容器の壁を粒子が透過できる場合を考えよう．この場合，系のエネルギーに加えて，粒子数 N も一定でなくなる．系がエネルギー E，粒子数 N をとる確率 $P(E, N)$ は，以下の比例関係をもつことになる：

$$P(E, N) \propto W_{熱浴}(E_0 - E, N_0 - N) = \exp\left\{\frac{S_{熱浴}(E_0 - E, N_0 - N)}{k_\mathrm{B}}\right\}. \tag{B.6}$$

孤立系は温度 T，化学ポテンシャル μ の熱平衡状態であるとする．$E_0 - E \simeq E_0$，$N_0 - N \simeq N_0$ より

$$\begin{aligned} S_{熱浴}(E_0 - E, N_0 - N) &\simeq S_{熱浴}(E_0, N_0) - \frac{\partial S_{熱浴}}{\partial E} E - \frac{\partial S_{熱浴}}{\partial N} N \\ &= S_{熱浴}(E_0, N_0) - \frac{E}{T} + \frac{\mu N}{T}. \end{aligned} \tag{B.7}$$

(B.7) 式を (B.6) 式に代入すると，以下が得られる：

$$P(E, N) \propto \exp\{-\beta(E - \mu N)\}. \tag{B.8}$$

(B.8) 式は (8.23) 式に他ならない．

付録C 第9章9.2節の補足

C.1 (9.29) 式の導出

(9.28) 式に部分積分の公式を適用すると

$$
\begin{aligned}
J &= -\frac{gVk_{\mathrm{B}}T}{4\pi^2\hbar^3}(2m)^{3/2}\int_0^\infty \left(\frac{2}{3}\varepsilon^{3/2}\right)' \ln\bigl(1+e^{-\beta(\varepsilon-\mu)}\bigr)\,d\varepsilon \\
&= -\frac{gVk_{\mathrm{B}}T}{4\pi^2\hbar^3}(2m)^{3/2}\left[\frac{2}{3}\varepsilon^{3/2}\ln\bigl(1+e^{-\beta(\varepsilon-\mu)}\bigr)\Big|_0^\infty \right. \\
&\qquad\qquad \left. -\int_0^\infty \frac{2}{3}\varepsilon^{3/2}\frac{-\beta e^{-\beta(\varepsilon-\mu)}}{1+e^{-\beta(\varepsilon-\mu)}}\,d\varepsilon\right]. \qquad \text{(C.1)}
\end{aligned}
$$

ここで対数関数のマクローリン展開 $\ln(1+x) = x - \frac{1}{2}x^2 + \frac{1}{3}x^3 - \cdots$ を使うと

$$
\begin{aligned}
&\varepsilon^{3/2}\ln\bigl(1+e^{-\beta(\varepsilon-\mu)}\bigr) \\
&= \varepsilon^{3/2}\left(e^{\beta\mu}e^{-\beta\varepsilon} - \frac{1}{2}e^{2\beta\mu}e^{-2\beta\varepsilon} + \frac{1}{3}e^{3\beta\mu}e^{-3\beta\varepsilon} + \cdots\right). \qquad \text{(C.2)}
\end{aligned}
$$

$\varepsilon \to \infty$ で (C.2) 式は零に漸近するので，(C.1) 式右辺のかぎ括弧 [ ] 内の第 1 項は零である．よって

$$
\begin{aligned}
J &= \frac{gVk_{\mathrm{B}}T}{4\pi^2\hbar^3}(2m)^{3/2}\int_0^\infty \frac{2}{3}\varepsilon^{3/2}\frac{-\beta e^{-\beta(\varepsilon-\mu)}}{1+e^{-\beta(\varepsilon-\mu)}}\,d\varepsilon \\
&= -\frac{gV}{6\pi^2\hbar^3}(2m)^{3/2}\int_0^\infty \frac{\varepsilon^{3/2}}{e^{\beta(\varepsilon-\mu)}+1}\,d\varepsilon. \qquad \text{(C.3)}
\end{aligned}
$$

(C.3) 式は (9.29) 式に他ならない．

C.2　(9.37) 式の導出

粒子数 N を温度 T でべき級数展開した式 (9.34) に，粒子数 N と絶対零度の化学ポテンシャル μ_0 の関係式 (9.36) を代入して，粒子数 N を消去すると

$$\mu_0 = \mu\left\{1 + \frac{\pi^2}{8}\left(\frac{k_\mathrm{B}T}{\mu}\right)^2 + \cdots\right\}^{2/3}. \tag{C.4}$$

ここで $\mu_0, c_1, c_2, \ldots$ を定数として，化学ポテンシャルが

$$\begin{aligned}\mu &= \mu_0 + c_1(k_\mathrm{B}T) + c_2(k_\mathrm{B}T)^2 + \cdots \\ &= \mu_0\left\{1 + \frac{c_1}{\mu_0}(k_\mathrm{B}T) + \frac{c_2}{\mu_0}(k_\mathrm{B}T)^2 + \cdots\right\}\end{aligned} \tag{C.5}$$

のように，温度 T でべき級数展開した形で表せると仮定する．絶対零度に近い低温領域を考えているので，(C.5) 式右辺の波括弧内にある温度 T を含むすべての項は，第1項の1よりも十分に小さいと仮定する．ここで係数 c_1 と c_2 を決定して，化学ポテンシャルの温度依存性を T^2 の精度まで求めることにする．

(C.4) 式右辺の丸括弧の項は，T の3次以上は無視するので

$$\left(\frac{k_\mathrm{B}T}{\mu}\right)^2 = \left(\frac{k_\mathrm{B}T}{\mu_0}\right)^2 \times \left\{1 + \frac{c_1}{\mu_0}(k_\mathrm{B}T) + \frac{c_2}{\mu_0}(k_\mathrm{B}T)^2 + \cdots\right\}^{-2} \simeq \left(\frac{k_\mathrm{B}T}{\mu_0}\right)^2$$

のように近似できる．この近似式を (C.4) 式の波括弧内に，さらに (C.4) 式右辺第1因子の μ に (C.5) 式を代入すると

$$\begin{aligned}\mu_0 &\simeq \mu_0\left\{1 + \frac{c_1}{\mu_0}(k_\mathrm{B}T) + \frac{c_2}{\mu_0}(k_\mathrm{B}T)^2 + \cdots\right\} \times \left\{1 + \frac{\pi^2}{8}\left(\frac{k_\mathrm{B}T}{\mu_0}\right)^2 + \cdots\right\}^{2/3} \\ &\simeq \mu_0\left\{1 + \frac{c_1}{\mu_0}(k_\mathrm{B}T) + \frac{c_2}{\mu_0}(k_\mathrm{B}T)^2 + \cdots\right\} \times \left\{1 + \frac{\pi^2}{12}\left(\frac{k_\mathrm{B}T}{\mu_0}\right)^2 + \cdots\right\} \\ &= \mu_0\left\{1 + \frac{c_1}{\mu_0}(k_\mathrm{B}T) + \left(\frac{c_2}{\mu_0} + \frac{\pi^2}{12\mu_0^2}\right)(k_\mathrm{B}T)^2 + \cdots\right\}.\end{aligned} \tag{C.6}$$

(C.6) 式がすべての温度 T で成立するためには，波括弧内で温度 T の1次以上のべき乗項の係数はすべて零でなければならないので，c_1 と c_2 は以下のように決定される：

$$c_1 = 0, \quad c_2 = -\frac{\pi^2}{12\mu_0}. \tag{C.7}$$

(C.7) 式を (C.5) 式に代入したものが (9.37) 式に他ならない．

付録 D 数学公式

D.1 ヤコビアン

(1.41) 式で定義されるヤコビアンに関して，以下が成立する：

$$\frac{\partial(f,g)}{\partial(x,y)}\frac{\partial(u,v)}{\partial(f,g)}=\frac{\partial(u,v)}{\partial(x,y)}. \tag{D.1}$$

【証明】 u と v が f，g を通じて，$u(f(x,y),g(x,y))$ のように x と y に依存すると考えると，u の x に関する偏微分は，合成関数の偏微分により

$$\frac{\partial u(f(x,y),g(x,y))}{\partial x}=\left(\frac{\partial u}{\partial f}\right)_g\left(\frac{\partial f}{\partial x}\right)_y+\left(\frac{\partial u}{\partial g}\right)_f\left(\frac{\partial g}{\partial x}\right)_y$$

のように表すことができる．すると (D.1) 式右辺は

$$\begin{vmatrix} \left(\frac{\partial u}{\partial f}\right)_g\left(\frac{\partial f}{\partial x}\right)_y+\left(\frac{\partial u}{\partial g}\right)_f\left(\frac{\partial g}{\partial x}\right)_y & \left(\frac{\partial u}{\partial f}\right)_g\left(\frac{\partial f}{\partial y}\right)_x+\left(\frac{\partial u}{\partial g}\right)_f\left(\frac{\partial g}{\partial y}\right)_x \\ \left(\frac{\partial v}{\partial f}\right)_g\left(\frac{\partial f}{\partial x}\right)_y+\left(\frac{\partial v}{\partial g}\right)_f\left(\frac{\partial g}{\partial x}\right)_y & \left(\frac{\partial v}{\partial f}\right)_g\left(\frac{\partial f}{\partial y}\right)_x+\left(\frac{\partial v}{\partial g}\right)_f\left(\frac{\partial g}{\partial y}\right)_x \end{vmatrix} \tag{D.2}$$

という行列式で書けることになる．他方，(D.1) 式の左辺は

$$\frac{\partial(f,g)}{\partial(x,y)}\frac{\partial(u,v)}{\partial(f,g)}=\begin{vmatrix} \left(\frac{\partial f}{\partial x}\right)_y & \left(\frac{\partial f}{\partial y}\right)_x \\ \left(\frac{\partial g}{\partial x}\right)_y & \left(\frac{\partial g}{\partial y}\right)_x \end{vmatrix}\begin{vmatrix} \left(\frac{\partial u}{\partial f}\right)_g & \left(\frac{\partial u}{\partial g}\right)_f \\ \left(\frac{\partial v}{\partial f}\right)_g & \left(\frac{\partial v}{\partial g}\right)_f \end{vmatrix}. \tag{D.3}$$

正方行列 A とその転置 ${}^tA$ は行列式が等しい ($|A|=|{}^tA|$) ので，(D.3) 式を以下のように書き換えることができる：

$$\frac{\partial(f,g)}{\partial(x,y)}\frac{\partial(u,v)}{\partial(f,g)}=\begin{vmatrix} \left(\frac{\partial f}{\partial x}\right)_y & \left(\frac{\partial g}{\partial x}\right)_y \\ \left(\frac{\partial f}{\partial y}\right)_x & \left(\frac{\partial g}{\partial y}\right)_x \end{vmatrix}\begin{vmatrix} \left(\frac{\partial u}{\partial f}\right)_g & \left(\frac{\partial v}{\partial f}\right)_g \\ \left(\frac{\partial u}{\partial g}\right)_f & \left(\frac{\partial v}{\partial g}\right)_f \end{vmatrix}. \tag{D.4}$$

さらに正方行列 A，B に対して $|AB|=|A||B|$ が成立することを使うと，(D.4) 式右辺の行列式は，行列式 (D.2) に等しいことが示される．すなわち，(D.1) 式が成立することになる． ■

D.2 ガウス積分

a を正の定数として，次の積分をガウス積分という：

$$I = \int_{-\infty}^{\infty} e^{-ax^2}\,dx = \sqrt{\frac{\pi}{a}}. \tag{D.5}$$

【証明】 I の 2 乗を重積分で

$$\begin{aligned} I^2 &= \left(\int_{-\infty}^{\infty} e^{-ax^2}\,dx\right)^2 = \int_{-\infty}^{\infty} e^{-ax^2}\,dx \int_{-\infty}^{\infty} e^{-ay^2}\,dy \\ &= \int_{-\infty}^{\infty} dx \int_{-\infty}^{\infty} dy\, e^{-a(x^2+y^2)} \end{aligned} \tag{D.6}$$

のように表す．ここで $x = r\cos\theta$，$y = r\sin\theta$ のように変数変換を行う．微小面積 $dx\,dy$ は**ヤコビアン**を使って

$$dx\,dy = \left|\frac{\partial(x,y)}{\partial(r,\theta)}\right| dr\,d\theta = \begin{vmatrix} \frac{\partial x}{\partial r} & \frac{\partial x}{\partial \theta} \\ \frac{\partial y}{\partial r} & \frac{\partial y}{\partial \theta} \end{vmatrix} dr\,d\theta = r\,dr\,d\theta \tag{D.7}$$

と変換される．(D.7) 式と積分範囲が $0 \leq r \leq \infty$ と $0 \leq \theta < 2\pi$ のように変更されることを考慮すると，(D.6) 式は

$$I^2 = \int_0^{\infty} dr \int_0^{2\pi} d\theta\, r\, e^{-ar^2} = 2\pi \int_0^{\infty} dr\, r\, e^{-ar^2} \tag{D.8}$$

となる．$r\,e^{-ar^2} = -\frac{1}{2a}\frac{d}{dr}e^{-ar^2}$ より (D.8) 式は

$$\begin{aligned} I^2 &= -\frac{\pi}{a}\int_0^{\infty} dr \frac{d}{dr}\left(e^{-ar^2}\right) = -\frac{\pi}{a}\int_1^0 d\left(e^{-ar^2}\right) \\ &= -\frac{\pi}{a}(0-1) = \frac{\pi}{a}. \end{aligned} \tag{D.9}$$

$I > 0$ より $I = \sqrt{\frac{\pi}{a}}$ である． ■

よく使う積分公式を列挙しておこう：

$$\int_{-\infty}^{\infty} x^2\, e^{-ax^2}\,dx = \frac{1}{2}\sqrt{\frac{\pi}{a^3}}, \tag{D.10}$$

$$\int_{-\infty}^{\infty} x^4\, e^{-ax^2}\,dx = \frac{3}{2^2}\sqrt{\frac{\pi}{a^5}}. \tag{D.11}$$

さらに，零から無限大を積分範囲とするものとして

$$\int_0^{\infty} x\, e^{-ax^2}\,dx = \frac{1}{2a}, \tag{D.12}$$

$$\int_0^{\infty} x^3\, e^{-ax^2}\,dx = \frac{1}{2a^2}. \tag{D.13}$$

【(D.10) 式の証明】

$$\int_{-\infty}^{\infty} x^2\, e^{-ax^2}\, dx = \int_{-\infty}^{\infty} \frac{\partial}{\partial a}\left(-e^{-ax^2}\right) dx = -\frac{\partial}{\partial a}\int_{-\infty}^{\infty} e^{-ax^2}\, dx$$
$$= -\frac{\partial}{\partial a}\sqrt{\frac{\pi}{a}} = \frac{1}{2}\sqrt{\frac{\pi}{a^3}}.$$

■

【(D.11) 式の証明】

$$x\, e^{-ax^2} = \frac{d}{dx}\left(-\frac{1}{2a}\, e^{-ax^2}\right) \tag{D.14}$$

を使って部分積分を行う：

$$\int_{-\infty}^{\infty} x^4\, e^{-ax^2}\, dx = \int_{-\infty}^{\infty} x^3 \times \left(xe^{-ax^2}\right) dx = \int_{-\infty}^{\infty} x^3\, \frac{d}{dx}\left(-\frac{1}{2a}\, e^{-ax^2}\right) dx$$
$$= \left[-\frac{1}{2a}\, x^3\, e^{-ax^2}\right]_{-\infty}^{\infty} + \frac{3}{2a}\int_{-\infty}^{\infty} x^2\, e^{-ax^2}\, dx. \tag{D.15}$$

(D.15) 式最右辺の第 1 項であるかぎ括弧 [ ] 部分は零である．また第 2 項に (D.10) 式を代入すると (D.11) 式が得られる．

■

【(D.12) 式の証明】　(D.14) 式を使うと

$$\int_{0}^{\infty} x\, e^{-ax^2}\, dx = \int_{0}^{\infty} \frac{d}{dx}\left(-\frac{1}{2a}\, e^{-ax^2}\right) dx = \left[-\frac{1}{2a}\, e^{-ax^2}\right]_{0}^{\infty} = \frac{1}{2a}.$$

■

【(D.13) 式の証明】　$x^3\, e^{-ax^2} = x^2 \times \left(x\, e^{-ax^2}\right)$ として (D.14) 式を代入し，部分積分を行う：

$$\int_{0}^{\infty} x^3\, e^{-ax^2}\, dx = \int_{0}^{\infty} x^2\, \frac{d}{dx}\left(-\frac{1}{2a}\, e^{-ax^2}\right) dx$$
$$= \left[-\frac{1}{2a}\, x^2\, e^{-ax^2}\right]_{0}^{\infty} + \frac{1}{a}\int_{0}^{\infty} x\, e^{-ax^2}\, dx. \tag{D.16}$$

(D.16) 式最右辺の第 1 項であるかぎ括弧 [ ] 部分は零である．また，第 2 項に (D.12) 式を代入すると，(D.13) 式が得られる．

■

D.3 ガンマ関数

ガンマ関数は，以下の定積分を x の関数と見なしたものとして定義される：

$$\Gamma(x) = \int_0^\infty e^{-s} s^{x-1}\, ds.$$

$x > 0$ として部分積分を行うと

$$\begin{aligned}\Gamma(x+1) &= \int_0^\infty e^{-s} s^x\, ds = \Big[-e^{-s} s^x\Big]_0^\infty + \int_0^\infty e^{-s} x s^{x-1}\, ds \\ &= x \int_0^\infty e^{-s} s^{x-1}\, ds.\end{aligned}$$

すなわち，以下の**関数方程式**が成り立つことになる：

$$\Gamma(x+1) = x\Gamma(x) \quad (x > 0). \tag{D.17}$$

特に x として $n = 0, 1, 2, \ldots$ とすると

$$\begin{aligned}\Gamma(n+1) &= n\Gamma(n) = n \times (n-1) \times \Gamma(n-1) = \cdots \\ &= n \times (n-1) \times (n-2) \times \cdots \times 3 \times 2 \times \Gamma(1).\end{aligned}$$

ここで

$$\Gamma(1) = \int_0^\infty e^{-s}\, ds = \Big[-e^{-s}\Big]_0^\infty = 1 \tag{D.18}$$

なので，以下の関係式が得られる：

$$\Gamma(n+1) = n! \quad (n = 0, 1, 2, \ldots) \tag{D.19}$$

$n = 0$ に対して，(D.18) 式と (D.19) 式より $0! = 1$ ということになる．

$x = \frac{1}{2}$ に対しては

$$\Gamma\left(\frac{1}{2}\right) = \int_0^\infty \frac{e^{-s}}{\sqrt{s}}\, ds = 2\int_0^\infty e^{-t^2}\, dt = \int_{-\infty}^\infty e^{-t^2}\, dt = \sqrt{\pi}. \tag{D.20}$$

最後の等式にはガウス積分の公式 (D.5) を使った．さらに (D.17) 式より

$$\Gamma\left(\frac{3}{2}\right) = \frac{1}{2}\Gamma\left(\frac{1}{2}\right) = \frac{\sqrt{\pi}}{2}, \quad \Gamma\left(\frac{5}{2}\right) = \frac{3}{2}\Gamma\left(\frac{3}{2}\right) = \frac{3\sqrt{\pi}}{4}. \tag{D.21}$$

演習問題解答

第1章

1.1 (1) 管の内部に存在する水銀の質量は

$$(\text{管内部の水銀の体積}) \times (\text{水銀の密度}) = (S \times l) \times \rho = Sl\rho.$$

(2) 管の断面にはたらく力は，管の断面積 S に大気圧 p をかけた Sp である．

(3) 重力と大気圧による力が釣り合うので，大気圧 p の大きさは $Sl\rho g = Sp \Longleftrightarrow p = l\rho g$ と求まる．与えられた数値を代入すると，1 気圧（1 atm）の大きさは

$$\begin{aligned} 1\,\mathrm{atm} &= p\,\mathrm{N\cdot m^{-2}} = l\rho g \\ &= 7.600 \times 10^{-1}\,\mathrm{m} \times 1.359508 \times 10^{4}\,\mathrm{kg\cdot m^{-3}} \times 9.80665\,\mathrm{m\cdot s^{-2}} \\ &\fallingdotseq 1.0132 \times 10^{5}\,\mathrm{Pa} \fallingdotseq 1013\,\mathrm{hPa}. \end{aligned}$$

1.2 (1) (1.42) 式で $u \to x$，$v \to y$ の置き換えを行い，(1.44) 式を使うと

$$\frac{\partial(f,g)}{\partial(x,y)}\frac{\partial(x,y)}{\partial(f,g)} = \frac{\partial(x,y)}{\partial(x,y)} = 1. \qquad ①$$

①式を $\frac{\partial(x,y)}{\partial(f,g)}$ で割り算すれば，(1.43) 式を導くことができる．

(2) (1.46) 式と (1.45) 式を使うと

$$\left(\frac{\partial f}{\partial x}\right)_y = \frac{\partial f(x,y)}{\partial x} = \frac{\partial(f,y)}{\partial(x,y)} = \frac{1}{\frac{\partial(x,y)}{\partial(f,y)}} = \frac{1}{\left(\frac{\partial x}{\partial f}\right)_y}.$$

(3) ヒントに与えられた式を変形すると

$$\left(\frac{\partial z}{\partial x}\right)_y = \frac{\partial(z,y)}{\partial(x,y)} = \frac{\partial(z,y)}{\partial(z,x)}\frac{\partial(z,x)}{\partial(x,y)}. \qquad ②$$

ここで (1.49) 式と小問 (2) までの一連の結果を使うと

$$\frac{\partial(z,y)}{\partial(z,x)} = -\frac{\partial(y,z)}{\partial(z,x)} = \frac{\partial(y,z)}{\partial(x,z)} = \frac{1}{\frac{\partial(x,z)}{\partial(y,z)}} = \frac{1}{\left(\frac{\partial x}{\partial y}\right)_z}, \qquad ③$$

$$\frac{\partial(z,x)}{\partial(x,y)} = -\frac{\partial(z,x)}{\partial(y,x)} = -\frac{1}{\frac{\partial(y,x)}{\partial(z,x)}} = -\frac{1}{\left(\frac{\partial y}{\partial z}\right)_x}. \qquad ④$$

③式と④式を②式に代入すると，(1.47) 式を導くことができる．

1.3 以下の 2 つの式

$$\frac{\partial(f,y)}{\partial(x,z)}=\left(\frac{\partial f}{\partial x}\right)_z\left(\frac{\partial y}{\partial z}\right)_x-\left(\frac{\partial f}{\partial z}\right)_x\left(\frac{\partial y}{\partial x}\right)_z,\quad \frac{\partial(x,z)}{\partial(x,y)}=\left(\frac{\partial z}{\partial y}\right)_x$$

を (1.51) 式に代入すると

$$\begin{aligned}\left(\frac{\partial f}{\partial x}\right)_y&=\left\{\left(\frac{\partial f}{\partial x}\right)_z\left(\frac{\partial y}{\partial z}\right)_x-\left(\frac{\partial f}{\partial z}\right)_x\left(\frac{\partial y}{\partial x}\right)_z\right\}\left(\frac{\partial z}{\partial y}\right)_x\\&=\left(\frac{\partial f}{\partial x}\right)_z\left(\frac{\partial y}{\partial z}\right)_x\left(\frac{\partial z}{\partial y}\right)_x-\left(\frac{\partial f}{\partial z}\right)_x\left(\frac{\partial y}{\partial x}\right)_z\left(\frac{\partial z}{\partial y}\right)_x. \qquad ①\end{aligned}$$

ここで①式に

$$\left(\frac{\partial y}{\partial z}\right)_x\left(\frac{\partial z}{\partial y}\right)_x=1$$

と

$$\left(\frac{\partial y}{\partial x}\right)_z\left(\frac{\partial z}{\partial y}\right)_x=\frac{\partial(y,z)}{\partial(x,z)}\frac{\partial(z,x)}{\partial(y,x)}=-\frac{\partial(y,z)}{\partial(y,x)}=-\left(\frac{\partial z}{\partial x}\right)_y$$

を代入すれば (1.50) 式を得ることができる．

第 2 章

2.1 絶対温度で表した初期状態の温度を $T_0=300\,\mathrm{K}$，圧縮後を $T_1=673\,\mathrm{K}$ と表す．また初期状態の体積を V_0，圧縮後を V_1 で表すことにする．

(1) 圧縮は断熱的なので (2.18) 式より

$$T_0V_0^{\gamma-1}=T_1V_1^{\gamma-1}\quad\Longleftrightarrow\quad\frac{V_1}{V_0}=\left(\frac{T_0}{T_1}\right)^{\frac{1}{\gamma-1}}. \qquad ①$$

①式に具体的な数値を代入すると

$$\frac{V_1}{V_0}=\left(\frac{T_0}{T_1}\right)^{\frac{1}{\gamma-1}}=\left(\frac{300}{673}\right)^{\frac{1}{1.4-1}}\fallingdotseq 0.133$$

のように約 0.13 倍に圧縮されることがわかる．

(2) 初期状態の圧力を p_0，圧縮後を p_1 とすると，(2.18) 式より

$$p_0V_0^{\gamma}=p_1V_1^{\gamma}\quad\Longleftrightarrow\quad\frac{V_1}{V_0}=\left(\frac{p_0}{p_1}\right)^{\frac{1}{\gamma}}. \qquad ②$$

①式と②式を等しいとおき，V_0 と V_1 を消去すると

$$\left(\frac{p_0}{p_1}\right)^{\frac{1}{\gamma}}=\left(\frac{T_0}{T_1}\right)^{\frac{1}{\gamma-1}}\quad\Longleftrightarrow\quad\frac{p_1}{p_0}=\left(\frac{T_1}{T_0}\right)^{\frac{\gamma}{\gamma-1}}. \qquad ③$$

③式より $\frac{p_1}{p_0}=\left(\frac{673}{300}\right)^{\frac{1.4}{1.4-1}}\fallingdotseq 16.9\fallingdotseq 17$ 倍と求まる．

2.2 (1) i. 等温下の理想気体では圧力と体積の積 pV が一定である．音波が伝播する空気のいたるところで pV の値が等しいことになる．つまり平衡状態の圧力 $p_{平衡}$ と体積 $V_{平衡}$ を使えば

$$pV = p_{平衡}V_{平衡} \quad \Longrightarrow \quad \frac{dp}{dV} = \frac{d}{dV}\frac{p_{平衡}V_{平衡}}{V} = -\frac{p_{平衡}V_{平衡}}{V^2}$$

のように $\frac{dp}{dV}$ の表式が与えられる．これを体積膨張率の式に代入すると

$$K_{等温} = -V\left.\frac{dp}{dV}\right|_{平衡} = V_{平衡}\frac{p_{平衡}V_{平衡}}{V_{平衡}^2} = p_{平衡}.$$

これは (2.42) 式に他ならない．

ii. 音速は以下のように計算される：

$$v_{ニュートン} = \sqrt{\frac{1.013\times10^5}{1.29}} \fallingdotseq 280\,\mathrm{m\cdot s^{-1}}.$$

(2) i. 断熱状態の理想気体では pV^γ が一定値を保つ．よって $\frac{dp}{dV}$ は

$$pV^\gamma = p_{平衡}V_{平衡}^\gamma \quad \Longrightarrow \quad \frac{dp}{dV} = \frac{d}{dV}\frac{p_{平衡}V_{平衡}^\gamma}{V^\gamma} = -\gamma\frac{p_{平衡}V_{平衡}^\gamma}{V^{\gamma+1}}$$

と求まる．体積膨張率の式に代入すると

$$K_{等温} = -V\left.\frac{dp}{dV}\right|_{平衡} = \gamma V_{平衡}\frac{p_{平衡}\,V_{平衡}^\gamma}{V_{平衡}^{\gamma+1}} = \gamma p_{平衡}.$$

これは (2.44) 式に他ならない．

ii. 比熱比 $\gamma = 1.4$ を代入すると

$$v_{ラプラス} = \sqrt{1.4\times\frac{1.013\times10^5}{1.29}} \fallingdotseq 332\,\mathrm{m\cdot s^{-1}}$$

のように実測値に近い値が得られる．

2.3 (1) 経路①は断熱自由膨張なので，気体が吸収する熱量は零（$\Delta Q = 0$）であり，外界からされる仕事も零（$\Delta W = 0$）である．よって熱力学第 1 法則により，内部エネルギーの変化も $\Delta U = \Delta Q + \Delta W = 0$ のように零ということになる．

(2) 経路①は理想気体の断熱自由膨張なので，状態 B の温度は状態 A と同じ T である．つまり等圧準静変化である経路②で気体が吸収する熱量は $\Delta Q = nc_p(T'-T)$ である．またこの間に気体が外界からされる仕事は

$$\Delta W = -\int_{V_1}^{V_0} p_1\,dV = -p_1(V_0 - V_1) = -nR(T'-T) \qquad ①$$

と計算される．以上より，経路②での内部エネルギーの変化は

$$\Delta U = \Delta Q + \Delta W = nc_p(T'-T) - nR(T'-T) = n(c_p - R)(T'-T)$$

ということになる．

(3) 経路③は等積変化なので，気体は外界から仕事をされない（$\Delta W = 0$）．吸収する熱量は等積モル比熱を使って $\Delta Q = nc_V(T - T')$ のように表される．よって経路③での内部エネルギー変化は $\Delta U = \Delta Q + \Delta W = nc_V(T - T')$ である．

(4) 1サイクルでの内部エネルギーの変化は零である．よって小問 (1) から (3) で求めた ΔU の和は零である：

$$
\begin{aligned}
& 0 + n(c_p - R)(T' - T) + nc_V(T - T') = 0 \\
\Longrightarrow \quad & n(c_p - c_V - R)(T' - T) = 0. \qquad ②
\end{aligned}
$$

$T \neq T'$ なので②式より $c_p - c_V - R = 0$ である．これはマイヤーの関係式 (2.13) に他ならない．

2.4 (1) 冷蔵庫は外界から仕事 W を注入され，低温熱浴である冷蔵室から $Q_{低}$ の熱量を（冷蔵庫の外に）排出することを目的にしている．すなわち入力が W であり，出力が $Q_{低}$ である．よって性能係数 γ としては以下が適当である：

$$
\gamma \equiv \frac{Q_{低}}{W} = \frac{Q_{低}}{Q_{高} - Q_{低}}. \qquad ①
$$

最後の等式ではエネルギー保存の式 $Q_{低} + W = Q_{高}$ を使っている．

(2) ヒートポンプは外界から仕事 W を注入することで，高温熱浴である室内に $Q_{高}$ の熱量を放出することを目的にしている．性能係数としては以下が適当である：

$$
\gamma \equiv \frac{Q_{高}}{W} = \frac{Q_{高}}{Q_{高} - Q_{低}}. \qquad ②
$$

第3章

3.1 (1) クラウジウスの原理により，高温熱浴から低温熱浴に正の熱量が流れなければならないので，熱量の流れに以下の関係が必要となる：

$$
Q_{高}^{カルノー} - Q_{高} = Q_{低}^{カルノー} - Q_{低} > 0. \qquad ①
$$

よって現実的な冷却機を使った冷蔵庫の性能係数 γ は

$$
\gamma = \frac{Q_{低}}{W'} < \frac{Q_{低}^{カルノー}}{W'} = \gamma_{カルノー}
$$

ということになる．

(2) ①式の関係より，現実的な冷却機を使ったヒートポンプの性能係数 γ は

$$
\gamma = \frac{Q_{高}}{W'} < \frac{Q_{高}^{カルノー}}{W'} = \gamma_{カルノー}
$$

である．

3.2 (1) (3.16) 式より

$$T_{低} = (1 - \eta_{カルノー})\,T_{高}. \qquad ①$$

また (3.17) 式より $0 \le \eta_{カルノー} \le 1$ である．よって $\eta_{カルノー} = 1$ という特殊な場合を除けば，①式より $T_{高}$ と $T_{低}$ は共に負であるか，または共に正であるかのいずれかでなければならないことになる．

(2) まず基準となる温度を正値に定めているため，小問 (1) の答えより，この温度体系の温度は非負ということになる．ここで (3.16) 式に対して，$T_{高}$ を零でない正値に固定し，$T_{低}$ を下げて絶対零度に近付けると，$\eta_{カルノー}$ は上限値である 1 に漸近する．これはこの温度体系が定める温度の下限が零であることを意味している．次に，$T_{低}$ をある正値に固定して $T_{高}$ を上昇させていくと，$\eta_{カルノー}$ は上限値 1 に漸近する．これはこの温度体系には上限値が存在しないことを表している．

第 4 章

4.1 (1) 定積熱容量は $C_V = mc_V$，定圧熱容量は $C_p = mc_p$ なので，それぞれのエントロピー変化は (4.25) 式の計算にならうと

$$\Delta S_{定積} = \int_{T_0}^{T} \frac{mc_V\,dT'}{T'} = mc_V \ln\frac{T}{T_0}, \quad \Delta S_{定圧} = mc_p \ln\frac{T}{T_0} \qquad ①$$

のように求まる．よって $\Delta S_{定積}$ に対する $\Delta S_{定圧}$ の大きさは

$$\frac{\Delta S_{定圧}}{\Delta S_{定積}} = \frac{c_p}{c_V} = \gamma$$

のように比熱比 γ に等しいことになる．

(2) 水の定圧比熱は $c_p = 1\,\mathrm{cal}\cdot\mathrm{K}^{-1}\cdot\mathrm{g}^{-1} \fallingdotseq 4.2\,\mathrm{J}\cdot\mathrm{K}^{-1}\cdot\mathrm{g}^{-1}$．100 g の水を 0 °C から 100 °C まで温度上昇させたときのエントロピー変化は，①式より

$$\Delta S_{定圧} = mc_p \ln\frac{T}{T_0} \fallingdotseq 100 \times 4.2 \times \ln\frac{273+100}{273+0} \fallingdotseq 1.3 \times 10^2\,\mathrm{J}\cdot\mathrm{K}^{-1}.$$

4.2 (1) A → B の等温準静的膨張では，系は熱浴から正の熱量を吸収して，外界に正の仕事をする．それ以外（B → C と C → A）は断熱変化である．よって 1 サイクルでは，系は A → B 間で唯一接触する熱浴から正の熱量を吸収している．

(2) A → B と B → C の間では膨張するので，系は外界に正の仕事をし，C → A では圧縮されるので外界に負の仕事をする．また系が外界にする仕事は圧力を表す曲線 $p(V)$ と V 軸に挟まれた部分の面積に等しい．よって 1 サイクルで外界にする仕事は，AB，BC および CA をそれぞれ結ぶ 3 つの曲線に挟まれた部分の面積に等しい．系は 1 サイクルの間に，この大きさの正の仕事を外界にすることになる．

(3) 小問 (1) と (2) の答えより，系は 1 サイクルで，単一の熱浴から正の熱量を吸収し，外界に正の仕事をしていることになる．これはケルビンの原理から導かれる制約である (3.1) 式に反している．

4.3 (1) 第 1 章末の演習問題で導入した，偏微分の便利な道具であるヤコビアンを使うと

$$\left(\frac{\partial p}{\partial V}\right)_S = \frac{\partial(p,S)}{\partial(V,S)} = \frac{\partial(p,S)}{\partial(V,S)}\,\frac{\partial(V,T)}{\partial(V,T)}\,\frac{\partial(p,T)}{\partial(p,T)} = \frac{\partial(S,p)}{\partial(T,p)}\,\frac{\partial(T,V)}{\partial(S,V)}\,\frac{\partial(p,T)}{\partial(V,T)}$$

$$\Longleftrightarrow \left(\frac{\partial p}{\partial V}\right)_S = \left(\frac{\partial S}{\partial T}\right)_p \left(\frac{\partial T}{\partial S}\right)_V \left(\frac{\partial p}{\partial V}\right)_T .$$

(2) (4.28) 式に (4.19) 式と (4.27) 式を代入すると $\left(\frac{\partial p}{\partial V}\right)_S = \frac{C_p}{C_V}\left(\frac{\partial p}{\partial V}\right)_T$. 一般に $C_p \geq C_V$ なので，$\left|\left(\frac{\partial p}{\partial V}\right)_S\right| \geq \left|\left(\frac{\partial p}{\partial V}\right)_T\right|$ ということになる．

第 5 章

5.1 気体は仕事をしないまま膨張する．いわば無駄に膨張してしまったことになる．これにより気体が外界にすることができる仕事も減少してしまう．つまり膨張後のヘルムホルツの自由エネルギーは，膨張前よりも減少しているはずである．導入例題 4.2 小問 (1) の答えであるエントロピー変化を表す式 (4.14) では，膨張前の体積が V_0，膨張後が V なので

$$\Delta S = nR\ln\frac{V}{V_0} > 0$$

であり，膨張後にエントロピーは増加している．内部エネルギーの値は変わらない（$\Delta U = 0$）ので，(5.9) 式より

$$\Delta F = \Delta U - T\,\Delta S = -T\,\Delta S < 0$$

である．ヘルムホルツの自由エネルギーは，確かに $T\,\Delta S$（> 0）だけ減少している．

5.2 (5.53) 式の両辺は (5.45) 式を使って，それぞれ次のように式変形できる：

$$\frac{\partial^2 F(T,V,n)}{\partial V\partial T} = \frac{\partial}{\partial V}\frac{\partial F(T,V,n)}{\partial T} = -\frac{\partial S(T,V,n)}{\partial V}, \qquad ①$$

$$\frac{\partial^2 F(T,V,n)}{\partial T\partial V} = \frac{\partial}{\partial T}\frac{\partial F(T,V,n)}{\partial V} = -\frac{\partial p(T,V,n)}{\partial T}. \qquad ②$$

①式と②式を等しいとおけば，(5.54) 式が得られる．

5.3 (1) エントロピー S，体積 V，および物質量 n を独立変数とする内部エネルギー $U(S,V,n)$ について，偏微分を行う順番を交換しても結果は変わらないとすれば，以下の関係式が成り立つことになる．

$$\frac{\partial^2 U(S,V,n)}{\partial S \partial V} = \frac{\partial^2 U(S,V,n)}{\partial V \partial S}. \qquad ①$$

①式の両辺は (5.46) 式を使って，それぞれ次式のように変形される：

$$\frac{\partial^2 U(S,V,n)}{\partial S \partial V} = \frac{\partial}{\partial S}\frac{\partial U(S,V,n)}{\partial V} = -\frac{\partial p(S,V,n)}{\partial S}, \qquad ②$$

$$\frac{\partial^2 U(S,V,n)}{\partial V \partial S} = \frac{\partial}{\partial V}\frac{\partial U(S,V,n)}{\partial S} = \frac{\partial T(S,V,n)}{\partial V}. \qquad ③$$

②式と③式を等しいとおくと，(5.55) 式が得られる．

(2) エントロピー S, 圧力 p, および物質量 n を変数とするエンタルピー $H(S,p,n)$ に対して，同様の計算を行えばよい．

(3) 温度 T, 圧力 p, および物質量 n を変数とするギブズの自由エネルギー $G(T,p,n)$ に対して，同様の計算を行えばよい．

5.4 (1) $U(T,V,n) = TS(T,V,n) + F(T,V,n)$ の両辺を，V で偏微分すると

$$\frac{\partial U(T,V,n)}{\partial V} = T\frac{\partial S(T,V,n)}{\partial V} + \frac{\partial F(T,V,n)}{\partial V}. \qquad ①$$

①式の右辺に，(5.54) 式と (5.45) 式である

$$\frac{\partial S(T,V,n)}{\partial V} = \frac{\partial p(T,V,n)}{\partial T}, \quad \frac{\partial F(T,V,n)}{\partial V} = -p(T,V,n)$$

を代入すると，(5.58) 式を導くことができる．

(2) 圧力の関数形は $p(T,V,n) = \frac{nRT}{V}$ で与えられる．すなわち，圧力の温度に関する偏微分は $\frac{\partial p(T,V,n)}{\partial T} = \frac{nR}{V} = \frac{p(T,V,n)}{T}$ である．これを (5.58) 式に代入すると，(5.59) 式が導かれる．

5.5 (1) $p = -\left(\frac{\partial F}{\partial V}\right)_T$ を使うと

$$p + \left(\frac{\partial U}{\partial V}\right)_T = -\left(\frac{\partial F}{\partial V}\right)_T + \left(\frac{\partial U}{\partial V}\right)_T = \left(\frac{\partial(-F+U)}{\partial V}\right)_T.$$

ヘルムホルツの自由エネルギーの定義式 $F = U - TS$ を代入し，また偏微分が温度 T を一定にしたものであることを考慮すると

$$p + \left(\frac{\partial U}{\partial V}\right)_T = \left(\frac{\partial (TS)}{\partial V}\right)_T = T\left(\frac{\partial S}{\partial V}\right)_T.$$

ここでマクスウェルの関係式の 1 つである (5.54) 式 $\left(\frac{\partial S}{\partial V}\right)_T = \left(\frac{\partial p}{\partial T}\right)_V$ を代入すると (5.62) 式を得ることができる．

(2) 偏微分の公式 (1.47) で，$x \to V$，$y \to T$，$z \to p$ の置き換えを行うと

$$\left(\frac{\partial T}{\partial p}\right)_V \left(\frac{\partial p}{\partial V}\right)_T \left(\frac{\partial V}{\partial T}\right)_p = -1. \qquad ①$$

また，公式 (1.45) を使うと

$$\left(\frac{\partial p}{\partial T}\right)_V = \frac{1}{\left(\frac{\partial T}{\partial p}\right)_V}. \qquad ②$$

②式の右辺に，①式の $\left(\frac{\partial T}{\partial p}\right)_V$ を代入すると (5.63) 式が得られる．

(3) (5.64) 式は成立せず，$\left(\frac{\partial p}{\partial V}\right)_T > 0$ であると仮定する．すなわち温度一定の下で，体積が増加すると圧力も増加すると仮定する．ここでヒントで言及したようにピストンを引っ張ったとする．シリンダ内の気体の体積は増加するので，それに伴いシリンダの内圧も増加することになる．すると内圧が外圧を上回るため，シリンダ内の気体はピストンを外側に押して体積はさらに増加する．そうなると内圧がさらに高まり...，ということが連鎖的に生じ，結局，シリンダ内部の気体の膨張は止まらなくなってしまう．このようなことはあり得ないので，(5.64) 式が成立しないという仮定は否定される．

(4) (5.62) 式と (5.63) 式を (5.61) 式に代入すれば，以下の式が得られる：

$$C_p - C_V = -T\left(\frac{\partial p}{\partial V}\right)_T \left\{\left(\frac{\partial V}{\partial T}\right)_p\right\}^2. \qquad ③$$

温度は零以上であり（$T \geq 0$），また (5.64) 式より $\left(\frac{\partial p}{\partial V}\right)_T \leq 0$ なので，③式より一般に $C_p - C_V \geq 0$ と結論される．

第6章

6.1 (1) 断熱準静的圧縮により体積は減少し，温度は上昇する（$T_0 < T'$）．状態変化の軌跡は図の実線のようになる．

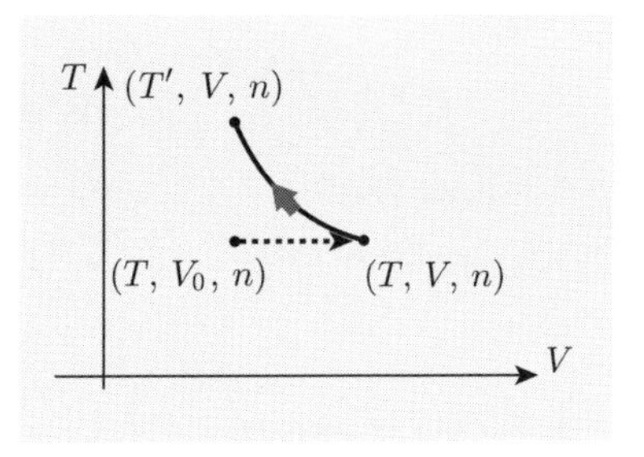

(2) 断熱準静的変化ではエントロピーは変化しないので $S(T,V,n) = S(T',V_0,n)$ である．また $T < T'$ なので，(6.31) 式より $S(T,V_0,n) < S(T',V_0,n)$ である．すなわち，各状態でのエントロピーの大小関係は以下の通りとなる：

$$S(T,V_0,n) < S(T',V_0,n) = S(T,V,n).$$

(3) 状態変化 $(T', V_0, n) \to (T, V_0, n)$ を実現するためには，断熱準静的圧縮の間に，気体が外界からされた分のエネルギーを除去する必要がある．気体が断熱されている限り，それは不可能である．

6.2 (1) 水分子は水素原子 2 つ，酸素原子 1 つからなるので，1 モル分の質量は $m_{\text{水}} = 1 \times 2 + 16 \times 1 = 18\,\text{g} = 1.8 \times 10^{-2}\,\text{kg}$ である．

(2) 水と水蒸気の体積は，それぞれ

$$v_{\text{水}} = m_{\text{水}} \div \rho_{\text{水}} = 1.8 \times 10^{-5}\,\text{m}^3,$$

$$v_{\text{水蒸気}} = m_{\text{水}} \div \rho_{\text{水蒸気}} = 3.01 \times 10^{-2}\,\text{m}^3.$$

(3) (6.29) 式に数値を代入すると

$$\frac{dp}{dT} = \frac{\Delta h_{\text{蒸発}}}{T(v_{\text{水蒸気}} - v_{\text{水}})} \simeq \frac{\Delta h_{\text{蒸発}}}{T v_{\text{水蒸気}}} = \frac{4.07 \times 10^4}{373 \times 3.01 \times 10^{-2}}$$

$$\Longrightarrow \quad \frac{dp}{dT} = 3.63 \times 10^3\,\text{Pa} \cdot \text{K}^{-1}. \qquad ①$$

(4) $1\,\text{atm} = 1.01325 \times 10^5\,\text{Pa}$ の関係から①式の圧力の単位を変換すると

$$\frac{dp}{dT} = 3.58 \times 10^{-2}\,\text{atm} \cdot \text{K}^{-1}. \qquad ②$$

$\Delta p = 1$ として

$$\Delta T = \Delta p \div \frac{dp}{dT} = 1 \div 3.58 \times 10^{-2} \fallingdotseq 28\,\text{K}.$$

2 気圧では水の沸点は約 128 °C になる．（実際の沸点は約 120 °C.）

第 7 章

7.1 m の 2 乗平均は

$$\langle m^2 \rangle = \langle m(m-1) + m \rangle = \langle m(m-1) \rangle + \langle m \rangle. \qquad ①$$

ここで①式最右辺の第 1 項は

$$\langle m(m-1) \rangle = \sum_{m=0}^{N} m(m-1) P_N(m)$$

であるが，右辺の和のうち $m = 0, 1$ の項は零を与えるため，和の開始を $m = 2$ に変更してよいことになる．さらに $m(m-1) \times \frac{1}{m!} = \frac{1}{(m-2)!}$, $N! = N(N-1) \times (N-2)!$, および $p^m = p^2 \times p^{m-2}$ を使うと

$$\langle m(m-1) \rangle = \sum_{m=2}^{N} \frac{N(N-1) \times (N-2)!}{(m-2)!\,(N-m)!}\, p^2 p^{m-2}\, q^{N-m}$$

$$= p^2 N(N-1) \sum_{m=2}^{N} \frac{(N-2)!}{(m-2)!\,(N-m)!}\, p^{m-2}\, q^{N-m}.$$

ここで新しい変数 $k = m - 2$ を導入して，二項定理を使えば

$$\langle m(m-1)\rangle = p^2 N(N-1) \sum_{k=0}^{N-2} \frac{(N-2)!}{k!\,(N-2-k)!}\, p^k q^{N-2-k}$$
$$= p^2 N(N-1)(p+q)^{N-2}.$$

$p + q = 1$ なので $\langle m(m-1)\rangle = p^2 N(N-1)$ ということである．これと $\langle m\rangle = pN$ を①式に代入すると

$$\langle m^2\rangle = \langle m(m-1)\rangle + \langle m\rangle = p^2 N(N-1) + pN$$
$$= (pN)^2 + p(1-p)N = (pN)^2 + pqN.$$

これは (7.63) 式に他ならない．

7.2 (1) パラメータ λ は元の二項分布の平均値 pN に等しい．いまは平均的に 100 回に 1 回生じる事象を考えているので，$p = \frac{1}{100}$ ということである．ここで $N = 300$ を代入すれば $\lambda = pN = \frac{1}{100} \times 300 = 3$ と定まる．

(2) 確率分布 $P(m)$ が規格化されていることは，指数関数のマクローリン展開式 $e^\lambda = 1 + \lambda + \frac{1}{2!}\lambda^2 + \cdots = \sum_{m=0}^{\infty} \frac{\lambda^m}{m!}$ を利用した以下の計算により確認できる：

$$\sum_{m=0}^{\infty} P(m) = \sum_{m=0}^{\infty} \frac{\lambda^m}{m!}\, e^{-\lambda} = e^{-\lambda} \sum_{m=0}^{\infty} \frac{\lambda^m}{m!} = e^{-\lambda} e^{\lambda} = 1.$$

(3) 平均値は以下のように計算される：

$$\langle m\rangle = \sum_{m=0}^{\infty} mP(m) = \sum_{m=0}^{\infty} \frac{\lambda^m}{(m-1)!}\, e^{-\lambda} = \lambda e^{-\lambda} \sum_{m=1}^{\infty} \frac{\lambda^{m-1}}{(m-1)!}$$
$$= \lambda e^{-\lambda} \sum_{k=0}^{\infty} \frac{\lambda^k}{k!} = \lambda e^{-\lambda} e^{\lambda} = \lambda.$$

また $m^2 = m(m-1) + m$ として同様の計算を行うと，$\langle m^2\rangle = \lambda^2 + \lambda$ を得る．すなわち分散は $\sigma^2 = \langle m^2\rangle - \langle m\rangle^2 = \lambda$ である．ポアソン分布の平均値と分散は共に λ ということである．

第 8 章

8.1 (1) エネルギーの平均値は等分配則より

$$\langle H\rangle = \left\langle \frac{\boldsymbol{p}^2}{2m} \right\rangle + \langle mgq_z\rangle = \frac{3}{2}\, k_{\mathrm{B}} T + \langle mgq_z\rangle. \qquad ①$$

水平方向の座標を q_x，q_y とすると，位置エネルギーの平均値は

$$\langle mgq_z \rangle = \frac{\displaystyle\int dq_x \int dq_y \int_0^\infty mgq_z e^{-\beta mgq_z}\, dq_z}{\displaystyle\int dq_x \int dq_y \int_0^\infty e^{-\beta mgq_z}\, dq_z}. \qquad ②$$

積分 $\int dq_x \int dq_y$ は容器の断面積を与え，分母分子で打ち消し合う．②式の分母の積分は

$$\int_0^\infty e^{-\beta mgq_z}\, dq_z = \left[-\frac{1}{\beta mg}\, e^{-\beta mgq_z}\right]_0^\infty = \frac{1}{\beta mg}.$$

分子の積分は部分積分の公式を使って

$$\begin{aligned}\int_0^\infty mgq_z e^{-\beta mgq_z}\, dq_z &= \int_0^\infty mgq_z \left(-\frac{1}{\beta mg}\, e^{-\beta mgq_z}\right)' dq_z \\ &= \left[-\frac{q_z}{\beta}\, e^{-\beta mgq_z}\right]_0^\infty + \frac{1}{\beta}\int_0^\infty e^{-\beta mgq_z}\, dq_z = \frac{1}{\beta^2 mg}.\end{aligned}$$

分母と分子の値を②式に代入すると

$$\langle mgq_z \rangle = mg\, \langle q_z \rangle = \frac{1}{\beta} = k_{\mathrm{B}}T. \qquad ③$$

よってエネルギーの平均値は

$$\langle H \rangle = \frac{3}{2}\, k_{\mathrm{B}}T + k_{\mathrm{B}}T = \frac{5}{2}\, k_{\mathrm{B}}T.$$

(2) 2 原子分子である窒素分子の平均の高さも，③式の $\langle q_z \rangle$ により与えられる．窒素分子 $\mathrm{N_2}$ の質量は，アボガドロ定数を $N_{\mathrm{A}} = 6.02 \times 10^{23}$ として

$$m = 2 \times 1.4 \times 10^{-2} \div 6.02 \times 10^{23} \fallingdotseq 4.65 \times 10^{-26}\ \mathrm{kg}.$$

よって 7 °C で熱平衡状態にある窒素分子の平均の高さ $\langle q_z \rangle$ は

$$\langle q_z \rangle = \frac{k_{\mathrm{B}}T}{mg} = \frac{1.38 \times 10^{-23} \times (7 + 273)}{4.65 \times 10^{-26} \times 9.8} \fallingdotseq 8.48 \times 10^3\ \mathrm{m} \fallingdotseq 8.5\ \mathrm{km}.$$

8.2 (1) (7.46) 式に $\hbar = \frac{h}{2\pi}$ を代入すると

$$Z_1 = \left(\frac{mk_{\mathrm{B}}T}{2\pi\hbar^2}\right)^{3/2} V = \left(\frac{2\pi mk_{\mathrm{B}}T}{h^2}\right)^{3/2} V.$$

ド・ブロイ波長の式 (8.47) と比較すると，確かに $Z_1 = \frac{V}{(\lambda_{\mathrm{B}})^3} = \rho_{\mathrm{Q}}V$ である．

(2) ヘルムホルツの自由エネルギーを求める式 (7.58) に N 粒子系の分配関数の式 (7.56) と小問 (1) の答えを代入すると

$$F = -k_{\mathrm{B}}T \ln Z_N = -k_{\mathrm{B}}T \ln\left(\frac{1}{N!}\, Z_1^N\right) = -k_{\mathrm{B}}T\{N \ln(\rho_{\mathrm{Q}}V) - \ln N!\}.$$

ここでスターリングの公式 (7.10) を使うと

$$F = -k_{\mathrm{B}}T\{N\ln(\rho_{\mathrm{Q}}V) - N\ln N + N\}$$

$$= -Nk_{\mathrm{B}}T\left\{\ln\left(\rho_{\mathrm{Q}}\frac{V}{N}\right) + 1\right\} = N\left\{-k_{\mathrm{B}}T\left(\ln\frac{\rho_{\mathrm{Q}}}{\rho} + 1\right)\right\}.$$

(3) エントロピーを求める式 $S = -\frac{\partial F(T,V,N)}{\partial T}$ に，ヘルムホルツの自由エネルギーの式 (8.50) を代入すると

$$S = Nk_{\mathrm{B}}\left\{\left(\ln\frac{\rho_{\mathrm{Q}}}{\rho} + 1\right) + T\,\frac{1}{\rho_{\mathrm{Q}}}\,\frac{\partial\rho_{\mathrm{Q}}}{\partial T}\right\}. \qquad ①$$

量子濃度とド・ブロイ波長の温度 T に関する微分より

$$\frac{\partial\rho_{\mathrm{Q}}}{\partial T} = -\frac{3}{\lambda_{\mathrm{B}}^4}\,\frac{\partial\lambda_{\mathrm{B}}}{\partial T}, \quad \frac{\partial\lambda_{\mathrm{B}}}{\partial T} = -\frac{\lambda_{\mathrm{B}}}{2T} \iff \frac{\partial\rho_{\mathrm{Q}}}{\partial T} = \frac{3}{2\lambda_{\mathrm{B}}^3 T} = \frac{3\rho_{\mathrm{Q}}}{2T}. \qquad ②$$

②式を①式に代入すると

$$S = Nk_{\mathrm{B}}\left(\ln\frac{\rho_{\mathrm{Q}}}{\rho} + 1 + T\,\frac{1}{\rho_{\mathrm{Q}}}\,\frac{3\rho_{\mathrm{Q}}}{2T}\right) = Nk_{\mathrm{B}}\left(\ln\frac{\rho_{\mathrm{Q}}}{\rho} + \frac{5}{2}\right).$$

(4) 化学ポテンシャルを求める式 $\mu = \frac{\partial F(T,V,N)}{\partial N}$ に，ヘルムホルツの自由エネルギーの式 (8.50) を代入すると

$$\mu = -k_{\mathrm{B}}T\left\{\ln\frac{\rho_{\mathrm{Q}}}{\rho} + 1 + N\,\frac{\partial}{\partial N}\left(\ln\frac{\rho_{\mathrm{Q}}}{\rho} + 1\right)\right\}. \qquad ③$$

ここで $\frac{\partial\rho}{\partial N} = \frac{\partial}{\partial N}\left(\frac{N}{V}\right) = \frac{1}{V}$ を使うと

$$\frac{\partial}{\partial N}\left(\ln\frac{\rho_{\mathrm{Q}}}{\rho} + 1\right) = \frac{\partial}{\partial N}(\ln\rho_{\mathrm{Q}} - \ln\rho + 1) = -\frac{\partial}{\partial N}\ln\rho = -\frac{1}{N}. \qquad ④$$

④式を③式に代入すると，(8.52) 式が導かれる．

8.3 (1) 大分配関数の式 (8.37) を指数関数のマクローリン展開の式

$$e^x = 1 + x + \frac{1}{2!}\,x^2 + \frac{1}{3!}\,x^3 + \cdots = \sum_{N=0}^{\infty}\frac{x^N}{N!}$$

と比較すると

$$\Xi(T,V,\mu) = \sum_{N=0}^{\infty}\frac{1}{N!}\left(e^{\beta\mu}\,\frac{V}{\lambda_{\mathrm{B}}^3}\right)^N = \exp\left(e^{\beta\mu}\frac{V}{\lambda_{\mathrm{B}}^3}\right)$$

のように (8.53) 式が導かれる．

(2) (8.53) 式からグランドポテンシャルを求めると

$$J = -\frac{1}{\beta}\ln\Xi(T,V,\mu) = -\frac{1}{\beta}\,e^{\beta\mu}\,\frac{V}{\lambda_{\mathrm{B}}^3}. \qquad ①$$

①式を (8.34) 式に代入すると

$$\langle N\rangle = -\frac{\partial J(T,V,\mu)}{\partial \mu} = \frac{1}{\beta}\frac{\partial}{\partial \mu}\left(e^{\beta\mu}\frac{V}{\lambda_{\mathrm{B}}^3}\right) = e^{\beta\mu}\frac{V}{\lambda_{\mathrm{B}}^3}.$$

(3) (8.28) 式に (8.54) 式を代入すると

$$\sigma_N^2 = \frac{1}{\beta}\frac{\partial\langle N\rangle}{\partial\mu} = \frac{1}{\beta}\frac{\partial}{\partial\mu}\left(e^{\beta\mu}\frac{V}{\lambda_{\mathrm{B}}^3}\right) = \langle N\rangle\,.$$

理想気体については，粒子数の分散は平均値に等しいことが示された．

第9章

9.1 (1) 金属1モルあたりのキログラム数は $u\times 10^{-3}$ $(\mathrm{kg\cdot mol^{-1}})$ で与えられるので，密度 ρ $(\mathrm{kg\cdot m^{-3}})$ をこれで割ったものは，「単位体積あたりの金属原子モル数 $(\mathrm{mol\cdot m^{-3}})$」を表す．この値にアボガドロ定数をかけたものが，原子と自由電子の粒子数密度である．自由電子気体の粒子数密度は以下のように表すことができる：

$$\frac{N}{V} = \frac{\rho}{u\times 10^{-3}}\times N_{\mathrm{A}}.$$

(2) 銅の自由電子気体の粒子数密度は有効数字2桁で以下の値をもつ：

$$\frac{N}{V} = \frac{8.96\times 10^3}{63.55\times 10^{-3}}\times 6.02\times 10^{23} = 8.49\ldots\times 10^{28} \fallingdotseq 8.5\times 10^{28}\ \mathrm{m^{-3}}.$$

(3) (9.24) 式に電子のスピン多重度 $g=2$ と与えられた数値を代入すると

$$\begin{aligned}\varepsilon_{\mathrm{F}} &= \frac{1}{2}\times\frac{\hbar^2}{m}\times\left(\frac{6\pi^2}{g}\right)^{2/3}\times\left(\frac{N}{V}\right)^{2/3}\\ &= \frac{1}{2}\times\frac{6.02\times 10^{-34}}{9.1\times 10^{-31}}\times(3\pi^2)^{2/3}\times(8.49\times 10^{28})^{2/3}\\ &= \frac{1}{2}\times 1.21\times 10^{-38}\times(29.6)^{2/3}\times(8.49\times 10^{28})^{2/3}\\ &= 1.12\ldots\times 10^{-18}\fallingdotseq 1.1\times 10^{-18}\ \mathrm{J}.\end{aligned}$$

(4) フェルミ温度は以下のように計算される：

$$T_{\mathrm{F}} = \frac{\varepsilon_{\mathrm{F}}}{k_{\mathrm{B}}} = \frac{1.12\ldots\times 10^{-18}}{1.38\times 10^{-23}} \fallingdotseq 8.1\times 10^4\ \mathrm{K}.$$

(5) 絶対零度における銅内の自由電子気体の圧力は，(9.46) 式より

$$\begin{aligned}p &= \frac{1}{5}\times\frac{\hbar^2}{m}\times\left(\frac{6\pi^2}{g}\right)^{2/3}\times\left(\frac{N}{V}\right)^{5/3}\\ &= \frac{1}{5}\times 1.21\times 10^{-38}\times(29.6)^{2/3}\times(8.49\times 10^{28})^{5/3}\\ &\fallingdotseq 3.8\times 10^{10}\ \mathrm{Pa}.\end{aligned}$$

索　引

な 行

は 行

ま 行

や 行

ら 行

著者略歴

香取眞理（かとり まこと）

1988年　東京大学大学院理学系研究科博士課程修了
現　在　中央大学教授　理学博士

主要著書
『物理数学の基礎』（サイエンス社，共著）
『問題例で深める物理』（サイエンス社，共著）
『例題から展開する 力学』（サイエンス社，共著）
『例題から展開する 電磁気学』（サイエンス社，共著）

森山　修（もりやま おさむ）

1998年　中央大学大学院理工学研究科博士課程修了
現　在　中央大学理工学部講師　博士（理学）

主要著書
『詳解と演習 大学院入試問題〈物理学〉』（数理工学社，共著）
『例題から展開する 力学』（サイエンス社，共著）
『例題から展開する 電磁気学』（サイエンス社，共著）

ライブラリ 例題から展開する大学物理学＝3

例題から展開する熱・統計力学

2021年10月10日©　　初 版 発 行

著　者　香取眞理　　発行者　森平敏孝
　　　　森山　修　　印刷者　大道成則

発行所　株式会社　サイエンス社

〒151-0051　東京都渋谷区千駄ヶ谷1丁目3番25号
営業　☎ (03)5474–8500（代）　振替 00170–7–2387
編集　☎ (03)5474–8600（代）
FAX　☎ (03)5474–8900

印刷・製本　（株）太洋社

ISBN978–4–7819–1523–4

PRINTED IN JAPAN

サイエンス社のホームページのご案内
https://www.saiensu.co.jp
ご意見・ご要望は
rikei@saiensu.co.jp　まで．